京大の入試問題で深める高校物理

『はじめて学ぶ物理学』演習篇

Hiroyuki Yoshida

吉田弘幸

［著］

日本評論社

はじめに

　2019 年に刊行した『はじめて学ぶ物理学』では，高校物理を体系的に理解する道筋を提示しました。高校物理は，基本的には理論物理学です。それは具体的な現象に適用して，その現象を説明することに意義があります。大学入試では，そのような作業が要求されます。そして，良質の入試問題による演習は，理論をより深く理解するために重要です。

　上の文章は，前著『東大の入試問題で学ぶ高校物理』の「はじめに」の冒頭部分です。京都大学の入試問題の演習を通して，高校物理で扱う理論の理解をさらに深めることが本書の目的です。京都大学の入試問題には，東京大学の入試問題と比べると，内容が応用的であったり，発展的なテーマを題材にしていたり，高校生や受験生には見たこともない現象が登場します。しかし，問題文をていねいに読みながら解いていけば，答を出すのは意外に難しくないことに気づくでしょう。ところが，解き終わったあとに疑問が残ると思います。その疑問を反芻することにより高校物理の理解を深めることができます。また，高校物理の一歩先まで視野を広げることも可能です。『東大の入試問題で学ぶ高校物理』の読者の方にも楽しんでいただける内容です。

　本書は「力学現象」，「熱学現象」，「波動現象」，「電磁気現象」，「微視的世界の現象」の 5 部構成になっています。順番に読んでいただいても，各部ごとに読んでいただいても，楽しむことができます。問題（講）ごとにランダムに読んでも独立に理解できますが，各部ごとを講の順序通りに学習すれば，各分野の基礎理論の復習ができるように配列しています。各講のはじめに，その講の問題を解決するために必要な基礎理論の要点を**基本の確認**として示しています。より詳細に学びたい方は『はじめて学ぶ物理学』を参照してください。対応する箇所を示してあります。

　基本の確認のあとに，その講で扱う**問題**，考え方，［解答］，考察 があります。はじめに**問題**を読んでから**基本の確認**に戻ってもよいでしょう。考え方 では，試験場で議論すべき必要十分な内容を示してあります。［解答］には，試験の答案として記述すべき内容を整理してあります。考察 では，補足的な説明や，問題の背景となる発展的な内容についての紹介などを示しました。解き終わったあとに残る疑問の解

消に役立つと思います。

　京都大学の問題は，穴埋め形式の長文になっています。そのため，問題設定を理解するのが少し難しいかもしれません。実際の試験ではないので，問題文は時間を気にせずにていねいに読んでください。問題文から，想定されている状況を精確に把握することも物理の学習です。

　理解を深める，ということは教科書に書かれていない知識や手法を習得することではなく，基礎的な内容の理解を盤石に固め，使いこなせるようにすることを意味します。基礎が十分に身についていることが，応用の前提となります。そして，基礎理論を曖昧さなく習得できていれば，応用的な問題も基本的な問題と同じように解決できます。本書が，皆さんの高校物理に対する理解を，そのようなレベルまで導くものと確信しています。

目次

第 III 部　　波動現象

第 IV 部　　電磁気現象

第I部
力学現象

第1講　運動方程式

基本の確認　【『はじめて学ぶ物理学』上巻，第 I 部 力学，第 3 章】

　高校の力学はニュートンの運動の三法則を原理とした理論である。特に第 2 法則を方程式として表現した運動方程式が力学の議論の根幹を支える。注目する物体（質量）m 全体の加速度 $\vec{a}$ が一様であるとき，その物体が受ける外力 $\vec{f}$ に対して運動方程式は，

$$m\vec{a} = \vec{f}$$

となる。具体的な議論（計算）を実行するためには，適当な座標系を設定して成分ごとに方程式を書く。

　物体（速度が一様である一定の質量の体系）が複数の場合は，物体ごとに運動方程式を書く。このとき，物体間の相互作用があれば，運動の第 3 法則（作用・反作用の法則）に注意しながら，力を設定する必要がある。

　おおむね，以下のような手順に従って運動方程式を書くとよい。

① 注目する物体を決めて，その物体と周辺を図示する。
② その物体が受ける外力を読み取り，① の図に描き込む。
③ 物体の加速度を設定する。
④ 適当な座標系を設定して成分ごとに方程式を書く。
⑤ ① 〜 ④ の作業を登場するすべての物体について実行する。
⑥ 未知数をチェックし，方程式が揃っていることを確認して方程式を解く。

　具体的な手順は問題の検討を通して確認する。なお，運動量やエネルギーに注目して議論する場合も，外力の読み取りが不可欠なので，力学の議論において ① と ② は必須の作業である。

─── 問 題 ───

次の文を読んで，□ に適した式
をそれぞれ記せ。

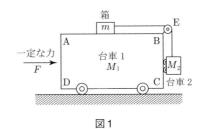

図 1

　質量が M_1 の台車 1 と M_2 の台車
2 がある。台車 1 は水平な床の上に置
かれてなめらかに動き，その水平な上
面 AB の上に質量 m の箱がのってい
る。箱と AB 面の間には摩擦力（静止
摩擦係数 μ）がはたらく。箱と台車 2 は，図 1 に示されたように，なめらか
に回転する滑車 E を通じて一定の長さの糸で連結されている。台車 2 は，台
車 1 の鉛直な壁面 BC に接してなめらかに動く。滑車と糸の質量は無視して
よいものとする。

　台車 1 の鉛直な壁面 AD を押す水平方向の一定の力を F とし，重力加速度
を g とする。

(1)　最初に $F = 0$ で，台車 1，台車 2，箱がともに静止した状態を考える。
　　このとき箱にはたらいている力は，鉛直方向の重力と，AB 面に垂直な方
　　向の抗力 □ イ ，糸の張力，AB 面に沿った左向きの摩擦力 □ ロ であ
　　る。また，箱がすべりださないための条件式は，□ ハ で与えられる。

(2)　次に，力 F を AD 面にはたらかせて，台車 1 を一定の加速度で走らせ
　　たところ，台車 2 と箱はともに，台車 1 に対して静止した状態を保ち続け
　　た。このときの台車 1 の加速度は □ ニ である。また，箱にはたらいてい
　　る力は，重力と，張力 $T = $ □ ホ ，垂直抗力 R，摩擦力 $S = $ □ ヘ であ
　　る。ここで摩擦力 S は，左向きを正とする。一方，台車 1 と台車 2 の間に
　　は，水平方向の力 $f = $ □ ト がはたらいている。

(3)　設問 (2) において，台車 1 の水平方向の加速度 a と，台車 1 が床からう
　　ける垂直方向の抗力 H とを，質量 M_1 および種々の力 F, T, R, S, f を
　　用いて表すと，$a = $ □ チ ，$H = $ □ リ となる。

(4)　設問 (2) の運動は，力 F がある値 □ ヌ 以下の場合に可能であるが，
　　この値をこえる場合には，箱は AB 面上に静止することができず，AB 面
　　上をすべる。

(5)　箱と AB 面上の間に摩擦がない場合でも，適当な大きさの力 $F = $
　　□ ル をはたらかせると，設問 (2) と同様の運動（すなわち，台車 2 と箱
　　がともに台車 1 に対して静止した状態を保つ運動）が可能である。

考え方

(1) 箱にはたらく力を図のように設定すれば，箱について力のつり合いから，

水平方向：$T = S$ 鉛直方向：$R = mg$

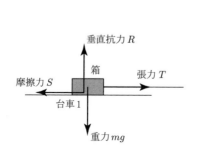

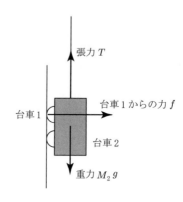

また，台車2について

鉛直方向：$T = M_2 g$

が成り立つので，

$$S = T = M_2 g$$

となる。（なお，ここでは$f = 0$である。）

箱が滑りださない条件は

$$S \leqq \mu R \qquad すなわち，\qquad M_2 \leqq \mu m$$

である。

(2) 台車1・台車2・箱は一体となって運動しているので，その加速度の大きさをaとすれば，運動方程式は，

$$(M_1 + M_2 + m)a = F \qquad \therefore \quad a = \frac{F}{M_1 + M_2 + m}$$

台車2について鉛直方向の力のつり合いは(1)と同じなので，

$$T = M_2 g$$

よって，箱の水平方向の運動方程式は

$$ma = T + (-S) \qquad \therefore \quad S = T - ma = M_2 g - \frac{m}{M_1 + M_2 + m} F$$

一方，台車2の水平方向の運動方程式は

$$M_2 a = f \qquad \therefore \quad f = \frac{M_2}{M_1 + M_2 + m} F$$

(3)　台車 1 にはたらく力は図のようになる（台車 2 と箱は省略してある）。滑車 E も台車 1 の一部である。

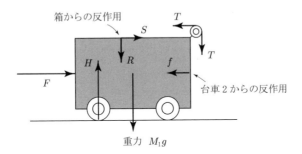

箱からの反作用　S　T

H　R　f

F　台車 2 からの反作用

T

重力　$M_1 g$

したがって，台車 1 の運動方程式は

水平方向：$M_1 a = F + S + (-T) + (-f)$

鉛直方向：$M_1 \cdot 0 = (-M_1 g) + (-R) + (-T) + H$

となる。よって，

$$a = \frac{F + S - T - f}{M_1}, \quad H = M_1 g + T + R$$

となる。

(4)　箱が台車 1 に対して滑りださない条件は，

$$|S| \leqq \mu R$$

である。F の上限は，

$$\frac{m}{M_1 + M_2 + m} F - M_2 g \leqq \mu m g \qquad \therefore \quad F \leqq \left(\mu + \frac{M_2}{m} \right) (M_1 + M_2 + m) g$$

により与えられる。

(5)　摩擦がない場合に (2) と同様の運動が実現する条件は，(2) で求めた摩擦力 S が 0 となることなので，そのための F の値は

$$M_2 g - \frac{m}{M_1 + M_2 + m} F = 0 \qquad \therefore \quad F = \frac{M_2 (M_1 + M_2 + m) g}{m}$$

である。

[解答]

(1)　イ　mg　　ロ　$M_2 g$　　ハ　$M_2 \leqq \mu m$

(2) 　ニ　$\dfrac{F}{M_1 + M_2 + m}$ 　　ホ　$M_2 g$ 　　ヘ　$M_2 g - \dfrac{m}{M_1 + M_2 + m} F$

　　ト　$\dfrac{M_2}{M_1 + M_2 + m} F$

(3) 　チ　$\dfrac{F + S - T - f}{M_1}$ 　　リ　$M_1 g + T + R$

(4) 　ヌ　$\left(\mu + \dfrac{M_2}{m} \right)(M_1 + M_2 + m)g$

(5) 　ル　$\dfrac{M_2(M_1 + M_2 + m)g}{m}$

■■■■　考 察　■■■■

　運動方程式は，物体ごとに書くのが原則である。例えば，(2) の状況を物体ごとに運動方程式で表せば次のようになる。

$$
台車 1 : \begin{cases} M_1 a = F + S + (-T) + (-f) \\ M_1 \cdot 0 = (-M_1 g) + (-R) + (-T) + H \end{cases}
$$

$$
台車 2 : \begin{cases} M_2 a = f \\ M_2 \cdot 0 = T + (-M_2 g) \end{cases}
$$

$$
箱 \ \ : \begin{cases} m a = T + (-S) \\ m \cdot 0 = R + (-mg) \end{cases}
$$

以上，6 個の方程式を 6 つの未知数 a, S, R, T, H, f について連立して解けば解答を得られる。

考え方 では，3 つの物体を一体と見て

$$(M_1 + M_2 + m)a = F$$

と書いた。各物体の受ける力のうち F 以外の力（S, R, T, H, f）は，物体間に作用する力であり，3 つの物体を一体と見た場合には内力（力を及ぼす相手も系の内部に存在する力を内力と呼ぶ）に相当し，運動方程式には登場しない。この方程式は，上で示した物体ごとの水平方向についての運動方程式を辺々加えても得ることができる。

　運動方程式の最も普遍的な表現は，注目する系の運動量を $\vec{p}$，外力（力を及ぼす相手が系の外界に存在する力）の和を $\vec{f}$ として，

$$\frac{\mathrm{d}\vec{p}}{\mathrm{d}t} = \vec{f}$$

である。

　系の運動量 $\overrightarrow{p}$ は，速度 $\overrightarrow{v}$ が一様な質量 m ごとに注目して

$$\overrightarrow{p} = \sum_{\text{全質量}} m\overrightarrow{v}$$

により定義される。本問のように，形式的には複数の物体から構成された系の場合も，すべての物体について速度が一様で一体として運動する場合には，系の全質量を M として，

$$\overrightarrow{p} = \left(\sum_{\text{全質量}} m\right)\overrightarrow{v} = M\overrightarrow{v}$$

となるので，運動方程式は，

$$M\frac{\mathrm{d}\overrightarrow{v}}{\mathrm{d}t} = \overrightarrow{f}$$

となる。

　本問では設問ごとに注目する物体の範囲を調節することによりスムーズに解答できる。(1) では箱と台車 2 を個別に調べ，(2) では全体を 1 つの物体と捉え，(3) において改めて台車 1 のみに注目することにより各設問の要求に応えることができる。

第2講　抵抗力のモデル

基本の確認　【上巻，第 I 部 力学，第3章】

簡単のため x 軸上の質点の運動を考える。運動方程式は，速度 v あるいは位置 x についての微分方程式である。

例えば，ばね振り子の運動方程式は，

$$m\frac{\mathrm{d}^2 x}{\mathrm{d}t^2} = -kx$$

となる。この方程式に従う運動は $x = 0$ を中心とし，角振動数が $\omega = \sqrt{\dfrac{k}{m}}$ の単振動となる。時刻 t の関数として x は，

$$x = a \sin \omega t + b \cos \omega t$$

となる。a, b は初期条件から決まる定数である。

空気抵抗を考慮した場合の落下運動の方程式としては，本講で扱う問題と同様に，k を正定数として

$$m\frac{\mathrm{d}v}{\mathrm{d}t} = mg - kv$$

なる形の方程式を考える場合が多い。これは v についての微分方程式であり，具体的に解を求めることもできるが，大学入試では定性的に v の変化を追跡できれば足りる。方程式は，

$$\frac{\mathrm{d}v}{\mathrm{d}t} = g - \frac{k}{m}v$$

と変形できる。初速を 0 とすれば，落下直後の加速度は g であるが，加速につれて加速度（v–t 図の傾き）は小さくなるので v–t 図は上に凸の曲線となり，

$$g - \frac{k}{m}v = 0 \qquad \therefore \quad v = \frac{mg}{k}$$

となるまで加速が続く。

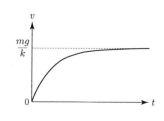

問 題

次の文章を読んで，　□　には適した式または数値を，{　}からは適切な
ものを選びその番号を，それぞれ記入せよ。数値の場合は単位も明記すること。
なお，□　はすでに□で与えられたものと同じものを表す。問1では，
指示にしたがって，解答を記せ。また，重力加速度の大きさを g とする。浮
力は無視してよい。

(1)　質量 m の物体が重力と抵抗力を受けて鉛直下向きに速度 v で落下して
いる。抵抗力の大きさは物体の速さに比例すると仮定し，比例定数を k と
する。また，速度，加速度は鉛直下向きを正にとる。この物体の運動方程
式は微小時間 Δt での速度の変化を Δv とすると

$$m\frac{\Delta v}{\Delta t} = mg - kv$$

で与えられる。この状況では，落下を開始して一定時間の後には，物体の
運動は，近似的に等速運動になる。このときの速度を終端速度という。終
端速度 v_f は重力と抵抗力がつりあう条件で決まり，$v_f = \boxed{ア}$ で与えら
れる。また，終端速度を用いると運動方程式は

$$m\frac{\Delta v}{\Delta t} = k(v_f - v) \tag{ⅰ}$$

と表せる。時間とともに速度 v がどのように終端速度に近づくか議論しよ
う。そのため，$v = v_f + \bar{v}$ として終端速度からのずれ $\bar{v}$ を導入すると，式
(ⅰ) より

$$\frac{\Delta \bar{v}}{\Delta t} = -\frac{\bar{v}}{\boxed{イ}}$$

が導かれる。なお，$\Delta \bar{v}$ は微小時間 Δt での $\bar{v}$ の変化である。ここで $\tau_1 = \boxed{イ}$ は緩和時間とよばれ，速度が終端速度 v_f に近づく時間の目安であ
る。この場合，緩和時間 τ_1 と終端速度 v_f との間には

$$v_f = \boxed{ウ} \times \tau_1$$

という関係がある。
　ここで2種類の初期条件を考える。一方は初速度0，他方は初速度が終
端速度の2倍である。これらの条件における速度の変化を正しく表してい
るグラフは図1の{エ：① , ② , ③ , ④ }である。ただし，点線は終端速度
を表している。

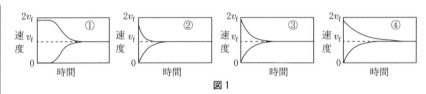

図 1

(2) 次に，抵抗力の大きさが物体の速さの 2 乗に比例する場合を考えよう。鉛直下向きの速度を v とすると，物体の運動方程式は

$$m\frac{\Delta v}{\Delta t} = mg - cv^2$$

で与えられる。定数 c を抵抗係数とよぶことにする。このとき，終端速度 v_t は m, g, c を用いて $v_t = \boxed{\text{オ}}$ で与えられる。(1) と同様に，時間とともに速度 v がどのように終端速度に近づくか議論しよう。そのため，$v = v_t + \overline{v}$ と終端速度からのずれ $\overline{v}$ を導入する。速度が終端速度に近い，すなわち $|\overline{v}|$ が v_t より十分小さい（$|\overline{v}| \ll v_t$）として，$\overline{v}$ の 1 次までで近似すると，終端速度からのずれ $\overline{v}$ の時間変化は

$$\frac{\Delta \overline{v}}{\Delta t} = -\frac{\overline{v}}{\tau_2}$$

と表すことができる。ここで τ_2 は緩和時間とよばれ，物体の速度が終端速度 v_t に近づく時間の目安であり，m, g, c を用いて $\tau_2 = \boxed{\text{カ}}$ で与えられる。

(3) 水中で物体を静かに落下させ，落下を始めてからの時間と落下距離の関係を計測した。この実験結果について考えよう。なお，重力加速度の大きさ g は $9.8\,\mathrm{m/s^2}$ とする。

この実験では，一方は質量 $m_1 = 1.0\,\mathrm{kg}$ の物体，他方は質量 $m_2 = 2.0\,\mathrm{kg}$ の物体と，形状は同じで質量だけ異なる 2 種類の物体を落下させた。それぞれを実験 1，実験 2 とよぶことにする。2 つの実験の結果を表 1 に示すとともに，物体の時間と落下距離の関係をグラフにすると図 2 のようになる。

表 1

$m_1 = 1.0\,\mathrm{kg}$ の物体の結果（実験 1）					$m_2 = 2.0\,\mathrm{kg}$ の物体の結果（実験 2）				
時間（s）	3.0	4.0	5.0	6.0	時間（s）	3.0	4.0	5.0	6.0
落下距離（m）	15.0	20.8	26.6	32.4	落下距離（m）	19.8	28.0	36.2	44.4

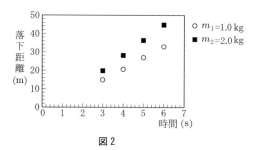

図 2

　質量 $m_1 = 1.0\,\text{kg}$ と質量 $m_2 = 2.0\,\text{kg}$ の物体の終端速度をそれぞれ v_1, v_2 とする。実験結果より，終端速度の大きさは有効数字 2 桁で，$v_1 = \boxed{\text{キ}}$，$v_2 = \boxed{\text{ク}}$ である。

問 1　(3) の 2 つの実験結果より，抵抗力の大きさは速さの 2 乗に比例していると考えられる。その理由を示せ。ただし，抵抗力に関する定数 k, c はそれぞれ物体の形状で決まり，質量に依存しないと考えてよい。

　また，実験 1，すなわち質量 $m_1 = 1.0\,\text{kg}$ の物体を落下させた場合について，実験データから得られた終端速度をもとに緩和時間 τ_2 の数値を有効数字 1 桁で計算すると $\tau_2 = \boxed{\text{ケ}}$ となり，速やかに終端速度に達していることが理解できる。抵抗力の大きさは速さの 2 乗に比例するとして，物体を静かに落下させてから時間 3.0 s までの速度の変化を実験 1, 2 の両方について正しく描いているのは図 3 の { コ：①，②，③，④，⑤，⑥ } である。ただし，2 本の点線は実験 1, 2 それぞれの終端速度を表している。

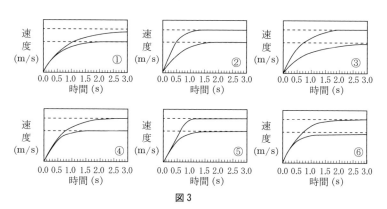

図 3

(4)　速さの 2 乗に比例する抵抗力について簡単な力学モデルを用いてさらに

考察する。図 4 のように，断面積 S，質量 m の円柱形の物体が水中を運動
している。水から受ける効果だけを考えたいので，物体は水平方向に運動
しているとする。水の密度は ρ とする。速度，加速度は右向きを正にとり，
時刻 t での物体の速度は v とする。ここで，この物体が時刻 t から微小時
間 Δt の間，物体の前面がこの微小時間に通過する領域を占めていた微小
質量 $\Delta m = \rho \times \boxed{\text{サ}} \times \Delta t$ の静止した水のかたまりと衝突すると考え
る。その結果，時刻 $t + \Delta t$ には、水のかたまりは物体と一体となって速度
$v + \Delta v$ で運動することになる。物体と水のかたまりを合わせた全運動量が
保存されるので，微小時間 Δt の間に生じる微小な速度変化 Δv より

$$m\frac{\Delta v}{\Delta t} = \boxed{\text{シ}} \times v^2$$

のように，水のかたまりとの衝突により物体に作用する力を導くことがで
きる。ただし，微小量 Δt, Δv の 1 次までを残し，2 次は無視すること。

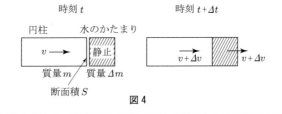

図 4

考え方

(1) 運動方程式

$$m\frac{\mathrm{d}v}{\mathrm{d}t} = mg - kv$$

は，終端速度 v_f を

$$mg - kv_\mathrm{f} = 0 \qquad \therefore \ v_\mathrm{f} = \frac{mg}{k}$$

により定義すれば，

$$m\frac{\mathrm{d}v}{\mathrm{d}t} = -k(v - v_\mathrm{f})$$

と変形できる。$v = v_\mathrm{f}$ に達すれば $\dfrac{\mathrm{d}v}{\mathrm{d}t} = 0$ となり，以降は $v = v_\mathrm{f}$（一定）を保つ。
$\overline{v} = v - v_\mathrm{f}$ とおくと，$\dfrac{\mathrm{d}\overline{v}}{\mathrm{d}t} = \dfrac{\mathrm{d}v}{\mathrm{d}t}$ であるから，運動方程式はさらに

$$\frac{\mathrm{d}\overline{v}}{\mathrm{d}t} = -\frac{k}{m}\overline{v} \quad \cdots\cdots \ \text{ⓐ}$$

と変形できる。したがって，$\tau_1 = \dfrac{m}{k}$ とおくと，

$$\frac{\mathrm{d}\overline{v}}{\mathrm{d}t} = -\frac{\overline{v}}{\tau_1}$$

が導かれる。また，v_f, τ_1 の定義より，

$$v_\mathrm{f} = g \times \tau_1$$

の関係が成り立つ。

　v の初期値が 0 の場合の $\overline{v}$ を $\overline{v}_1$，v の初期値が $2v_\mathrm{f}$ の場合の $\overline{v}$ を $\overline{v}_2$ とする。このとき，$\overline{v}_1$ の初期値は $-v_\mathrm{f}$，$\overline{v}_2$ の初期値は v_f となる。$\overline{v}_1$ も $\overline{v}_2$ も方程式 ⓐ に従って時間変化する。

　ここで，$\overline{v}_3 = -\overline{v}_2$ とおくと，$\overline{v}_3$ の初期値は $\overline{v}_1$ と等しく $-v_\mathrm{f}$ であり，やはり方程式 ⓐ に従って時間変化する。なぜならば，

$$ⓐ \iff \frac{\mathrm{d}(-\overline{v})}{\mathrm{d}t} = -\frac{k}{m}(-\overline{v})$$

である。したがって，時間の関数として $\overline{v}_3 = \overline{v}_1$ であり，$\overline{v}_2 = -\overline{v}_1$ となる。よって，$\overline{v}_1$ のグラフが上に凸であることもあわせて考えると，グラフは ③ が適当である。緩和時間が共通であることも ③ を選ぶ（ ② や ④ を排除する）根拠となる。

　(2)　運動方程式が

$$m\frac{\mathrm{d}v}{\mathrm{d}t} = mg - cv^2$$

となる場合には，終端速度 v_t を

$$mg - c{v_\mathrm{t}}^2 = 0 \qquad \therefore\ v_\mathrm{t} = \sqrt{\frac{mg}{c}}$$

により定義すれば，

$$m\frac{\mathrm{d}v}{\mathrm{d}t} = -c(v^2 - {v_\mathrm{t}}^2)$$

と変形できる。

　$\overline{v} = v - v_\mathrm{t}$ とおくと，

$$v^2 - {v_\mathrm{t}}^2 = (v_\mathrm{t} + \overline{v})^2 - {v_\mathrm{t}}^2 = 2v_\mathrm{t}\overline{v} + \overline{v}^2$$

であり，$|\overline{v}| \ll v_\mathrm{t}$ とすれば，

$$v^2 - {v_\mathrm{t}}^2 \fallingdotseq 2v_\mathrm{t}\overline{v}$$

と近似できる。このとき，運動方程式は

$$m\frac{\mathrm{d}\overline{v}}{\mathrm{d}t} = -2cv_\mathrm{t}\overline{v} \qquad \therefore\ \frac{\mathrm{d}\overline{v}}{\mathrm{d}t} = -\frac{2cv_\mathrm{t}}{m}\overline{v}$$

となる。したがって，$\tau_2 = \dfrac{m}{2cv_{\mathrm{t}}} = \sqrt{\dfrac{m}{4cg}}$ とおくと，

$$\frac{\mathrm{d}\overline{v}}{\mathrm{d}t} = -\frac{\overline{v}}{\tau_2}$$

が導かれる。

(3) 表1を見ると，いずれの場合も $t \geqq 3.0\,\mathrm{s}$ において1秒ごとの変位が等しく終端速度に達していることがわかる。そして，

$$v_1 = \frac{20.8 - 15.0}{1.0} = 5.8\,\mathrm{m/s}, \qquad v_2 = \frac{28.0 - 19.8}{1.0} = 8.2\,\mathrm{m/s}$$

である。緩和時間 τ_2 は，$v_{\mathrm{t}} = \sqrt{\dfrac{mg}{c}}$，$\tau_2 = \dfrac{m}{2cv_{\mathrm{t}}}$ より c を用いずに表すと，

$$\tau_2 = \frac{v_{\mathrm{t}}}{2g} \quad \cdots\cdots \;\; ⓑ$$

となるので，質量 $m_1 = 1.0\,\mathrm{kg}$ の物体については，

$$\tau_2 = \frac{v_1}{2g} = \frac{5.8}{2 \times 9.8} \fallingdotseq 0.3\,\mathrm{s}$$

となる。ⓑ 式より終端速度が大きいほど緩和時間も大きく，$t = 3.0\,\mathrm{s}$ においてはいずれの場合も終端速度に達していることより，グラフは ④ が適当である。

(4) Δm は物体の前面が時間 Δt の間に通過する領域 $\Delta V = Sv\Delta t$ を占めていた水の質量なので，

$$\Delta m = \rho \times \Delta V = \rho \times Sv \times \Delta t \qquad \therefore \;\; \frac{\Delta m}{\Delta t} = \rho S v \quad \cdots\cdots \;\; ⓒ$$

である。この水と物体の衝突における運動量保存則より，

$$(m + \Delta m)(v + \Delta v) = mv \quad \therefore \;\; m\Delta v + \Delta m \cdot v + \Delta m \cdot \Delta v = 0$$

となる。$\Delta m \cdot \Delta v$ を無視すれば，

$$m\frac{\Delta v}{\Delta t} = -\frac{\Delta m}{\Delta t}v$$

であるから，ⓒ 式を用いて，

$$m\frac{\Delta v}{\Delta t} = -\rho S \times v^2$$

が導かれる。

[解答]

(1)　$\boxed{ア}$ $\dfrac{mg}{k}$　　$\boxed{イ}$ $\dfrac{m}{k}$　　$\boxed{ウ}$ g　　$\boxed{エ}$ ③

(2)　$\boxed{オ}$ $\sqrt{\dfrac{mg}{c}}$　　$\boxed{カ}$ $\sqrt{\dfrac{m}{4cg}}$

(3)　$\boxed{キ}$ 5.8 m/s　　$\boxed{ク}$ 8.2 m/s　　$\boxed{ケ}$ 0.3 s　　$\boxed{コ}$ ④

問1　$\dfrac{v_2}{v_1} = 1.41\cdots \fallingdotseq \sqrt{2}$ であり，終端速度が質量の平方根に比例している
から。

(4)　$\boxed{サ}$ Sv　　$\boxed{シ}$ $-\rho S$

$$\boxed{\text{考　察}}$$

$v(t)$ についての方程式

$$m\frac{\mathrm{d}v}{\mathrm{d}t} = mg - kv \qquad \therefore \quad \frac{\mathrm{d}v}{\mathrm{d}t} = -\frac{k}{m}\left(v - \frac{mg}{k}\right)$$

を初期条件 $v(0) = v_0$ の下で解くと，$v_{\mathrm{f}} = \dfrac{mg}{k}$ として

$$v = v_0 + (v_{\mathrm{f}} - v_0)\left(1 - e^{-\frac{k}{m}t}\right)$$

となる。微分方程式の解法を知らないと自分で求めるのは難しいが，この関数が上の
方程式と初期条件を満たしていることは確認できるだろう。これを用いれば，$v_0 = 0$
および $v_0 = 2v_{\mathrm{f}}$ の場合にそれぞれ

$$v = v_{\mathrm{f}}\left(1 - e^{-\frac{k}{m}t}\right), \qquad v = v_{\mathrm{f}}\left(1 + e^{-\frac{k}{m}t}\right)$$

となる。これに基づけば，$\boxed{エ}$ のグラフ選択は明らかである。

しかし，高校生にはこのような解法は難しいので，ヒントとして緩和時間が導入さ
れている。(1) では，緩和時間が共通の場合に，初速度が異なる 2 つの場合の比較が求
められている。初速度の終端速度の差は等しいので，終端速度への近づき方が同一で
あることが判断できれば解答を導くことができる。

(2) でも導入されている緩和時間を基準にして $\boxed{コ}$ のグラフを選べば正解が得ら
れる（入試の解答としてはそれで十分である）が，ここで扱う微分方程式も解の関数
を導くことはできる。方程式

$$m\frac{\mathrm{d}v}{\mathrm{d}t} = mg - cv^2 \qquad \therefore \quad \frac{\mathrm{d}v}{\mathrm{d}t} = -\frac{c}{m}\left(v^2 - \frac{mg}{c}\right)$$

を初期条件 $v(0) = 0$ の下で解くと，$v_t = \sqrt{\dfrac{mg}{c}}$, $\tau_2 = \dfrac{m}{2cv_t}$ として

$$v = \frac{1 - e^{-t/\tau_2}}{1 + e^{-t/\tau_2}} v_t$$

となる。この場合は関数の形がやや複雑なので，単純には判断できないが，緩和時間 τ_2 が小さいほど収束が速いことは理解できるだろう。

　ここでは，同一の初期条件の下で質量の異なる 2 つの物体について比較する必要がある。緩和時間を

$$\tau_2 = \frac{m}{2cv_t} = \sqrt{\frac{m}{4cg}}$$

として，質量の関数として表示すれば明確である。

　京都大学の問題は，本問もそうであるように，微積分なども含めた数学的手法を用いると，明解に解決できるものも多い。

第3講　エレベーター内で観測する運動

〔2003年度第1問〕

基本の確認　【上巻, 第Ⅰ部 力学, 第2章】

運動方程式

$$m\vec{a} = \vec{f}$$

は, 運動の第2法則を方程式として表現したものである。この方程式の成立は第1法則（慣性の法則）を前提としている。慣性の法則は慣性系からの観測を要請している。地面に固定した座標系は通常は慣性系として扱うことができる。慣性系に対して一定の速度で平行移動する座標系も慣性系であるが, 加速度をもつ座標系（非慣性系）から観測する場合には運動方程式を修正する必要がある。そのために右辺に導入する補正項が慣性力である。

慣性力の現れ方は座標系の加速度の形態に応じてさまざまである。慣性系に対して加速度を持ち平行移動する座標系（並進加速度系）において現れる慣性力は, 座標系の加速度を $\vec{A}$, 観測している物体の質量を m として $\left(-m\vec{A}\right)$ である。したがって, 運動方程式は,

$$m\vec{a} = \vec{f} + \left(-m\vec{A}\right)$$

と修正される。運動方程式の右辺に物体の受ける $\vec{f}$ と和の形で導入するので力と看做すことになる（「見かけの力」と表現されることが多い）。しかし, 力の相手が存在しない。運動の第3法則（作用・反作用の法則）も慣性の法則を前提として成立する。

高校物理では, 並進加速度系の他に等速回転系を扱う。等速回転系では慣性力として遠心力とコリオリの力が現れる。しかし, 教科書では遠心力のみが紹介されている。遠心力は座標系の回転の角速度を ω とすれば, 回転軸から距離 r の位置にあるときに, 回転軸から遠ざかる向きに大きさ $mr\omega^2$ の慣性力として現れる。

問 題

次の文を読んで，▭ に適した式をそれぞれ記せ。なお，▭ は，すでに ▭ で与えられたものと同じものを表す。また，下線部に関して，単振動が生ずる理由を解答欄 (A) に記せ。

重力加速度の 2 倍まで加速が可能なエレベーターを想定する。以下では，すべて，エレベーターに固定された観測者から見た運動を考え，空気による抵抗は無視する。なお，必要であれば $\sin \dfrac{\pi}{6} = \dfrac{1}{2}$ を利用せよ。

エレベーターが静止している状態で，床に固定された質量の無視できるばね（ばね定数 k）の上に，厚さの無視できる質量 M の台 P を固定し，その上に大きさの無視できる質量 m の物体 Q を静かに置いたとき，台 P は図 1 のように天井から H の距離で静止した。重力加速度を g としたとき，ばねは自然長から ┃ イ ┃ 縮んでいる。

この状態でエレベーターが図 2 のように上昇を始めたとき，台 P と物体 Q は自然長から ┃ ロ ┃ 縮んだ位置を中心として単振動を始めた。この直後，観測者は台 P と物体 Q をつかんで，つり合いの位置すなわち単振動の中心位置に P と Q を静止させた。

次に，図 2 で速度が一定になる時刻 t_1 の後の P と Q の運動について考える。時刻 t_1 の後，P と Q は再び運動を始める。運動開始後の鉛直上向きの加速度を β，PQ 間に働く垂直抗力を N とする。ばねが自然長から x 縮んでいるとき，P の運動方程式は ┃ ハ ┃，Q の運動方程式は ┃ ニ ┃ となる。β を消去することで，垂直抗力は ┃ ホ ┃ となり，$\alpha > g$ の場合には Q が台 P から離れ，その位置は，ばねの自然長位置である。そのときの Q の速度（鉛直上向きを正とする）は，エネルギー保存則

$$\frac{m+M}{2} \times (\text{Q の速度})^2 + (m+M)g \times \boxed{\text{ロ}} = \boxed{\text{ヘ}}$$

から $\sqrt{\dfrac{m+M}{k}(\alpha^2 - g^2)}$ となる。台 P から離れた後，Q がエレベーターの天井に衝突しない条件は $H > \boxed{\text{ト}}$ である。

この条件を満たすとき，P と Q が離れた後のそれぞれの運動の概略は図 3 のようになる。Q が P と衝突するまでの時間とその位置に関し，$\alpha = \sqrt{2}\,g,\ m = 2M$ の場合について次のように考察した。

台 P は Q を放出した後，周期 ┃ チ ┃ の単振動となり，その振動の中心はばねの自然長先端から ┃ リ ┃ 下がった位置にある。また，台 P はばねの自然

長からさらに $\boxed{\text{ヌ}}$ 伸びた位置で最高点に達する。このことから，台 P が Q を放出した位置から再びその位置に戻って来るのに要する時間は $\boxed{\text{ル}}$ である。一方，Q が台 P から離れた瞬間の位置から再びその位置に戻って来るのに要する時間は $\boxed{\text{ヲ}}$ であることから，Q が台 P に到達するのはこれ以降となる。

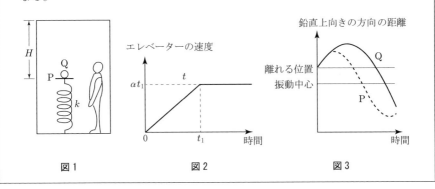

図 1　　　　　図 2　　　　　図 3

考え方

エレベーターが静止している状態で，P と Q が静止しているときのばねの縮みを x_1 とすると，力のつり合いより，

$$kx_1 = (m + M)g \quad \therefore \quad x_1 = \frac{(m + M)g}{k}$$

となる。

エレベーターが上向きに加速度 α を持つとき，慣性力も含めて各物体の受ける力を図示すると，右図のようになる。よって運動方程式は，

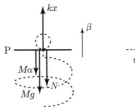

$$\text{P} : M\beta = kx + (-N) + (-Mg) + (-M\alpha)$$
$$\text{Q} : m\beta = N + (-mg) + (-m\alpha)$$

辺々加えれば，

$$(m + M)\beta = kx - (m + M)(g + \alpha)$$
$$\therefore \quad \beta = \frac{k}{m + M}\left\{ x - \frac{(m + M)(g + \alpha)}{k} \right\}$$

となる。ここで，$\beta = -\dfrac{\mathrm{d}^2 x}{\mathrm{d}t^2}$ なので，

$$\frac{\mathrm{d}^2 x}{\mathrm{d}t^2} = -\frac{k}{m+M}\left\{ x - \frac{(m+M)(g+\alpha)}{k} \right\}$$

である。これは，P と Q の運動が

$$\text{中心}：x = \frac{(m+M)(g+\alpha)}{k}\ (= x_2 \text{とおく。}),$$

$$\text{角振動数}：\omega = \sqrt{\frac{k}{m+M}}$$

の単振動になることを示す。振動中心はつり合いの位置でもあるから，この位置に静止させたことになる。

$t > t_1$ においては，上の議論で $\alpha \to 0$ とすればよい。つまり，運動方程式は，

$$\text{P}：M\beta = kx + (-N) + (-Mg)$$
$$\text{Q}：m\beta = N + (-mg)$$

となる。また，P と Q が一体としての運動は

$$\frac{\mathrm{d}^2 x}{\mathrm{d}t^2} = -\frac{k}{m+M}\left\{ x - \frac{(m+M)g}{k} \right\}$$

に従うので，

$$\text{中心}：x = \frac{(m+M)g}{k},$$

$$\text{角振動数}：\omega = \sqrt{\frac{k}{m+M}}$$

の単振動となる。$t = t_1$ において，

$$x = x_2 = \frac{(m+M)(g+\alpha)}{k}, \qquad \text{速度} = 0$$

なので，振動の振幅が $x_2 - x_1 = \dfrac{(m+M)\alpha}{k}$ となる。

一方，上の 2 式より，β を消去して N について解けば，

$$N = \frac{mk}{m+M}x$$

を得る。P と Q から離れる直前 $N = 0$ となるので，その位置は $x = 0$（ばねの自然長位置）である。単振動が継続する場合の運動区間は $\dfrac{(m+M)(g+\alpha)}{k} \leqq x \leqq \dfrac{(m+M)(g-\alpha)}{k}$ なので，$\alpha > g$ の場合には $x = 0$ の位置を上向きに通過することになり，その直後に P と Q が離れる。

$t > t_1$ において P と Q が一体として振動している間は，速度を v として力学的エネルギー保存則

$$\frac{1}{2}(m+M)v^2 + \frac{1}{2}kx^2 + (m+M)g \cdot (-x) = 一定$$

を満たす。この一定値 E は，

$$E = \frac{1}{2}k{x_2}^2 - (m+M)gx_2$$

である。よって，$x=0$ における速さを v_0 とすれば，

$$\frac{1}{2}(m+M){v_0}^2 + (m+M)gx_2 = \frac{1}{2}k{x_2}^2 = \frac{(m+M)^2(g+\alpha)^2}{2k}$$

$$\therefore \quad v_0 = \sqrt{\frac{m+M}{k}(\alpha^2 - g^2)}$$

となる。$x=0$ の位置から天井までの高さは $H - \dfrac{(m+M)g}{k}$ なので，Q が天井に衝突しない条件は，

$$\frac{1}{2}m{v_0}^2 < mg\left\{H - \frac{(m+M)g}{k}\right\} \qquad \therefore \quad H > \frac{(m+M)(g^2+\alpha^2)}{2gk}$$

である。

$\alpha = \sqrt{2}\,g,\ m = 2M$ の場合には，

$$v_0 = g\sqrt{\frac{3M}{k}}$$

である。よって，P から離れた Q が再びその位置に戻るまでの時間 t_1 は，

$$t_1 = \frac{2v_0}{g} = 2\sqrt{3} \cdot \sqrt{\frac{M}{k}}$$

となる。

一方，Q が離れた後の P の運動方程式は

$$M\frac{\mathrm{d}^2 x}{\mathrm{d}t^2} = -kx + Mg \qquad \therefore \quad \frac{\mathrm{d}^2 x}{\mathrm{d}t^2} = -\frac{k}{M}\left(x - \frac{Mg}{k}\right)$$

である。よって，運動は

$$中心 : x = \frac{Mg}{k}, \qquad 角振動数 : \omega_0 = \sqrt{\frac{k}{M}}$$

の単振動となる。周期は $\dfrac{2\pi}{\omega_0} = 2\pi\sqrt{\dfrac{M}{k}}$ である。P と Q が離れた時刻を $t=0$ とすれば，

$$x = \frac{Mg}{k} - \frac{Mg}{k}\cos\omega_0 t - \frac{v_0}{\omega_0}\sin\omega_0 t = \frac{Mg}{k}\left\{1 - 2\sin\left(\omega_0 t + \frac{\pi}{6}\right)\right\}$$

となる（次ページ図参照）。

22

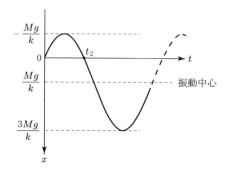

これより，

$$\text{ばねの伸びの最大値} = (-x) \text{の最大値} = \frac{Mg}{k}$$

であることがわかる。また，P と Q が離れた位置から P が再びその位置に戻るまでの時間 t_2 は，$t > 0$ において初めて $x = 0$ となる時刻に等しいので，

$$\omega_0 t_2 + \frac{\pi}{6} = \frac{5}{6}\pi \qquad \therefore \quad t_2 = \frac{2\pi}{3}\sqrt{\frac{M}{k}} = 2 \cdot \frac{\pi}{3} \cdot \sqrt{\frac{M}{k}}$$

となる。$t_2 < t_1$ なので，確かに図3に示されたような運動が実現する。

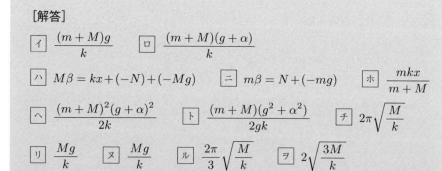

[解答]

$\boxed{イ}$ $\dfrac{(m+M)g}{k}$ $\boxed{ロ}$ $\dfrac{(m+M)(g+\alpha)}{k}$

$\boxed{ハ}$ $M\beta = kx + (-N) + (-Mg)$ $\boxed{ニ}$ $m\beta = N + (-mg)$ $\boxed{ホ}$ $\dfrac{mkx}{m+M}$

$\boxed{ヘ}$ $\dfrac{(m+M)^2(g+\alpha)^2}{2k}$ $\boxed{ト}$ $\dfrac{(m+M)(g^2+\alpha^2)}{2gk}$ $\boxed{チ}$ $2\pi\sqrt{\dfrac{M}{k}}$

$\boxed{リ}$ $\dfrac{Mg}{k}$ $\boxed{ヌ}$ $\dfrac{Mg}{k}$ $\boxed{ル}$ $\dfrac{2\pi}{3}\sqrt{\dfrac{M}{k}}$ $\boxed{ヲ}$ $2\sqrt{\dfrac{3M}{k}}$

(A) エレベーターが加速を始めると，慣性力が現れるためつり合いの位置が $\boxed{イ}$ の位置から $\boxed{ロ}$ の位置に変化する。そのため $\boxed{イ}$ の位置に静止していた P と Q について力のつり合いが破れ，動き出す。その後，P と Q に作用する重力，ばねの弾性力，慣性力の合力はつり合いの位置からの変位に比例する復元力となるので運動は単振動となる。

$$\blacksquare\blacksquare\quad\boxed{\text{考　察}}\quad\blacksquare\blacksquare$$

　本問で追跡する運動は，運動方程式を書けば単振動になることがわかる。単振動は初期条件に応じて具体的に運動を表す関数を求めることができる。

　物体の位置 x が定数 $\omega,\ c\ (\omega > 0)$ 方程式

$$\frac{\mathrm{d}^2 x}{\mathrm{d}t^2} = -\omega^2 (x - c)$$

を満たすとき，この運動は中心が $x = c$，角振動数 ω の単振動である。x は時刻 t の関数として

$$x = c + a\cos\omega t + b\sin\omega t \quad \cdots\cdots\ \textcircled{1}$$

と表される。$a,\ b$ は初期条件で決まる定数である。

　$\textcircled{1}$ のとき物体の速度 v は，

$$v = \frac{\mathrm{d}x}{\mathrm{d}t} = -\omega a\sin\omega t + \omega b\cos\omega t$$

である。$t = 0$ において $x = X_0,\ v = V_0$ であるとすれば，

$$\begin{cases} c + a = x_0 \\ \omega b = V_0 \end{cases} \qquad \therefore \quad \begin{cases} a = X_0 - c \\ b = \dfrac{V_0}{\omega} \end{cases}$$

よって，

$$x = c + (X_0 - c)\cos\omega t + \frac{V_0}{\omega}\sin\omega t$$

となる。

　本問の Q から離れた後の P の運動については

$$c = \frac{Mg}{k}, \qquad \omega = \omega_0 = \sqrt{\frac{k}{M}}$$

であり，

$$X_0 = 0, \qquad V_0 = v_0 = g\sqrt{\frac{3M}{k}}$$

なので，

$$x = \frac{Mg}{k} - \frac{Mg}{k}\cos\omega_0 t - \frac{\sqrt{3}Mg}{k}\sin\omega_0 t = \frac{Mg}{k}\left\{1 - 2\sin\left(\omega_0 t + \frac{\pi}{6}\right)\right\}$$

となる。関数を求めれば設問にも容易に答えることができる。

第4講　荷物の転倒

基本の確認　【上巻，第 I 部 力学，第 11 章】

剛体のつり合いの（動き始めない）条件は，

　　　ベクトルとしての力のつり合い　かつ　力のモーメントのつり合い

である。力のモーメントのつり合いは任意の 1 点のまわりで論じればよい。

　力のモーメントは，ベクトルとしては同一の力であっても作用点（作用線）により値が異なる。したがって，剛体のつり合いを論じるためには，剛体に作用する力を作用点も明確にしながら読み取る必要がある。剛体の重心とは剛体が受ける全重力を 1 つの力ベクトルで代表するときの作用点である。通常は重力加速度ベクトルは剛体全体で一様と扱える。このとき，重心は質量中心と一致する。質量中心とは剛体を十分に小さい部分に分けて考えた場合に

$$\overrightarrow{r_C} = \frac{\displaystyle\sum_{\text{各部分}} m\,\overrightarrow{r}}{\displaystyle\sum_{\text{各部分}} m}$$

により与えられる剛体に固有な点である。ここで，m は各部分の質量，$\overrightarrow{r}$ はその部分の位置を表す。

　非慣性系において剛体のつり合いを論じる場合には慣性力も考慮する必要がある。座標系の加速度が一様な場合には，慣性力に関わる加速度も剛体全体で一様なので，重力の場合と同様に質量中心が全慣性力の作用点となる。したがって，重心が慣性力の作用点となる。回転系からの観測の場合には慣性力として遠心力が現れる。遠心力を決定する加速度は回転軸からの向きや距離により異なるが，十分に小さい剛体については重心を全遠心力の作用点として扱うことができる。

問 題

次の文を読んで，□□□には適した式をそれぞれの解答欄に記入せよ。また，問 1 では指示にしたがって，解答を解答欄に記入せよ。

図 1 のように，トラックが荷台に荷物を置いた状態で水平面の直線道路上を走る。その速さは図 2 に示すように，時刻 0 から時刻 T まで一定の割合で増加し，速さ v に達する。荷物の大きさは縦，横，高さがそれぞれ a, b, h の直方体であり，その質量を m とし，重心位置は荷物の中心にあるものとする。また，トラックの荷台は常に路面と平行であり，荷台と荷物間の静止摩擦係数を μ_0，動摩擦係数を μ とし，重力加速度の大きさは g とする。

速さ v をある値に定め，加速を停止するまでの時間 T を変化させることによる荷台上の荷物の動きを考察しよう。このとき，走り始めから時刻 T までの加速度の大きさは　ア　である。

まず，荷物が荷台をすべらないように走行するための条件を考える。時間 T を長くとると荷物はすべらない。その間に荷物が荷台から受ける静止摩擦力は　イ　である。T を短縮していくと荷物はすべり始める。荷物がすべらないためには T はある値を越えていなければならない。その値を T_1 としたとき $T_1 =$　ウ　である。

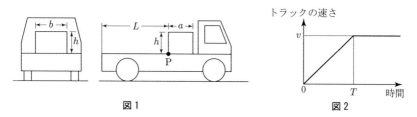

図 1　　　　　　　　　　　　図 2

次に，荷物は荷台をすべってもよいが荷台からはみ出さない条件，すなわち荷物が荷台上を動く距離が L を越えない条件を考える。荷物が荷台をすべっているとき，荷物の荷台に対する加速度は走行方向とは逆方向で，その大きさは　エ　となる。したがって，時刻 T に至るまでに荷物がすべる距離は　オ　となり，時刻 T での荷物の荷台に対する相対速度の大きさは　カ　となる。時刻 T 以降で，荷物が荷台の上で停止するまでに動く距離は　キ　であり，結局 $T \geqq$　ク　の条件が得られる。

次に，荷物がすべらずに転倒する場合を考えよう。ここでは転倒の初期段階として荷物が回転を始める状況を考える。荷物が，P を通り紙面に垂直な軸を中心として回転を始めないためには T はある値を越えていなければなら

ない。その値を T_2 としたとき，$T_2 = \boxed{\text{ケ}}$ である。

　荷物はすべるが回転を始めないための必要条件は，T_1 と T_2 の表式により，$\dfrac{h}{a} < \boxed{\text{コ}}$ であることがわかる。

　このトラックが図3のように，半径 R の円周上を一定の速さ V で走行している場合を考えよう。路面は内側に角度 θ で傾斜している。なお，R に比べてトラックおよび荷物は十分小さいと仮定し，荷台面内での荷物の回転も起こらないものとする。

問1　荷物がすべっていない状況を考える。このとき荷物と荷台との間に静止摩擦力が働かない状態での力の成分を図示し，そのときのトラックの速さ（V_0 とする）を求めよ。

　トラックがこの円周上を速さ $V > V_0$ で走行している場合を考える。その速さがある値を越えると荷物はすべり始める。そのときのトラックの速さは $V = \boxed{\text{サ}}$ である。また，転倒の初期段階として荷物の回転を考えた場合，トラックの速さがある値を越えると，荷物は Q を通り紙面に垂直な軸を中心として回転を始める。そのときのトラックの速さは $V = \boxed{\text{シ}}$ である。したがって，荷物がすべり始めるときのトラックの速さと回転を始めるときのトラックの速さが一致する条件（荷物が回転を始めないための $\dfrac{h}{b}$ がとり得る限界値）は $\dfrac{h}{b} = \boxed{\text{ス}}$ となる。

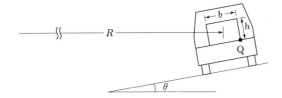

<hr>

考え方

　$0 < t < T$ におけるトラックの加速度は $A = \dfrac{v}{T}$ である。トラックの荷台に対する荷物の運動を観測すると，水平方向後ろ向きに大きさ mA の慣性力が現れる。荷物が荷台に対して静止してるとき，重力，荷台からの抗力，慣性力によるつり合いより，重力と慣性力の合力を打ち消すように抗力が作用し，その作用線は重力と慣性力の合力の作用線と一致する。

　摩擦力の大きさ F は慣性力の大きさと等しく $F = mA$ となる。また，垂直抗力の

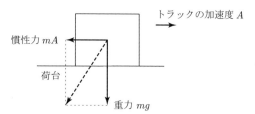

大きさは重力と等しく $N = mg$ である。静止摩擦係数が μ_0 なので，実際にすべらないためには，

$$F \leqq \mu_0 N \qquad \therefore \ T \geqq \frac{v}{\mu_0 g}$$

である。よって，題意の T_1 は $T_1 = \dfrac{v}{\mu_0 g}$ である。

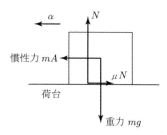

　荷物がすべるとき，荷台に対する加速度を図の左向きを正の向きとして α とすれば，

$$m\alpha = mA + (-\mu N) \qquad \therefore \ \alpha = \frac{v}{T} - \mu g$$

であるから時間 T の間に荷台に対してすべる距離は

$$d_1 = \frac{1}{2}\alpha T^2 = \frac{1}{2}\left(\frac{v}{T} - \mu g\right) T^2$$

であり，相対速度の大きさは

$$v_0 = \alpha T = v - \mu g T$$

に達する。$t > T$ における荷台に対する荷物の加速度 β は

$$m\beta = -\mu N \qquad \therefore \ \beta = -\mu g$$

となるので，荷物が停止するまでにすべる距離は

$$d_2 = \frac{v_0{}^2}{2|\beta|} = \frac{(v - \mu g T)^2}{2\mu g}$$

である。荷物が荷台からはみ出さない条件は

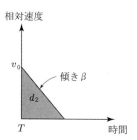

$$d_1 + d_2 \leqq L$$

である。これより，

$$\frac{1}{2}\left(\frac{v}{T} - \mu g\right)T^2 + \frac{(v - \mu gT)^2}{2\mu g} \leqq L \qquad \therefore \ L \geqq \frac{v}{\mu g} - \frac{2L}{v}$$

が得られる。

荷物が点 P を通る軸のまわりに回転を始めない条件は，いずれも重心を作用点とする重力と慣性力の合力の作用線が，荷物と荷台の接線において点 P よりも内側の点を通ることであり，

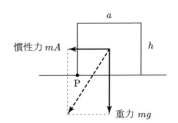

$$\frac{mA}{mg} \leqq \frac{a}{h} \qquad \therefore \ T \geqq \frac{vh}{ga}$$

となる。よって，題意の T_2 は $T_2 = \dfrac{vh}{ga}$ である。

荷物がすべるが回転を始めないための条件は，

$$T < T_1 \ \text{かつ} \ T \geqq T_2$$

をみたす T が存在することなので，そのためには，

$$T_1 > T_2$$

であることが必要である。したがって，求める必要条件は，

$$\frac{v}{\mu_0 g} > \frac{vh}{ga} \qquad \therefore \ \frac{h}{a} < \frac{1}{\mu_0}$$

となる。

問 1 について，荷物を地面から観測した場合には，重力と荷台からの垂直抗力の合力が水平方向に大きさ $mg\tan\theta$ となり，これを向心力として半径 R の等速円運動を行うので，

$$m\frac{V_0{}^2}{R} = mg\tan\theta \qquad \therefore \ V_0 = \sqrt{gR\tan\theta}$$

となる。このような議論でも構わないが，この場合も荷台から観測すれば，遠心力を導入して議論することになる。遠心力も慣性力の一種であり，作用点は重心となる。

一般に，荷台から観測したときの重力，荷台からの抗力，遠心力によるつり合いより，重力と遠心力の合力を打ち消すように抗力が作用し，その作用線は重力と遠心力の合力の作用線と一致する。重力と抗力を荷台と垂直な成分および荷台に正射影した成分に分けて合成して考えれば，垂直抗力の大きさは荷台に垂直な成分の大きさに等しく，摩擦力の大きさは正射影した成分の大きさと等しい。

$V > V_0$ の場合，$\dfrac{mV^2}{R}\cos\theta - mg\sin\theta > 0$ であることに注意すれば，荷物がすべ

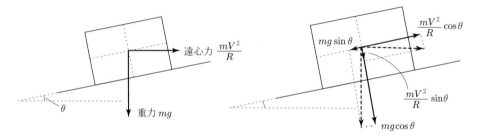

り始める条件は

$$\frac{\dfrac{mV^2}{R}\cos\theta - mg\sin\theta}{\dfrac{mV^2}{R}\sin\theta + mg\cos\theta} = \mu_0 \qquad \therefore\ V = \sqrt{\frac{\sin\theta + \mu_0\cos\theta}{\cos\theta - \mu_0\sin\theta}gR} \quad \cdots\cdots ①$$

である。一方，Q を通る軸のまわりに回転を始めるときには抗力の作用線，つまり，重力と遠心力の合力の作用線が Q を通る。

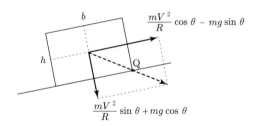

その条件は

$$\frac{\dfrac{mV^2}{R}\cos\theta - mg\sin\theta}{\dfrac{mV^2}{R}\sin\theta + mg\cos\theta} = \frac{b}{h} \qquad \therefore\ V = \sqrt{\frac{b\cos\theta + h\sin\theta}{h\cos\theta - b\sin\theta}gR} \quad \cdots\cdots ②$$

である。① と ② の値が一致するとき，

$$\mu_0 = \frac{b}{h} \qquad \therefore\ \frac{h}{b} = \frac{1}{\mu_0}$$

である。

[解答]

ア $\dfrac{v}{T}$ 　イ $\dfrac{mv}{T}$ 　ウ $\dfrac{v}{\mu_0 g}$ 　エ $\dfrac{v}{T} - \mu g$

30

$$\boxed{\text{オ}}\ \frac{1}{2}\left(\frac{v}{T}-\mu g\right)T^2 \qquad \boxed{\text{カ}}\ v-\mu g T \qquad \boxed{\text{キ}}\ \frac{(v-\mu g T)^2}{2\mu g}$$

$$\boxed{\text{ク}}\ \frac{v}{\mu g}-\frac{2L}{v} \qquad \boxed{\text{ケ}}\ \frac{vh}{ga} \qquad \boxed{\text{コ}}\ \frac{1}{\mu_0}$$

問 1　荷台から観測すると，重力と荷台からの垂直抗力，および，遠心力の 3
つの力でつり合うことになる。よって，垂直抗力の大きさを N として，

$$\begin{cases} N\cos\theta = mg \\ N\sin\theta = \dfrac{mV_0{}^2}{R} \end{cases} \qquad \therefore\ V_0 = \sqrt{gR\tan\theta}$$

$$\boxed{\text{サ}}\ \sqrt{\frac{\sin\theta+\mu_0\cos\theta}{\cos\theta-\mu_0\sin\theta}gR} \qquad \boxed{\text{シ}}\ \sqrt{\frac{b\cos\theta+h\sin\theta}{h\cos\theta-b\sin\theta}gR} \qquad \boxed{\text{ス}}\ \frac{1}{\mu_0}$$

■■■■■ 　考　察　 ■■■■■

　剛体に 2 つの力が作用してつり合う場合には，ベクトルとしてのつり合いの条件よ
り，2 つの力は互いに逆向きで同じ大きさとなる。さらに力のモーメントのつり合い
より，2 つの力の作用線は一致する。作用線が一致しない場合には 2 つの力は偶力と
して作用し，力のモーメントが現れる。
　どの 2 つも方向が一致しない 3 つの力が作用してつり合う場合には，そのうちの 2
つの力の作用線の交点に関してその 2 つの力は中心力であるので，力のモーメントの
つり合いより，残りの 1 つの力の作用線もその交点を通ることが必要である。つまり，
3 つの力の作用線が 1 点で会することになる。
　本問は，重力と慣性力と抗力によるつり合いを論じる問題である。重力と慣性力が
いずれも重心を作用点とするので，力のモーメントのつり合いから抗力の作用線が重
心を通ることが要求される。その上で，重力と慣性力の合力と抗力がベクトルとして
つり合えば，荷物は剛体としてのつり合いを保つことになる。あるいは，重力と慣性
力の合力と抗力が，上の 2 つの力によるつり合いの条件を満たすべきと考えても同じ
結論を得る。
　したがって，重力と慣性力の合力の作用線と荷物の底面の交点が荷台からの抗力の
作用点となる。この点が荷物の底面からはみ出ると，力のモーメントのつり合いを保
つのに必要な抗力を受けることができないので，荷物は回転（転倒）してしまう。そ
の臨界状態では重力と慣性力の合力の作用線が底面の端（点 P や点 Q）を通る。

第5講　斜面上の小球の運動

〔2000 年度第 1 問〕

基本の確認　【上巻, 第Ⅰ部 力学, 第9章】

　運動を決定する方程式には2種類ある。1つは運動の法則に基づく方程式である（運動の方程式）。具体的には運動方程式や力学的エネルギーの保存を表す方程式などである。もう1つは束縛条件を表す方程式である。束縛条件とは運動の形についての条件である。束縛条件がまったくない運動は放物運動くらいである。

　束縛条件がある場合には, それを反映させて運動の方程式を書く必要がある。物体が平らな斜面に沿って運動する場合には, 斜面に垂直な方向の加速度を0として運動方程式を書く。これが, その最も簡単な例である。円運動が予定されている場合に,

$$m \cdot (向心加速度) = (向心力)$$

の形式の方程式を書くのも同様である。

　2物体の間の束縛条件がある場合（本問もそのような例である）には相対運動の形に対する条件なので, 相対運動に注目することにより条件の方程式を求めることができる。物体が斜面に沿って運動する場合には, 斜面が動く場合も斜面から見た物体の変位は斜面と常に平行なので, 速度（相対速度）や加速度（相対加速度）も斜面と平行となる。

　例えば, 水平面上に置かれた傾斜角 θ の斜面を持つ台の斜面上に物体を乗せて, 物体が斜面に沿って滑り降りるとともに台も水平面に沿って滑る場合を考える。図のように xy 座標を設定して, 物体と台の加速度をそれぞれ

$$\vec{a} = \begin{pmatrix} a_x \\ a_y \end{pmatrix}, \qquad \vec{A} = \begin{pmatrix} A \\ 0 \end{pmatrix}$$

とおくとき（ここで, 台の加速度の y 成分を0とするのは, 台が水平面に沿って滑るという束縛条件を反映させた判断である）, 物体が斜面に沿って滑るという束縛条件より,

$$(\vec{a} - \vec{A}) \,/\!/ \, 斜面 \quad すなわち, \quad a_y = \tan\theta \cdot (a_y - A)$$

が導かれる。これを反映させて運動方程式を解く必要がある。

━━━━━━━━━━━━━ 問 題 ━━━━━━━━━━━━━

　次の文を読んで，　□□□　には適した式または数を，また，{　}には適切なものの番号を一つ選んで，それぞれを記せ。

　図1のように，水平面と角度 θ をなす斜面をもった質量 M の台車が，水平な床面に敷設された直線のレール上を摩擦なしに滑らかに動けるように置かれている。いま，時刻 $t=0$ に，台車の斜面の下端点 O から質量 m の小球が，斜面に沿って，大きさ v_0 の初速度で

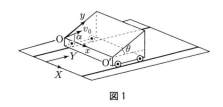

図1

動き出した。このとき，台車の初速度はゼロで，小球の初速度の方向は，斜面の下端線 OO′ から測った斜面内の仰角が α であった。ここで，下端線 OO′ は床面に平行でレールと垂直である。また，斜面は滑らかで，小球と斜面の間に摩擦はないとして，小球が動き出した後の小球および台車の運動を議論しよう。ただし，斜面は十分に広く，小球は再び斜面の下端線 OO′ に戻ってくるまでは斜面から飛び出さず，また，台車の車輪は4つともレールから離れることはないと仮定する。

　床面に固定した水平面内の直交座標系の X，Y 軸，および台車に固定した斜面上の直交座標系の x，y 軸を，それぞれ，図1に示したようにとる。ただし，Y 軸はレールに，X 軸は x 軸に，それぞれ平行で，x，y 軸の原点は下端点 O であり，y 軸は斜面の最大傾斜の方向を向いている。また，重力加速度を g とする。

(1)　小球が斜面上を運動している間，台車は，床面から見て Y 方向に速度 V，加速度 A で運動している。台車から見た小球の速度の x，y 成分を v_x，v_y，加速度を a_x，a_y と記す。まず，床面から見れば，小球の速度の Y 成分は，V，v_y，θ で表して　□イ□　となるから，小球と台車からなる系の Y 軸方向の運動量保存則は　□ロ□　と書ける。この保存則を表す式の時間変化率を考えれば，速度の時間変化率が加速度であることから，台車の加速度 A と小球の加速度の y 成分 a_y との間に，

$$A = \boxed{\text{ハ}} \times a_y \quad\cdots\cdots\cdots\ (1)$$

の比例関係式が成り立っていることがわかる。

(2)　つぎに，斜面に固定した座標系に乗って，小球の運動を考えよう。台車

の加速度 A による慣性力も考慮して，小球の運動方程式は，

$$x \text{ 成分 : } ma_x = \boxed{\text{ニ}}$$
$$y \text{ 成分 : } ma_y = \boxed{\text{ホ}}$$

となる。ここで (1) 式により A を消去すれば，小球の加速度は g, m, M, θ を用いて，

$$a_x = \boxed{\text{ヘ}}$$
$$a_y = \boxed{\text{ト}}$$

と求められる。

(3)　以下，簡略のため，$M = 2m$, $\theta = 30°$, $\alpha = 45°$ の場合を考え，$\boxed{}$ に記入する解答は文字 m, g, v_0, t を用いて表せ。

　　時刻 t での小球の斜面上での位置は

$$x = \boxed{\text{チ}}$$
$$y = \boxed{\text{リ}}$$

で与えられ，従って，小球はある時刻 $t = T$ に最高点に達し，時刻 $t = 2T$ に再び下端に戻る。この T は $\boxed{\text{ヌ}}$ で与えられる。

　　また，時刻 $t = 2T$ での台車の速度 V は $\boxed{\text{ル}}$ となり，小球が斜面を離れた後 $(t > 2T)$，台車はこの速度で等速運動をすることになる。

　　時刻 t $(0 < t < 2T)$ のとき，小球に対する運動方程式の斜面に垂直な方向成分を考えれば，小球が斜面から受ける垂直抗力が $\boxed{\text{ヲ}}$ の大きさであることがわかる。さらに，台車に働く力の鉛直方向成分のつりあいを考えることにより，台車が床から受ける垂直抗力の大きさは $\boxed{\text{ワ}}$ となることがわかる。これは小球と台車の総重量 $3mg$ より｛カ：① 大きい，② 大きくも小さくもなる，③ 小さい｝。

考え方

(1)　台車に対する小球の相対速度の Y 成分が $v_y \cos\theta$ なので，小球の速度の Y 成分 v_Y は，

$$v_y \cos\theta = v_Y - V \qquad \therefore \quad v_Y = V + v_y \cos\theta$$

となる。よって，Y 方向の運動量保存則は

$$MV + m(V + v_y \cos\theta) = \text{一定} = mv_0 \sin\alpha \cos\theta$$

と表される。時刻 t について微分すれば，

$$(M + m)\frac{\mathrm{d}V}{\mathrm{d}t} + m\frac{\mathrm{d}v_y}{\mathrm{d}t}\cos\theta = 0$$

となる。ここで，$A = \dfrac{\mathrm{d}V}{\mathrm{d}t}$, $a_y = \dfrac{\mathrm{d}v_y}{\mathrm{d}t}$ であるから，

$$(M + m)A + ma_y\cos\theta = 0 \qquad \therefore\ A = -\frac{m\cos\theta}{M + m}\times a_y$$

の関係式を得る。

(2) xy 系から観測した小球の運動方程式は，

$$x\,\text{方向}\,:\,ma_x = 0$$
$$y\,\text{方向}\,:\,ma_y = (-mg\sin\theta) + (-mA\cos\theta)$$

となる。y 方向の方程式に $A = -\dfrac{m\cos\theta}{M + m}a_y$ を代入すれば，

$$ma_y = -mg\sin\theta + \frac{m^2\cos\theta}{M + m}a_y \qquad \therefore\ a_y = -\frac{M + m}{M + m\sin^2\theta}g\sin\theta$$

を得る。なお，

$$A = -\frac{m\cos\theta}{M + m}a_y = \frac{m}{M + m\sin^2\theta}g\sin\theta\cos\theta$$

である。

(3) $M = 2m$, $\theta = 30°$ の場合，

$$a_y = -\frac{2}{3}g, \qquad A = \frac{\sqrt{3}}{9}g$$

$\alpha = 45°$ の場合，xy 系における小球の初速度は $v_x = v_y = \dfrac{v_0}{\sqrt{2}}$ なので，時刻 t において，

$$v_x = \frac{v_0}{\sqrt{2}}, \qquad v_y = \frac{v_0}{\sqrt{2}} - \frac{2}{3}gt$$

となる。また，小球は原点から動き出したので，

$$x = \frac{v_0}{\sqrt{2}}t, \qquad y = \frac{v_0}{\sqrt{2}}t - \frac{g}{3}t^2$$

となる。

最高点に達するときには $v_y = 0$ となるので，

$$\frac{v_0}{\sqrt{2}} - \frac{2}{3}gT = 0 \qquad \therefore\ T = \frac{3v_0}{2\sqrt{2}\,g} = \frac{3\sqrt{2}\,v_0}{4g}$$

である。また，$t = 2T$ において，

$$V = A \times 2T = \frac{\sqrt{6}}{6}v_0 = \frac{v_0}{\sqrt{6}}$$

となる。

　一般に，斜面と垂直な方向の小球の運動方程式は，台車から観測して

$$m \cdot 0 = N + (-mg\cos\theta) + mA\sin\theta$$

となるので，小球が斜面から受ける垂直抗力の大きさは

$$N = m(g\cos\theta - A\sin\theta)$$

である。$\theta = 30°$ のときには，

$$N = m\left(g\cos 30° - \frac{\sqrt{3}}{9}g\sin 30°\right) = \frac{4\sqrt{3}}{9}mg$$

となる。

　台車が床から受ける垂直抗力の大きさ R は，鉛直方向の力のつり合いより，

$$R = 2mg + N\cos 30° = \frac{8}{3}mg$$

となることが分かる。これは $3mg$ よりも小さい。

[解答]

(1)　イ $V + v_y\cos\theta$　　　ロ $MV + m(V + v_y\cos\theta) = mv_0\sin\alpha\cos\theta$

　　ハ $-\dfrac{m\cos\theta}{M+m}$

(2)　ニ 0　　ホ $(-mg\sin\theta) + (-mA\cos\theta)$　　　ヘ 0

　　ト $-\dfrac{M+m}{M+m\sin^2\theta}g\sin\theta$

(3)　チ $\dfrac{v_0}{\sqrt{2}}t$　　リ $\dfrac{v_0}{\sqrt{2}}t - \dfrac{g}{3}t^2$　　ヌ $\dfrac{3\sqrt{2}\,v_0}{4g}$　　ル $\dfrac{v_0}{\sqrt{6}}$

　　ヲ $\dfrac{4\sqrt{3}}{9}mg$　　ワ $\dfrac{8}{3}mg$　　カ ③

■■■■　考　察　■■■■

　小球と斜面との間の垂直抗力も含めて，小球も台車も X 方向には力を受けないので，本質的には Y 軸を含む鉛直面の力学を議論すればよい。これは**基本の確認**で採り上げた場合と同じ状況である。

　小球と台車の運動方程式を書き，束縛条件と連立して解くことが多いが，本問では

Y 方向の運動量保存則に束縛条件を反映させて議論を進めることが誘導されている。Y 方向の運動量保存則は，Y 方向の運動方程式から導かれる。したがって，運動量保存則と，台車から観測した場合の小球の運動方程式を連立して解くことは，通常の議論と等価な議論であり，もちろん，結論も一致する。

　直前で台車が床から受ける垂直抗力の大きさを求めているので，最後の設問 $\boxed{カ}$ の結論は明らかである。この結論は何を意味するのか考えてみる。

　一般に物体系の運動方程式は，その系の全運動量を $\vec{p}$，その系に作用する外力の和を $\vec{f}$ として，

$$\frac{\mathrm{d}\vec{p}}{\mathrm{d}t} = \vec{f}$$

と表現される。外力とは，力の相手が系の外部の物体になっている力であり，系を構成する物体間にはたらく力（これは内力と呼ぶ）は含まない。

　本問において台車と小球を 1 つの系と見たときの運動方程式は，

$$\frac{\mathrm{d}}{\mathrm{d}t}\left(M\vec{V} + m\vec{v}\right) = （重力） + （床からの垂直抗力）$$

となる。台車の鉛直方向（上向きに Z 軸を設定する）の速度成分は $V_Z = 0$ と束縛されているので，鉛直方向について，

$$\frac{\mathrm{d}}{\mathrm{d}t}(mv_Z) = -(M + m)g + R$$

となる。よって，

$$R = (M + m)g + m\frac{\mathrm{d}v_Z}{\mathrm{d}t}$$

となる。ここで，具体的に解かなくても

$$\frac{\mathrm{d}v_Z}{\mathrm{d}t} < 0$$

であることはわかるので，

$$R < (M + m)g$$

が導かれる。本問の最後の設問にはこのような背景がある。さらに，$M = 2m$，$\theta = 30°$ の場合に

$$\frac{\mathrm{d}v_Z}{\mathrm{d}t} = a_y \sin\theta = -\frac{1}{3}g$$

であることを用いれば，

$$R = 3mg - \frac{1}{3}mg = \frac{8}{3}mg$$

として R の値を求めることもできる。

第6講　つりあいの安定・不安定

〔1997年度後期第1問〕

基本の確認　【上巻，第Ⅰ部 力学，第5章・第7章】

x 軸上での運動に対して位置 x のみの関数として表示できる力 $f(x)$ は保存力である。そのポテンシャル（位置エネルギー）$U(x)$ は，x_0 を基準点として

$$U(x) = \int_{x_0}^{x} \{-f(y)\}\,\mathrm{d}y$$

により定義される。この定義式の両辺を x について微分して比べれば，

$$\frac{\mathrm{d}U}{\mathrm{d}x} = -f(x) \qquad \therefore\ f(x) = -\frac{\mathrm{d}U}{\mathrm{d}x}$$

の関係を得る。これは，保存力 $f(x)$ が，そのポテンシャル $U(x)$ の減少する向きにはたらくことを示している。$U(x)$ が増加する区間では $f(x) < 0$，減少する区間では $f(x) > 0$ である。

ポテンシャルが極値をとる位置では

$$\frac{\mathrm{d}U}{\mathrm{d}x} = 0 \qquad \therefore\ f(x) = 0$$

となるので，その点は平衡点となる。極小の場合には平衡点からの変位に対して $f(x)$ は復元力としてはたらく。したがって，ポテンシャルの極小点付近の運動は振動運動となる。特にポテンシャルが2次関数

$$U(x) = \frac{1}{2}k(x - x_0)^2 \quad (k > 0)$$

の場合には，

$$f(x) = -\frac{\mathrm{d}U}{\mathrm{d}x} = -k(x - x_0)$$

となる。$f(x)$ は平衡点 $x = x_0$ からの変位に比例する復元力となるので，運動は単振動になる。

問 題

次の文を読んで，□□□に適した式を，また {　} には解答群のうちから適切な選択肢を選んでその番号を，それぞれ記せ。

大きな球の頂上に小球を置くことは難しいが，お椀の底には容易に小球を置くことができる。この意味で，小球にとって大きな球の頂上は不安定な点，お椀の底は安定な点になっている。このような安定点，不安定点について以下で考察してみよう。

(1) 鉛直に立てられた半径 r〔m〕の円形をした針金の輪がある。この輪に沿って質量 m〔kg〕の小球が摩擦なく動けるようになっている。図1のように，小球と輪の中心を通る線分が輪の中心を通る鉛直線となす角を θ〔rad〕とする。重力加速度の大きさを g〔m/s²〕とする。以下では，輪に沿う方向の力の成分については θ の増加する方

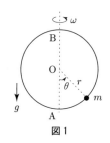

図1

向を正にとる。また，必要に応じて，微小な角 α に対して $\cos\alpha \fallingdotseq 1$, $\sin\alpha \fallingdotseq \alpha$ と近似してよい。

この輪を鉛直の中心軸 AB の周りに角速度 ω〔rad/s〕(>0) で回転させる。輪と一緒に回転する観測者には，小球に重力に加えて遠心力が働くようにみえる。重力の輪に沿う方向の成分 F〔N〕は $F = -mg\sin\theta$ で，遠心力の輪に沿う方向の成分 R〔N〕は $R = \boxed{\text{イ}}$ で与えられる。これらの合力を $G = F + R = -ma\sin\theta$ と書くと，a は g, r, ω, θ のみを用いて $a = \boxed{\text{ロ}}$〔m/s²〕と表される。$G = 0$ を満たす点には小球を静止させることができる。そのような点をつりあい点と呼ぶ。$\theta = 0$ と π の2点はつりあい点である。小球がつりあい点から微小な変位をしたとき，小球に働く合力の向きが変位の向きと同じ場合には，つりあい点を不安定点と呼ぶ。一方，合力の向きが変位の向きと逆の場合，つりあい点を安定点と呼ぶ。

上で求めた合力の $\theta = \pi$ の点の付近での振舞いを調べてみよう。$\theta = \pi + \Delta\theta$ として，円周方向に沿った微小な変位 $x = r\Delta\theta$ を使い，$G \fallingdotseq mxb$ と書くと，b は g, ω, r のみを用いて $b = \boxed{\text{ハ}}$ と表される。b は ω の値によらず正であるから，$\theta = \pi$ の点は必ず不安定点になっている。

一方，$\theta = 0$ の点の付近では，上と同様に，微小な変位 $x' = r\Delta\theta$ を使い，$G \fallingdotseq mx'b'$ と書くと，b' は g, ω, r のみを用いて $b' = \boxed{\text{ニ}}$ と表される。

したがって $\theta = 0$ の点は，ω がある角速度 ω_0〔rad/s〕より小さい場合には安定点，ω_0 より大きい場合には不安定点になっている。この角速度 ω_0 は g, r のみを用いて $\omega_0 = \boxed{\text{ホ}}$ と表される。$\theta = 0$ の点が安定点であるとき，この点の付近での単振動の周期は $\boxed{\text{ヘ}}$〔s〕と表される。

$\theta = 0$ の点が不安定点であるとき，新しいつりあい点が $\theta = 0$ と $\theta = \pi$ 以外のところにできる。このつりあい点は安定点であり，輪の最下点 A から測った高さは g, r, ω のみを用いて $\boxed{\text{ト}}$〔m〕と表される。

(2)　次に，この小球をまっすぐで滑らかな長さ $2L$〔m〕の針金 AOB 上を動くように取り付ける。この針金を，図2のように鉛直方向から角度 ϕ〔rad〕$\left(0 < \phi < \dfrac{\pi}{2}\right)$ 傾け，中点 O を通る鉛直線の回りに角速度 ω〔rad/s〕(> 0) で回転させる。

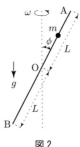

図2

このとき，ω がある角速度 ω_0〔rad/s〕より小さければつりあい点は針金上に存在せず，ω が ω_0 を越えるとつりあい点ができる。この角速度 ω_0 は $\omega_0 = \boxed{\text{チ}}$ と表される。この条件が満たされているときには，つりあい点は，{リ}の位置にある。また，針金とともに回転する観測者が，つりあい点よりわずか下に静かに小球を置くと，この小球は，{ヌ}する。

{リ}の解答群　①　中点 O より上　②　中点 O　③　中点 O より下

{ヌ}の解答群　①　速さを増しながら点 A に到達

②　一定の速さに落ち着きながら点 A に到達

③　つりあい点のまわりで単振動

④　点 O を中心に単振動

⑤　速さを増しながら点 B に到達

⑥　一定の速さに落ち着きながら点 B に到達

考え方

(1)　角度 θ の位置と回転軸の距離は $r \sin\theta$ なので，小球に働く遠心力は回転軸から遠ざかる向きに $f = m \cdot r \sin\theta \cdot \omega^2$ となる。輪に沿う方向の成分は

$$R = f\cos\theta = mr\omega^2 \sin\theta \cos\theta$$

である。重力の成分との合力は

$$G = F + R = -m(g - r\omega^2 \cos\theta)\sin\theta$$

となるので，題意の a は，$a = g - r\omega^2 \cos\theta$ である。

$\theta = \pi + \Delta\theta$ とおくと，$|\Delta\theta| \ll 1$ のとき，

$$\sin\theta = -\sin\Delta\theta \fallingdotseq -\Delta\theta,$$
$$\cos\theta = -\cos\Delta\theta \fallingdotseq -1$$

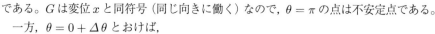

と近似できるので，$x = r\Delta\theta$ とおけば，

$$G \fallingdotseq m(g + r\omega^2)\Delta\theta = m\left(\frac{g}{r} + \omega^2\right)x$$

$$\therefore \quad b = \frac{g}{r} + \omega^2 > 0$$

である。G は変位 x と同符号（同じ向きに働く）なので，$\theta = \pi$ の点は不安定点である。

一方，$\theta = 0 + \Delta\theta$ とおけば，

$$\sin\theta = \sin\Delta\theta \fallingdotseq \Delta\theta, \qquad \cos\theta = \cos\Delta\theta \fallingdotseq 1$$

と近似できるので，$x' = r\Delta\theta$ とおけば，

$$G \fallingdotseq -m(g - r\omega^2)\Delta\theta = m\left(-\frac{g}{r} + \omega^2\right)x' \qquad \therefore \quad b' = -\frac{g}{r} + \omega^2$$

である。$\theta = 0$ が安定点となるのは，G と x' が逆符号になるときなので，

$$b' < 0 \qquad \therefore \quad \omega < \sqrt{\frac{g}{r}}$$

の場合である。よって，$\omega_0 = \sqrt{\dfrac{g}{r}}$ である。

小球の運動方程式は，

$$m\ddot{x}' = -m\left(\frac{g}{r} - \omega^2\right)x' \qquad \therefore \quad \ddot{x}' = -\frac{g - r\omega^2}{r}x'$$

となるので，$\omega < \omega_0$ のときの小球の運動は

$$周期 = 2\pi\sqrt{\frac{r}{g - r\omega^2}}$$

の単振動となる。

$$G = 0 \iff \sin\theta = 0 \quad または \quad \cos\theta = \frac{g}{r\omega^2}$$

であるが，$\omega > \omega_0$ の場合，$\dfrac{g}{r\omega^2} < 1$ なので $\cos\theta = \dfrac{g}{r\omega^2}$ となる位置が存在し安定点となる。この位置の最下点からの高さは

$$r - r\cos\theta = r - \frac{g}{\omega^2}$$

である。

(2)　針金に沿って点 O を原点として x 軸を設定する。$\overrightarrow{\text{OA}}$ の向きを正の向きとする。小球が x の位置にあるときに，x から観測して小球に働く x 方向の合力は遠心力も含めて

$$G = m \cdot x \sin\phi \cdot \omega^2 \cdot \sin\phi - mg\cos\phi$$

となる。

$$G = 0 \iff x = \frac{g\cos\phi}{\omega^2 \sin^2\phi}$$

なので，つり合いの点が存在する条件は，

$$\frac{g\cos\phi}{\omega^2 \sin^2\phi} < L \qquad \therefore \ \omega > \sqrt{\frac{g\cos\phi}{L\sin^2\phi}}$$

となる。よって，$\omega_0 = \sqrt{\dfrac{g\cos\phi}{L\sin^2\phi}}$ である。

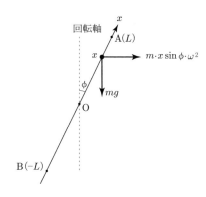

つり合い点は $0 < x < L$ の範囲，すなわち，点 O よりも上の位置にある。つり合いの位置よりも下側では常に $G < 0$ であるから，つり合いの位置よりも下に静かに小球を置くと，小球は加速しながら点 B に達する。

[解答]

(1)　⬜イ $mr\omega^2 \sin\theta\cos\theta$ 　　⬜ロ $g - r\omega^2\cos\theta$ 　　⬜ハ $\dfrac{g}{r} + \omega^2$

　　　⬜ニ $-\dfrac{g}{r} + \omega^2$ 　　⬜ホ $\sqrt{\dfrac{g}{r}}$ 　　⬜ヘ $2\pi\sqrt{\dfrac{r}{g - r\omega^2}}$ 　　⬜ト $r - \dfrac{g}{\omega^2}$

(2)　⬜チ $\sqrt{\dfrac{g\cos\phi}{L\sin^2\phi}}$ 　　⬜リ ① 　　⬜ヌ ⑤

■■■■　考 察　■■■■

　問題にある安定点・不安定点は，それぞれ，安定な平衡点・不安定な平衡点とも表現する。平衡点とは，すなわち，力がつり合う（合力がゼロとなる）位置である。その位置からの変位に対して平衡点への復元力がはたらく場合を安定な平衡点という。したがって，安定な平衡点付近での運動は振動運動となる。

　本問の (1) において，輪に沿う方向の合力 G について，

$$G = 0 \iff \sin\theta = 0 \ \text{または} \ \cos\theta = \frac{g}{r\omega^2}$$

である。

$\dfrac{g}{r\omega^2} > 1$ の場合は $0 \leqq \theta \leqq \pi$ の範囲における平衡点は，$\sin\theta = 0$ を満たす $\theta = 0$, π の 2 点となる。この場合に，G を θ の関数として下図 (a) のように符号変化する。これより，$\theta = 0$ が安定な平衡点，$\theta = \pi$ が不安定な平衡点であることが分かる。このとき，$\theta = 0$ の周辺での小球の運動は振動運動となる。特に，変位が十分に小さい範囲の振動は，上で求めたように単振動に近似することにより周期を求めることができる。

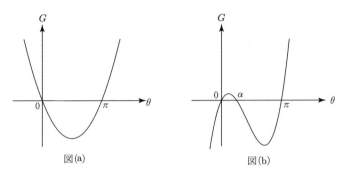

図(a)　　　　　図(b)

一方，$\dfrac{g}{r\omega^2} < 1$ の場合は，$0 \leqq \theta \leqq \pi$ の範囲において $\theta = 0$, π の他に $\cos\theta = \dfrac{g}{r\omega^2}$ により与えられる平衡点も存在する。このとき，G の符号変化は上図 (b) のようになる。$\theta = 0$, π の 2 点がともに不安定な平衡点，$\cos\theta = \dfrac{g}{r\omega^2}$ により与えられる点（このとき $\theta = \alpha$ とする）が安定な平衡点であることが分かる。

ω が小さく，遠心力が弱い場合は，$\theta = 0$ の位置はポテンシャルの極小点になっている（特に $\omega = 0$ の場合を考えれば明らかである）。ω が大きくなると，遠心力のポテンシャルの効果により，$\theta = 0$ の位置はポテンシャルの極大点となる。そのため不安定な平衡点になる。

第7講　台車から観測する振動運動

基本の確認　【上巻，第 I 部 力学，第 7 章・第 8 章】

保存力を受けての運動は，その保存力のポテンシャルを導入することにより力学的エネルギー保存則を使うことができる。典型的な例として，重力による位置エネルギーやばねの弾性エネルギーの表式を覚えておくことも重要であるが，運動方程式との対応を理解しておくことがより重要である。

例えば，ばねの弾性力を受けての運動について，物体の位置を x として運動方程式は一般に

$$m\ddot{x} = -k(x - x_0) \quad \cdots\cdots \quad ①$$

という形をとる。この場合 $x = x_0$ は振動中心となる。この方程式に対応して，

$$\frac{1}{2}m\dot{x}^2 + \frac{1}{2}k(x - x_0)^2 = 一定 \quad \cdots\cdots \quad ②$$

なる形式で力学的エネルギー保存則が成立する。

① 式の両辺に $\dot{x}$ をかければ，

$$m\ddot{x}\dot{x} = -k(x - x_0)\dot{x}$$

となる。ここで，

$$\frac{\mathrm{d}}{\mathrm{d}t}\left(\frac{1}{2}m\dot{x}^2\right) = m\dot{x}\ddot{x}, \quad \frac{\mathrm{d}}{\mathrm{d}t}\left(\frac{1}{2}k(x - x_0)^2\right) = k(x - x_0)\dot{x}$$

なので，自然と ② 式が導かれる。

このように，① 式と ② 式は数学的に結びついているので，$-k(x - x_0)$ がばねの弾性力を表すのではなくても，運動方程式が ① 式の形をとれば，それに対応して方程式 ② が成立する。

問　題

次の文を読んで，□に適した式をそれぞれ記せ。

図1のように，水平な地面に置かれた質量 m の物体Pにばねの一端を取り付け，他端を車でけん引する。Pの運動状態にかかわりなく，車は正の一定速度 V

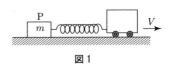

図1

で進むものとする。ばね定数は k であたえられ，ばねの質量は無視できる。また，Pと地面との間の静止摩擦係数を μ，動摩擦係数を μ' とする。ここに，$\mu > \mu'$ である。重力加速度の大きさは g で表す。速度および加速度は右向きを正にとる。

(1) 最初静止していた物体Pは，ばねの長さが自然長より $x_1 = \boxed{\text{イ}}$ だけ長くなった瞬間にすべり始める。

(2) 一方，車と物体Pが同一速度 V で進むとき，ばねの長さは自然長より $x_2 = \boxed{\text{ロ}}$ だけ長い。

以下の設問に対する解答では，上で導入した記号 x_1 および x_2 を用いてよい。

(3) 一般に，ばねの自然長からの伸びを変数 x で，またPの速度を変数 v で表そう。設問 (2) で述べた運動状態において，Pに軽い衝撃をあたえたところ，ばねは伸び縮みをくり返すようになった。このとき，Pは静止することなく v がつねに正となる運動をたもつことが確認された。この場合，Pの加速度は相対変位 $x - x_2$ を用いて $\boxed{\text{ハ}}$ によってあたえられる。これはPが速度 V で移動する平衡点のまわりでばね振り子と同じ運動方程式にしたがうことを示している。したがって，ばね振り子のエネルギーに対応する量 $W = \dfrac{1}{2}m(v-V)^2 + \dfrac{1}{2}k(x-x_2)^2$ が保存される。Pの速度が最小となるのは x が $\boxed{\text{ニ}}$ のときである。いまの場合は，Pがつねに正の速度をもつから，$W < W_0$ でなければならない。ここに，$W_0 = \dfrac{1}{2}mV^2$ である。

(4) 設問 (2) で述べた運動状態において，力を加えてPの運動のみを瞬間的に止め，ただちに力を取り去った。その後，Pはしばらく静止し続けたが，$x = x_1$ になったときすべり始めた。Pがすべっている間は，設問 (3) で述べた保存則が成り立つ。この場合には，W の値は $\boxed{\text{ホ}}$ によってあたえられ，これは W_0 より大である。Pがすべり始めたのち，ばねはさらに伸び続けるが，伸び x が x_2 よりも $\boxed{\text{ヘ}}$ だけ大きくなった時点から縮み始

める。P の速度も最大値 [ト] を経て減少に転じ，ついにはふたたび 0 に
なる。P が静止したこの瞬間からつぎにすべり始めるまでの時間は [チ] で
ある。これ以後，P はこのような過程を周期的にくり返す。

考え方

(1)　P がすべり始める瞬間，地面から受ける最大摩擦力が μmg に達するので，

$$kx_1 = \mu mg \qquad \therefore \quad x_1 = \frac{\mu mg}{k}$$

(2)　P の速度が一定のとき，ばねの弾性力と動摩擦力でつり合っている。よって，

$$kx_2 = \mu' mg \qquad \therefore \quad x_2 = \frac{\mu' mg}{k}$$

(3)　$v > 0$ のときに P は負の向きに動摩擦力を受ける。よって，P の加速度を a と
して運動方程式を書けば，

$$ma = kx + (-\mu' mg) \qquad \therefore \quad a = \frac{kx - \mu' mg}{m} = \frac{k(x - x_2)}{m}$$

ここで，$a = -\ddot{x}$ なので，x は

$$\ddot{x} = -\frac{k}{m}(x - x_2)$$

に従って時間変化する。この運動は $x = x_2$ を中心とする単振動である。x は車から見
た P の位置（左向きが正の向き）を表すので，力学的エネルギー保存則に対応して，

$$W = \frac{1}{2}m(v - V)^2 + \frac{1}{2}k(x - x_2)^2 \quad \cdots\cdots \quad ①$$

が一定に保たれる。$v - V$ は車に対する P の相対速度であり，x とは $\dot{x} = -(v - V)$
の関係にある。つまり，$\frac{1}{2}m(v - V)^2$ は車から観測した P の運動エネルギーを表す。
　v が最小のとき，$a = 0$ なので，

$$\frac{k(x - x_2)}{m} = 0 \qquad \therefore \quad x = x_2$$

である。このとき，

$$\frac{1}{2}m(v - V)^2 = W \qquad \therefore \quad v = V - \sqrt{\frac{2W}{m}}$$

となる。$v > 0$ である条件より，

$$V - \sqrt{\frac{2W}{m}} > 0 \qquad \therefore \quad W < \frac{1}{2}mV^2$$

(4)　$v = 0, \ x = x_1$ の状態から (2) の運動状態に移行するので，

$$W = \frac{1}{2}mV^2 + \frac{1}{2}k(x_1 - x_2)^2 \ (> W_0)$$

に対して，① 式をみたす。

x が最大になるとき P は台車から見て停止し，$v - V = 0$ なので，

$$\frac{1}{2}k(x - x_2)^2 = W \qquad \therefore \quad x = x_2 + \sqrt{\frac{2W}{k}} = x_2 + \sqrt{\frac{mV^2}{k} + (x_1 - x_2)^2}$$

である。また，v は $x = x_2$ のときに最大となり，その値は

$$V + \sqrt{\frac{2W}{m}} = V + \sqrt{V^2 + \frac{k(x_1 - x_2)^2}{m}}$$

である。その後，$v = 0$ となるとき，

$$\frac{1}{2}mV^2 + \frac{1}{2}k(x - x_2)^2 = W$$

$$\therefore \quad x = x_2 - \sqrt{\frac{2}{k}\left(W - \frac{1}{2}mV^2\right)} = x_2 - (x_1 - x_2) = 2x_2 - x_1$$

となる。さらに時間が経過して $x = x_1$ となると滑りだす。P が静止している間，ばねの伸びる速度が V（一定）であるから，P が静止している時間は

$$\frac{x_1 - (2x_2 - x_1)}{V} = \frac{2(x_1 - x_2)}{V}$$

である。

[解答]

(1) イ $\dfrac{\mu mg}{k}$ (2) ロ $\dfrac{\mu' mg}{k}$ (3) ハ $\dfrac{k(x - x_2)}{m}$ ニ x_2

(4) ホ $\dfrac{1}{2}mV^2 + \dfrac{1}{2}k(x_1 - x_2)^2$ ヘ $\sqrt{\dfrac{mV^2}{k} + (x_1 - x_2)^2}$

ト $V + \sqrt{V^2 + \dfrac{k(x_1 - x_2)^2}{m}}$ チ $\dfrac{2(x_1 - x_2)}{V}$

考　察

運動の概要がつかみにくいので難しく見えるかも知れない。

車に対する P の運動に注目するとわかりやすい。車の速度は一定なので，慣性力の導入は必要ない。P の運動を支配する力はばねの弾性力と地面からの摩擦力である。車から観測すると地面は左向きに一定の速さ V で移動する。一定の速さで移動するべ

ルトコンベアの上の物体の運動をイメージするとよい。車から見ると地面がベルトコンベアに対応する。

　正の向きを左向きとすると，ばねの伸び x は P の位置を表し，速度は $\dot{x}$ である。P がベルトコンベア（地面）に対して静止している間は

$$\dot{x} = V \quad (一定)$$

である。$x = x_1$ に達すると，P はベルトコンベアに対して負の向きに滑り出す。$\dot{x} < V$ の間の P の運動は $x = x_2$ を中心とする単振動となる。振幅 A は力学的エネルギー保存則より，

$$\frac{1}{2}kA^2 = \frac{1}{2}V^2 + \frac{1}{2}k(x_1 - x_2)^2$$

で与えられる。単振動の区間は $x_2 - A \leqq x \leqq x_2 + A$ となる。

　次に $\dot{x} = V$ となる位置は，単振動の対称性からも

$$x = x_2 - (x_1 - x_2) = 2x_2 - x_1$$

であることがわかる。この位置で P はベルトコンベアに対して静止し，次に $x = x_1$ に達するまでは一定の速度 V で運動することになる。したがって，P がベルトコンベアに対して静止している時間は

$$\frac{x_1 - (2x_2 - x_1)}{V} = \frac{2(x_1 - x_2)}{V}$$

となる。x の時間変化をグラフで表せば，次のようになる。

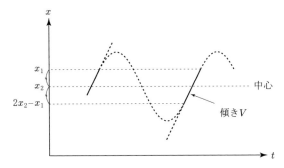

第8講　振り子の運動

〔1992 年度後期第 1 問〕

基本の確認　【上巻，第 I 部 力学，第 4 章・第 9 章】

　一直線上での衝突は，運動量保存則と反発係数の条件を連立することにより分析できる。

　衝突は瞬間的な現象なので，外力を受ける 2 物体の衝突についても，その外力が撃力にならなければ衝突の直前と直後において 2 物体の運動量の和は不変に保たれる。例えば，質量 m_1, m_2 の物体がそれぞれ速度 v_1, v_2 の状態から衝突が起き，その直後に各物体の速度が v_1', v_2' になった場合には，運動量保存則より，

$$m_1 v_1' + m_2 v_2' = m_1 v_1 + m_2 v_2 \quad \cdots\cdots \ ①$$

が成立する。

　反発係数 e は，衝突の前後における相対速度の大きさの比

$$e = \frac{|v_1' - v_2'|}{|v_1 - v_2|}$$

として定義される。衝突の前後において相対速度の向き（符号）は逆転するので，

$$e = -\frac{v_1' - v_2'}{v_1 - v_2} \qquad \therefore \ v_1' - v_2' = (v_1 - v_2) \times (-e) \quad \cdots\cdots \ ②$$

となる。これは，要するに，衝突により相対速度の大きさは e 倍となり，向きが逆転することを表す。

　初期条件として v_1, v_2 が与えられれば，① 式と ② 式を連立することにより，衝突の結果 v_1', v_2' を求めることができる。

　反発係数が $e = 1$ である衝突を弾性衝突と呼ぶが，これは力学的エネルギーの損失が生じない衝突でもある。

問　題

次の文を読んで，[　　]に適した式を，それぞれ記せ。

(1)　図 1 に示すように，質量 M の小球 A
が，質量を無視できる長さ l の伸びない
糸でつり下げられており，糸の他端にと
りつけられた質量 m の小物体 B は，水
平な直線レールに沿ってなめらかに移動
できるようになっている。重力加速度を
g とし，空気抵抗は無視できるとする。

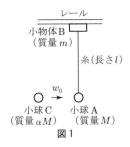
図 1

　　はじめに，図 1 の静止状態において，
小球 A の α 倍の質量 αM をもつ小球 C が，水平右向きに速さ w_0 で小球 A
に正面衝突し，両球はたがいに水平方向にはねかえされた。小球 A, C の衝
突後の運動は，レールを含む鉛直平面内に限られるものとする。衝突直後，
小物体 B はレールに沿ってすべりはじめたが，その初速度は 0 であった。
小球 A と小球 C の衝突のはねかえりの係数（反発係数）が e であるとき，
衝突直後の小球 A の速さは [　イ　] であり，小球 C については，もし不等
式 [　ロ　] が成り立てば右向きに運動し，その速さは [　ハ　] である。また，
この衝突によって失われた全力学的エネルギーは [　ニ　] である。

(2)　(1)における衝突によって，小球 A が得た水平右向きの初速度の大きさ
を u_0 と記し，以下では，衝突後の運動に関係する諸量を u_0 を用いて表す
ことにする。衝突の後，小物体 B はレールに沿って移動しつつ，糸は鉛直
状態を中心にして左右に振れた。ただし，振れの最大の角度は 90 度よりも
小さかった。ある瞬間に，小球 A の速度の水平成分（右向きが正）が u で
あり，小物体 B のそれが v であった。u と v とのあいだには等式 [　ホ　] が
成り立たなければならない。一方，同じ瞬間に，小物体 B から距離 x だけ
離れた糸上の点がもつ速度の水平成分は，糸が直線状であることに注意す
れば，u, v, l, x を用いて [　ヘ　] のように表される。これら 2 つの関係か
ら，$x =$ [　ト　] の点の速度は常に一定の水平
成分 [　チ　] をもつことがわかる。

(3)　糸が図 2 に示されるように右に振れきった
瞬間，小球 A は水平方向にのみ速さ [　リ　] を
もち，最低点から [　ヌ　] だけ高い位置にある。
その後はじめて糸が鉛直になった瞬間における

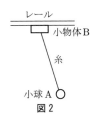
図 2

小球 A の運動は，もし不等式 ┃ ル ┃ が成り立てば右向きであり，その速さ
は ┃ ヲ ┃ である。また，同じ瞬間における小物体 B の速さは ┃ ワ ┃ である。

考え方

(1)　衝突直後の A, C の速度を右向きを正の向きとしてそれぞれ u_0, w とする。運動量保存則より

$$Mu_0 + \alpha Mw = \alpha Mw_0$$

反発係数の条件より

$$u_0 - w = (0 - w_0) \times (-e)$$

である。2 式を連立して，

$$u_0 = \frac{(1+e)\alpha}{1+\alpha} w_0, \qquad w = \frac{\alpha - e}{1+\alpha} w_0$$

を得る。衝突後も C が右向きに運動する条件は

$$w > 0 \qquad \therefore \ \alpha > e$$

である。
　衝突による力学的エネルギーの損失は

$$\frac{1}{2} \cdot \alpha M w_0{}^2 - \left(\frac{1}{2} M u_0{}^2 + \frac{1}{2} \cdot \alpha M w^2 \right) = \frac{(1-e^2)\alpha}{2(1+\alpha)} M w_0{}^2$$

となる。

(2)　衝突後の A と B （と糸）の運動については，水平方向に外力が作用しないので，運動量保存則

$$Mu + mv = 一定 = Mu_0$$

が成立する。

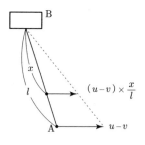

　速度 v の B に対する A の相対速度が $u - v$ であり，糸の傾きが一様なので，B から x の位置の点の速度は

$$V = v + (u - v) \times \frac{x}{l}$$

で与えられる。運動量保存則を用いて u を消去すれば，

$$V = \left(1 - \frac{M+m}{M} \cdot \frac{x}{l} \right) v + \frac{x}{l} u_0$$

となる。V が時間変化しない条件は,

$$1 - \frac{M+m}{M} \cdot \frac{x}{l} = 0 \qquad \therefore \quad x = \frac{M}{M+m}\, l$$

である。これは, A と B の重心の位置を表す。運動量が一定に保たれることは重心速度が一定であることを意味するので, 当然の結果である。この位置の速度 V の値, すなわち, 重心の速度の水平成分は

$$V = \frac{M}{M+m}\, u_0$$

である。

(3)　振れ切った瞬間には B から見れば A は停止し $u = v$ である。よって, 運動量保存則より,

$$u = v = \frac{M}{M+m}\, u_0$$

となる。

A と B の運動については力学的エネルギーも保存する。振れ切った瞬間の A の鉛直方向の速度は 0 であるから, 最低点からの高さを h とすれば,

$$\frac{1}{2} M \left(\frac{M}{M+m}\, u_0 \right)^2 + \frac{1}{2} m \left(\frac{M}{M+m}\, u_0 \right)^2 + Mgh = \frac{1}{2} M u_0{}^2$$

$$\therefore \quad h = \frac{m u_0{}^2}{2(m+M)g}$$

である。

糸が鉛直になった瞬間についても運動量保存則と力学的エネルギー保存則を連立すればよいが, 次のように考えることもできる。このとき, A と B の運動エネルギーの和が初期状態と同じ値となり, B から見た A の速度は逆向きになっているので, 結論は弾性衝突と一致する。したがって, A, B の速度をそれぞれ u_1, v_1 とすれば,

$$M u_1 + m v_1 = M u_0, \qquad u_1 - v_1 = (u_0 - 0) \times (-1)$$

が成り立つ。この 2 式より,

$$u_1 = \frac{M-m}{M+m}\, u_0, \qquad v_1 = \frac{2M}{M+m}\, u_0$$

を得る。A の運動が右向きである条件は

$$u_1 > 0 \qquad \therefore \quad M > m$$

となる。

[解答]

(1) イ $\dfrac{(1+e)\alpha}{1+\alpha}\,w_0$　　ロ $\alpha > e$　　ハ $\dfrac{\alpha - e}{1+\alpha}\,w_0$

　　ニ $\dfrac{(1-e^2)\alpha}{2(1+\alpha)}\,Mw_0{}^2$

(2) ホ $Mu + mv = Mu_0$　　ヘ $v + \dfrac{x}{l}(u - v)$　　ト $\dfrac{M}{m+M}\,l$

　　チ $\dfrac{M}{m+M}\,u_0$

(3) リ $\dfrac{M}{m+M}\,u_0$　　ヌ $\dfrac{mu_0{}^2}{2(m+M)g}$　　ル $M > m$

　　ヲ $\dfrac{M-m}{m+M}\,u_0$　　ワ $\dfrac{2M}{m+M}\,u_0$

考　察

2 物体の運動エネルギーの和は，素朴には

$$K = \frac{1}{2}m_1 v_1{}^2 + \frac{1}{2}m_2 v_2{}^2$$

という形式で表されるが，これは次のように書き換えることができる。すなわち，

$$M = m_1 + m_2, \qquad \frac{1}{\mu} = \frac{1}{m_1} + \frac{1}{m_2}$$

$$v_{\mathrm{C}} = \frac{m_1 v_1 + m_2 v_2}{m_1 + m_2}, \qquad V = v_1 - v_2$$

とおくことにより，

$$K = \frac{1}{2}Mv_{\mathrm{C}}{}^2 + \frac{1}{2}\mu V^2 \quad \cdots\cdots ③$$

である。書き換え自体には物理法則などは用いない。単純な式変形である。しかし，変形の結果は重要な意味をもつ。

v_{C} は 2 物体の重心の速度を表し，③ 式の第 1 項を重心運動のエネルギーと解釈できる。一方，第 2 項は相対運動のエネルギーと解釈できる。$\mu = \dfrac{m_1 m_2}{m_1 + m_2}$ は 2 物体の相対運動に注目したときに現れる質量であり，換算質量と呼ばれる。

運動量が保存する現象では重心運動のエネルギーも一定に保たれるので，

$$\Delta K = \Delta\left(\frac{1}{2}\mu V^2\right)$$

となる。これを利用すると本問のような問題では煩雑な計算を回避することができる。

(1) における力学的エネルギーの損失は相対運動のエネルギーの損失であり，衝突により相対速度の大きさが $w_0 \to ew_0$ と変化するので，

$$\frac{1}{2} \cdot \frac{M \cdot \alpha M}{M + \alpha M} w_0{}^2 \times (1 - e^2) = \frac{(1 - e^2)\alpha}{2(1 + \alpha)} M w_0{}^2$$

であることが容易に導かれる。

また，(3) の振り切った状態では，初期状態における相対運動のエネルギーが A の重力による位置エネルギーに変換されるので，

$$\frac{1}{2} \cdot \frac{Mm}{M + m} u_0{}^2 = Mgh \qquad \therefore \quad h = \frac{m u_0{}^2}{2(m + M)g}$$

として求めることもできる。

第9講　人工衛星の運動

基本の確認　【上巻，第 I 部 力学，第 10 章】

　万有引力による運動（惑星の運動や人工衛星の運動）は，ケプラーの法則を満たす。入試問題における具体的な分析は，ケプラーの第 1 法則を前提として，ケプラーの第 2 法則（面積速度一定の法則）と力学的エネルギー保存則を組み合わせて議論することが原則である。

　十分に大きな質量 M の天体のまわりで質量 m の小物体が運動するとき，動径の長さを r，速さを v，動径と速度のなす角を φ とすれば，面積速度一定の法則は

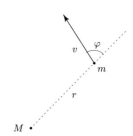

$$\frac{1}{2} rv \sin \varphi = 一定$$

となる。一方，力学的エネルギー保存則は，万有引力定数を G として

$$\frac{1}{2} mv^2 + \left(-G\frac{mM}{r} \right) = 一定$$

である。

　例外的な状況（入試問題では必ずしも例外ではないが）として運動の軌道が円周になる場合は，万有引力を向心力とする円運動の方程式を書くことで解決する。円軌道の半径を r，速さを v とすれば，

$$m\frac{v^2}{r} = G\frac{mM}{r^2}$$

である。速度を角速度 ω で表す場合は

$$mr\omega^2 = G\frac{mM}{r^2} \quad \cdots\cdots \quad ①$$

となる。円軌道の場合も 2 つの保存則は成立するが，r，v，φ $(90°)$ がそれぞれ一定なので，保存則を論じることに意義がない。

　なお，円運動する物体が静止して見える回転系から観測する場合には，① 式の左辺は遠心力を表す。

問　題

　次の文章を読んで，□□□に適した式または数値を，それぞれの解答欄に記入せよ。なお，□□□はすでに□□□で与えられたものと同じものを表す。また，問 1 では，指示にしたがって，解答を解答欄に記入せよ。ただし，円周率を π する。

　図 1 のように，点 O を中心とする質量 M の地球のまわりを，質量 m_Z の人工衛星 Z が半径 R の円軌道を角速度 ω でまわっている。この人工衛星の運動について，以下の (1), (2) に答えよ。

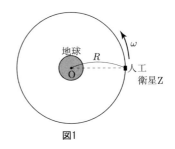

図1

(1)　図 2(a) のように，この人工衛星 Z に，質量 m_A の小物体 A と質量 m_B の小物体 B を，2 本の長さがそれぞれ a と b のひもで取り付ける。これらのひもの質量は m_Z, m_A, m_B とくらべて無視できる。また，m_Z, m_A および m_B は M とくらべて十分小さく，人工衛星 Z，小物体 A と小物体 B の間の万有引力は無視できるものとする。

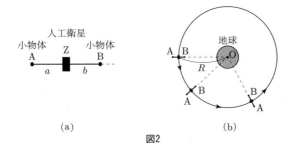

(a)　　　　　　　　　　　　(b)

図2

　これらの物体は，図 2(b) のように，常に，小物体 A が人工衛星 Z と地球の中心 O を結ぶ線上の地球と反対側，小物体 B が人工衛星 Z と地球の中心 O を結ぶ線上の地球側にあるという配置を保ちつつ，人工衛星 Z は小物体 A と B を取り付ける前と同じ円軌道上を角速度 ω で運動した。

　小物体 A に働く万有引力の大きさは，M, m_A, R, a, および万有引力定数 G を用いて　ア　と表される。また，小物体 A が人工衛星 Z と同じ角速度 ω で運動することから，小物体 A にはたらく遠心力は，m_A, R, a, ω を用いて表すと　イ　となる。このことから，小物体 A にはたらく力のつりあいの式は，小物体 A と人工衛星 Z の間のひもの張力を N_A として，

$$\boxed{\text{ア}} + N_A = \boxed{\text{イ}} \tag{i}$$

となる。同様にして，小物体 B にはたらく万有引力の大きさは，M, m_B, R, b, G を用いて $\boxed{\text{ウ}}$ と表され，遠心力は m_B, R, b, ω を用いて表すと $\boxed{\text{エ}}$ となる。このことから，小物体 B にはたらく力のつりあいの式は，小物体 B と人工衛星 Z の間のひもの張力を N_B として，

$$\boxed{\text{ウ}} = N_B + \boxed{\text{エ}} \tag{ii}$$

となる。

　人工衛星 Z が小物体 A と B を取り付ける前と同じ円軌道を角速度 ω で動き続けたことから，張力 N_A と N_B の間には，c をある数値として，$N_A = cN_B$ という関係が成立していたことがわかる。この c の値は $\boxed{\text{オ}}$ である。

　ここで，ひもの長さ a, b が円軌道の半径 R とくらべて十分小さいとする。このとき，$\varepsilon\,(>0)$ が R とくらべて十分小さいときに成り立つ近似式 $\dfrac{1}{(R \pm \varepsilon)^n} \fallingdotseq \dfrac{1}{R^n}\left(1 \mp n\dfrac{\varepsilon}{R}\right)$（複号同順）$(n = 1, 2, \cdots)$ を用いると，m_A, m_B, a, b の間に，k をある数値として，$\dfrac{m_A}{m_B} = \left(\dfrac{a}{b}\right)^k$ という関係が成立していることがわかる。この k の値は $\boxed{\text{カ}}$ である。また，張力 N_A は a に比例しており，その比例係数を m_A と ω を用いて表すと，$\dfrac{N_A}{a} = \boxed{\text{キ}}$ となる。

(2)　図3のように，人工衛星 Z から角度 θ〔rad〕遅れて，質量 m_U の宇宙船 U が同じ円軌道上を同じ速さで運動している。人工衛星 Z と宇宙船 U の間の万有引力は無視できるとする。人工衛星 Z と宇宙船 U の速さ V_0 を M, R, および万有引力定数 G を用いて表すと，$V_0 = \boxed{\text{ク}}$ である。

　この宇宙船 U が人工衛星 Z に追いつくことを考えよう。宇宙船 U は，点

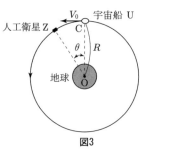

図3

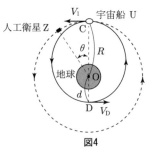

図4

C において進む方向は変えずに十分短い時間で減速すると，その後，図 4
の実線で表された楕円軌道をまわる。宇宙船 U が楕円軌道を一周して点 C
に戻ってくると同時に，人工衛星 Z が点線で表されたように円軌道を一周
より少し短い距離をまわって点 C に着くようにしたい。そのために必要な
楕円軌道の周期 T_1 と円軌道の周期 T_0 の間に成り立つ関係を，θ を用いて
表すと，$\dfrac{T_1}{T_0} = \boxed{}$ となる。

　上で述べたような方法で宇宙船 U が人工衛星 Z に追いつくために必要な
点 C での宇宙船 U の減速後の速さ $V_1\ (< V_0)$ を求めよう。

　図 4 のように，楕円軌道上において宇宙船 U がもっとも地球の中心 O に
近い位置が点 D であり，この点 D と O との距離を d とする。距離 d の R
に対する比は，ケプラーの第 3 法則を用いると，楕円軌道の周期 T_1 と円軌
道の周期 T_0 の関数として，$\dfrac{d}{R} = \boxed{}$ と表される。ケプラーの第 2 法則
（面積速度一定の法則）および力学的エネルギー保存の法則を点 D での宇
宙船 U の速さ V_D を用いて記述し，さらに，$V_0 = \boxed{}$ の関係を用いる
と，V_1 の V_0 に対する比は d と R を用いて $\dfrac{V_1}{V_0} = \boxed{}$ と表すことがで
きる。

問 1　遅れの角度 θ が π と比べて十分小さいとき，宇宙船 U が上に述べた
　　ように人工衛星 Z に追いつくために必要な速さの変化量 $\Delta V = V_1 - V_0$
　　を考える。δ の絶対値が 1 にくらべて十分小さいときに成り立つ近似式
　　$(1 + \delta)^x \fallingdotseq 1 + x\delta$（$x$ は実数）を用いて，Δv が θ と V_0 に比例すること
　　を示し，その比例係数 $\dfrac{\Delta V}{\theta V_0}$ の値を求めよ。

考え方

　(1)　Z から A を観測すると，内向きにはたらく万有引力 $G\dfrac{m_\mathrm{A} M}{(R+a)^2}$ と張力 N_A
の合力が，外向きにはたらく遠心力 $m_\mathrm{A}(R+a)\omega^2$ とつり合う。つまり，

$$\frac{Gm_\mathrm{A} M}{(R+a)^2} + N_\mathrm{A} = m_\mathrm{A}(R+a)\omega^2 \quad \cdots\cdots ②$$

が成り立つ。B については糸の張力が外向きには
たらくので，

$$\frac{Gm_\mathrm{B} M}{(R-b)^2} = N_\mathrm{B} + m_\mathrm{B}(R-b)\omega^2 \quad \cdots\cdots ③$$

が成り立つ。

Z が単独に円運動しているときの円運動の方程式は,

$$m_Z R \omega^2 = G \frac{m_Z M}{R^2} \quad \cdots\cdots ④$$

である。小物体 A, B を取り付けたときには

$$m_Z R \omega^2 = G \frac{m_Z M}{R^2} + (-N_A) + N_B$$

となるが, 角速度が変化しないのであれば,

$$(-N_A) + N_B = 0 \quad \text{すなわち,} \quad N_A = 1 \times N_B$$

である。

与えられた近似を用いれば, ② 式より,

$$N_A = m_A(R+a)\omega^2 - \frac{Gm_A M}{(R+a)^2} \fallingdotseq m_A(R+a)\omega^2 - \frac{Gm_A M}{R^2}\left(1 - \frac{2a}{R}\right)$$

④ 式より $\frac{GM}{R^2} = R\omega^2$ なので,

$$N_A = 3m_A a \omega^2 \quad \cdots\cdots ⑤$$

となる。同様にして, ③ 式より,

$$N_B = \frac{Gm_A M}{(R-b)^2} - m_B(R-b)\omega^2 \fallingdotseq 3m_B b \omega^2$$

である。$N_A = N_B$ なので,

$$3m_A a \omega^2 = 3m_B b \omega^2 \quad \therefore \quad \frac{m_A}{m_B} = \frac{b}{a} = \left(\frac{a}{b}\right)^{-1}$$

となる。また, ⑤ 式より,

$$\frac{N_A}{a} = 3m_A \omega^2$$

である。

(2) V_0 を用いれば, Z の円運動の方程式は,

$$m_Z \frac{V_0{}^2}{R} = G \frac{m_Z M}{R^2}$$

なので,

$$V_0 = \sqrt{\frac{GM}{R}}$$

である。U についても同様である。

U が楕円軌道に沿って 1 周する間に Z が角度 $2\pi - \theta$ だけ回転する条件より,

$$T_1 = T_0 \times \frac{2\pi - \theta}{2\pi} \qquad \therefore \quad \frac{T_1}{T_0} = 1 - \frac{\theta}{2\pi}$$

となる。

ケプラーの第3法則より，

$$\frac{{T_0}^2}{R^3} = \frac{{T_1}^2}{\left(\dfrac{R+d}{2}\right)^3} \qquad \therefore \quad \frac{d}{R} = 2\left(\frac{T_1}{T_0}\right)^{\frac{2}{3}} - 1$$

となる。

面積速度一定の法則より，

$$\frac{1}{2}RV_1 = \frac{1}{2}dV_{\mathrm{D}}$$

力学的エネルギー保存則より，

$$\frac{1}{2}m_{\mathrm{U}}{V_1}^2 - \frac{Gm_{\mathrm{U}}M}{R} = \frac{1}{2}m_{\mathrm{U}}{V_{\mathrm{D}}}^2 - \frac{Gm_{\mathrm{U}}M}{d}$$

である。2式より V_{D} を消去すれば，

$$\frac{1}{2}{V_1}^2 - \frac{GM}{R} = \frac{1}{2}\left(\frac{R}{d}V_1\right)^2 - \frac{GM}{d} \qquad \therefore \quad {V_1}^2 = \frac{2d}{R+d}\cdot\frac{GM}{R}$$

となる。$\dfrac{GM}{R} = {V_0}^2$ なので，

$$\left(\frac{V_1}{V_0}\right)^2 = \frac{2d}{R+d} \qquad \therefore \quad \frac{V_1}{V_0} = \sqrt{\frac{2d}{R+d}}$$

である。

[解答]

(1)　ア $\dfrac{Gm_{\mathrm{A}}M}{(R+a)^2}$　　イ $m_{\mathrm{A}}(R+a)\omega^2$　　ウ $\dfrac{Gm_{\mathrm{B}}M}{(R-b)^2}$

　　エ $m_{\mathrm{B}}(R-b)\omega^2$　　オ 1　　カ -1　　キ $3m_{\mathrm{A}}\omega^2$

(2)　ク $\sqrt{\dfrac{GM}{R}}$　　ケ $1 - \dfrac{\theta}{2\pi}$　　コ $2\left(\dfrac{T_1}{T_0}\right)^{\frac{2}{3}} - 1$　　サ $\sqrt{\dfrac{2d}{R+d}}$

問1 サ より，

$$\frac{\Delta V}{V_0} = \frac{V_1 - V_0}{V_0} = \sqrt{\frac{2d}{R+d}} - 1 = \sqrt{\frac{2\cdot\dfrac{d}{R}}{1+\dfrac{d}{R}}} - 1$$

である。ここで，ケ ，コ より，

$$\frac{d}{R} = 2\left(1 - \frac{\theta}{2\pi}\right)^{\frac{2}{3}} - 1$$

である。$\theta \ll \pi$ のとき，与えられた近似式を用いて，

$$\left(1 - \frac{\theta}{2\pi}\right)^{\frac{2}{3}} \fallingdotseq 1 - \frac{2}{3} \cdot \frac{\theta}{2\pi} = 1 - \frac{\theta}{3\pi}$$

と近似できる。よって，

$$\frac{d}{R} \fallingdotseq 2\left(1 - \frac{\theta}{3\pi}\right) - 1 = 1 - \frac{2\theta}{3\pi}$$

である。したがって，

$$\sqrt{\frac{2 \cdot \dfrac{d}{R}}{1 + \dfrac{d}{R}}} = \sqrt{\frac{2\left(1 - \dfrac{2\theta}{3\pi}\right)}{2 - \dfrac{2\theta}{3\pi}}} = \left(1 - \frac{2\theta}{3\pi}\right)^{\frac{1}{2}} \cdot \left(1 - \frac{\theta}{3\pi}\right)^{-\frac{1}{2}}$$

となる。ここで，再び近似を用いて，

$$\sqrt{\frac{2 \cdot \dfrac{d}{R}}{1 + \dfrac{d}{R}}} \fallingdotseq \left(1 - \frac{1}{2} \cdot \frac{2\theta}{3\pi}\right)\left(1 + \frac{1}{2} \cdot \frac{\theta}{3\pi}\right) \fallingdotseq 1 - \frac{\theta}{6\pi}$$

となる。最後に $\left(\dfrac{\theta}{\pi}\right)^2$ の項を無視した。

以上より，

$$\frac{\Delta V}{V_0} = -\frac{\theta}{6\pi} \qquad \therefore \frac{\Delta V}{\theta V_0} = -\frac{1}{6\pi} \quad (\text{一定})$$

を得る。これは，ΔV が θ と V_0 比例することを示す。

考　察

物理では近似を用いた評価を行うことが多い。

$$|\delta| \ll 1 \text{ のとき，実定数 } p \text{ に対して } (1 + \delta)^p \fallingdotseq 1 + p\delta$$

$$|\theta| \ll 1 \text{ のとき，} \sin\theta \fallingdotseq \theta, \ \cos\theta \fallingdotseq 1, \ \tan\theta \fallingdotseq \theta$$

などの近似をよく用いる。これらは，十分に小さい変数の関数を 1 次関数で近似したものになっている。

微分可能な関数 $f(x)$ は，$|x| \ll 1$ のとき（$x = 0$ の近くで），

$$f(x) \fallingdotseq f(0) + f'(0) \cdot x$$

と近似できる。右辺の 1 次関数は，$x = 0$ の点における $y = f(x)$ の接線を与える関数である。

　本問の問 1 では，$y = \dfrac{\Delta V}{V_0}$ を $x = \dfrac{\theta}{\pi}$ の関数とみて，$x = 0$ の近くで x の 1 次関数に近似している。$z = \dfrac{d}{R}$ とおくと，

$$y = \frac{\Delta V}{V_0} = \sqrt{\frac{2z}{1+z}} - 1, \qquad z = 2\left(1 - \frac{1}{2}x\right)^{\frac{2}{3}} - 1$$

となっている。y は z を介して x の関数になっている。これを $f(x)$ とおく。

　$x = 0$ のとき $z = 1$ であるから，$f(0) = 0$ である。よって，$|x| \ll 1$ のとき，

$$f(x) \fallingdotseq f'(0) \cdot x$$

と近似できる。

$$\frac{\mathrm{d}y}{\mathrm{d}x} = \frac{\mathrm{d}y}{\mathrm{d}z} \cdot \frac{\mathrm{d}z}{\mathrm{d}x}$$

$$\frac{\mathrm{d}y}{\mathrm{d}z} = \frac{1}{\sqrt{2z(1+z)^3}}, \quad \frac{\mathrm{d}z}{\mathrm{d}x} = -\frac{2}{3}\left(1 - \frac{1}{2}x\right)^{-\frac{1}{3}}$$

なので，

$$f'(0) = \frac{1}{4} \cdot \left(-\frac{2}{3}\right) = -\frac{1}{6}$$

である。上の解答例と同じ結果を得る。

第10講　抵抗力を受ける人工衛星

〔2008 年度第 1 問〕

基本の確認　【上巻，第 I 部 力学，第 5 章】

　一定のベクトル $\vec{f}$ で表される力の仕事 W は，力を受ける物体（力の作用点）の変位 $\Delta\vec{r}$ に対して

$$W = \vec{f} \cdot \Delta\vec{r} \quad \cdots\cdots ①$$

で与えられる。

　全過程を通して $\vec{f} = $ 一定 ではない場合も，物体の移動径路を十分に小さい区間ごとに分割して考えれば，各区間においては $\vec{f} = $ 一定 と扱うことができ，その区間における仕事は ① 式の形で表すことができる。全過程を通しての仕事は，各区間における仕事の総和

$$W = \sum_{径路} \vec{f} \cdot \Delta\vec{r}$$

となる。$|\Delta\vec{r}| \to 0$ の極限をとれば，

$$W = \int_{径路} \vec{f} \cdot \mathrm{d}\vec{r}$$

と表示することができる。

　仕事は，その仕事をなされた物体の運動エネルギーの変化を説明する。つまり，物体の質量 m，速さを v として，

$$\Delta\left(\frac{1}{2}mv^2\right) = W$$

である。1 次元（x 軸上）の運動の無限小の変化について，変化時間 $\mathrm{d}t$ で除して時間変化率の方程式として表せば，

$$\frac{\mathrm{d}}{\mathrm{d}t}\left(\frac{1}{2}mv^2\right) = f \cdot \frac{\mathrm{d}x}{\mathrm{d}t}$$

となる。この場合，v は x 軸上での速度を表す。左辺の微分を実行すれば，

$$mv \cdot \frac{\mathrm{d}v}{\mathrm{d}t} = f \cdot \frac{\mathrm{d}x}{\mathrm{d}t}$$

となり，$v = \dfrac{\mathrm{d}x}{\mathrm{d}t}$ であるから，運動方程式を再現する。

　次の文章を読んで，　には適した式または数値を，{　}から適切な
ものを選びその番号を，それぞれ記せ。なお，　はすでに　または
{　}で与えられたものと同じものを表す。また，問1，問2では指示にした
がって，解答をそれぞれ記せ。

　以下の設問では，向心力を受けて円運動する物体について摩擦力による速
さの変化を考える。その際，さまざまな物理量の微小な変化を調べる。

(1)　図1のように，なめらかな台の上に置かれた質量 m の物体が，ひもに

つながれている。ひもは台の
中心 O に開けられたなめら
かな小さな穴を貫通し，ばね
につながれている。さらにば
ねの下端は下側の台に固定さ
れている。この物体は半径
r，速さ v の等速円運動をし

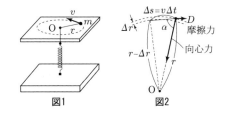

図1　　　　　図2

ている。ばね定数は b であり，ばねとひもの質量は無視してよいものとす
る。また，物体が点 O にあるとき，ばねの長さが自然の長さであるように
なっている。

　この等速円運動に対する運動方程式は $\dfrac{mv^2}{r} = \boxed{\ ア\ }$ となる。物体の運
動エネルギーは $K = \dfrac{1}{2}mv^2$，ばねの弾性力の位置エネルギーは $V = \dfrac{1}{2}br^2$
で与えられる。このとき運動方程式から運動エネルギー K と位置エネルギ
ー V の間に
　　{イ：①　$K = V$　②　$K = -V$　③　$2K = V$　④　$2K = -V$
　　　⑤　$K = 2V$　⑥　$K = -2V$}
という関係が成り立つことが分かる。

(2)　次に，この物体に速度と逆方向に摩擦力が作用した場合を考える。摩擦
力の大きさ D は一定とする。ばねの力に比べて非常に小さい摩擦力が作用
したため，図2のように軌道がわずかに円運動から変化したとしよう。そ
のため，物体の速度は (1) で考えた速度と厳密には異なっている。ただし，
摩擦力が非常に小さい場合には，速度の差はわずかであるので無視してよ
いものとする。物体の速さを v とすると，図2のように微小な時間 Δt の
間の移動距離は $\Delta s = v\Delta t$ で与えられる。この移動の結果，物体と点 O と
の距離は r から $r - \Delta r$ に変化する。実際には r に比べてその変化 Δr は非

常に小さいが，この図では微小な変化 Δr を強調している。また，物体の運動方向とばねによる向心力の間の角度 α は $90°$ よりわずかに小さい。

この微小な時間 Δt の間に生じる運動エネルギーの微小な変化 ΔK は，ばねの力による仕事と摩擦力による仕事で決まるので，$\Delta K = \left(\boxed{} \right) \times \Delta s$ と与えられる。Δs と Δr が微小であることより，$\Delta s \cos\alpha = \Delta r$ が成り立つとする。運動エネルギーの微小な変化 ΔK のうち，ばねによる仕事は，半径の微小な変化 Δr に比例する形で $\boxed{}$ と表される。このばねによる仕事と位置エネルギーの微小な変化の関係を調べよう。軌道の半径が r から $r - \Delta r$ に微小に変化する間に，位置エネルギーは

$$\begin{aligned}
\Delta V &= \Delta\left(\frac{1}{2}br^2\right) \\
&= \frac{1}{2}b(r-\Delta r)^2 - \frac{1}{2}br^2 \\
&= -br\Delta r + \frac{1}{2}b(\Delta r)^2 \\
&\fallingdotseq -br\Delta r
\end{aligned}$$

だけ微小に変化する。上式の最後の行では，微小な変化 Δr の2次の項 $\frac{1}{2}b(\Delta r)^2$ を無視している。このように，本問題では微小な変化の2次の項は無視してよい。

したがって運動エネルギーの微小な変化のうち，ばねによる仕事の部分は $\left\{ \text{オ}: \text{①} +1, \text{②} -1, \text{③} +\frac{1}{2}, \text{④} -\frac{1}{2} \right\} \times \Delta V$ となる。また摩擦力による仕事は，微小な時間 Δt に比例する形で $\boxed{}$ と表すことができる。したがって，Δt の間に生じる力学的エネルギー $E = K + V$ の微小な変化 $\Delta E = \Delta K + \Delta V$ は

$$\Delta E = \boxed{} \qquad (\text{i})$$

と与えられる。

摩擦力が非常に小さいので，物体は近似的に円運動を保ちながら，少しずつ速さと半径が変化していくとする。このとき関係式 $\boxed{}$ は成り立っていると考えてよい。したがって，微小な変化 $\Delta K, \Delta V$ についても，同じ関係を保ちながら，力学的エネルギーが $\Delta E = \boxed{}$ と微小に変化していくので，運動エネルギーの微小な変化は

$$\Delta K = \boxed{} \times \left(\boxed{} \right) \qquad (\text{ii})$$

となる。(注：$\boxed{}$ には適切な数値を入れなさい。)

(3)　上の (2) では微小な時間 Δt の間の運動エネルギーの微小な変化を求め
た。この間に，物体の速さが v から $v + \Delta v$ に変化するので，運動エネル
ギーの微小な変化は $\Delta K = \Delta \left(\dfrac{1}{2} mv^2 \right) \fallingdotseq mv \Delta v$ とも表せる。この式と
式 (ii) より，物体の速さ v の変化率は

$$\frac{\Delta v}{\Delta t} = \boxed{\quad ク \quad} \tag{iii}$$

と与えられる。式 (iii) は直線上の等加速度運動と同じ形をしている。時刻
$t = 0$ での物体の速さを v_0 とすると，時刻 t での物体の速さは $v(t) = \boxed{\ ケ\ }$
となる。

(4)　これまでは，物体がばねの力と小さい摩擦力を受けて近似的に円運動す
る場合を考えてきた。今度は，図 3 のよう
に，質量 M の地球の周りを運動する質量 m
の人工衛星について，これまでと同じような
計算を行う。地球の中心から人工衛星までの
距離を r とする。人工衛星には地球からの万
有引力と，大気から受ける小さい空気抵抗力
が作用している。ただし，人工衛星の質量 m

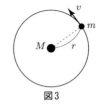

図 3

は地球の質量 M に比べて非常に小さいため地球は動かないとしてよい。さ
らに，地球と人工衛星の大きさは無視してよいものとする。

　　まず，空気の抵抗力がはたらいていないとする。人工衛星は速さ v，半
径 r の等速円運動をしている。万有引力定数を G とすると運動方程式は
$\dfrac{mv^2}{r} = \dfrac{GMm}{r^2}$ となる。また，万有引力による位置エネルギーは $V =$
$-\dfrac{GMm}{r}$ であることが知られている。このとき運動方程式から，運動エ
ネルギー K と位置エネルギー V の間の関係式

$\{$ コ：① $K = V$　② $K = -V$　③ $2K = V$　④ $2K = -V$
　　⑤ $K = 2V$　⑥ $K = -2V \}$

が得られる。

　　次に，(2), (3) における摩擦力と同様に人工衛星に空気の抵抗力が作用し
た場合を考える。ここで空気の抵抗力は，速度と逆方向にはたらく，大き
さ D の一定の力として取り扱う。ただし，空気の抵抗力は非常に小さく，
人工衛星は近似的に円運動しているとみなしてよいものとする。

問 1　人工衛星の場合にも，(2) と同様に，運動エネルギーの微小な変化

ΔK は万有引力と空気の抵抗力による仕事で与えられる。このことから，人工衛星の力学的エネルギーの微小な変化 ΔE に対して式 (i) が成り立つことを，計算過程も含めて示しなさい。ただし，半径が r から $r - \Delta r$ に変化するとき，位置エネルギー $V = -\dfrac{GMm}{r}$ の微小な変化は

$$\Delta V = \Delta \left(-\frac{GMm}{r} \right) = -GMm \left(\frac{1}{r - \Delta r} - \frac{1}{r} \right) \fallingdotseq -\frac{GMm}{r^2} \Delta r$$

という近似式で与えられる。

問2 上の問1の結果と，微小な変化 ΔK，ΔV に対しても関係式 [コ] と同じ関係が成り立つことを用いて，式 (iii) に対応する人工衛星の速さ v の変化率を表す方程式を計算過程も含めて導きなさい。また抵抗力により，人工衛星が加速されるか，減速されるか，変化しないか，いずれであるかを，その理由とともに答えなさい。

考え方

(1) r がばねの伸びを表すので，ばねの弾性力の大きさは br である。糸の張力の大きさとばねの弾性力の大きさが等しいと考えて円運動の方程式を書けば，

$$m \frac{v^2}{r} = br \qquad \therefore \ mv^2 = kr^2$$

となる。このとき，物体の運動エネルギー K と位置エネルギー（ばねの弾性エネルギー）V の間には

$$K = \frac{1}{2} mv^2 = \frac{1}{2} kr^2 = V$$

の関係が成り立つ。

(2) 摩擦力の仕事は $(-D) \cdot \Delta s$，向心力（ばねの弾性力）br の仕事は $br \cos \alpha \cdot \Delta s$ なので，エネルギーの保存より，

$$\Delta K = (-D) \cdot \Delta s + br \cos \alpha \cdot \Delta s = (br \cos \alpha - D) \times \Delta s$$

となる。

$\Delta s \cos \alpha = \Delta r$ が成り立てば，ばねによる仕事は

$$br \cos \alpha \cdot \Delta s = br \times \Delta r$$

と表すことができる。よって，位置エネルギー V の変化は問題文にあるように

$$\Delta V \fallingdotseq -br \Delta r$$

となる。したがって，ばねの弾性力による仕事は

$$br \times \Delta r = (-1) \times \Delta V$$

となる。一方，摩擦力による仕事は，$\Delta s = v\Delta t$ の関係を用いて

$$(-D) \cdot \Delta s = (-D) \cdot v\Delta t = (-Dv) \times \Delta t$$

と表すことができる。

　以上より，力学的エネルギー $E = K + V$ の変化は

$$\Delta E = \Delta K + \Delta V = \{(-1) \times \Delta V + (-Dv) \times \Delta t\} + \Delta V = (-Dv) \times \Delta t$$

と与えられる。変化中も $K = V$ の関係が成立しているとすれば，$\Delta K = \Delta V$ なので $\Delta E = \Delta K + \Delta V = 2\Delta K$ である。よって，

$$2\Delta K = (-Dv) \times \Delta t \qquad \therefore \quad \Delta K = \frac{1}{2} \times (-Dv) \times \Delta t$$

となる。

　(3)　さらに $\Delta K = mv\Delta v$ であることを用いれば，

$$mv\Delta v = \frac{1}{2} \times (-Dv) \times \Delta t \qquad \therefore \quad \frac{\Delta v}{\Delta t} = -\frac{D}{2m} \quad (\text{一定})$$

が得られる。これは，v が一定の変化率で時間変化することを意味する。よって，$v(0) = v_0$ とすれば，

$$v(t) = v_0 - \frac{D}{2m} t$$

を得る。

　(4)　万有引力による等速円運動の場合には

$$\frac{mv^2}{r} = \frac{GMm}{r^2} \qquad \therefore \quad mv^2 = \frac{GMm}{r}$$

が成り立つので，

$$K = \frac{1}{2}mv^2 = \frac{GMm}{2r} = -\frac{1}{2}V \qquad \therefore \quad 2K = -V$$

の関係式が得られる。

[解答]

(1)　ア br　　イ ①

(2)　ウ $br\cos\alpha - D$　　エ $br\Delta r$　　オ ②　　カ $-Dv\Delta t$　　キ $\dfrac{1}{2}$

(3) $\boxed{ク}$ $-\dfrac{D}{2m}$ $\boxed{ケ}$ $v_0 - \dfrac{D}{2m}t$ (4) $\boxed{コ}$ ④

問 1 人工衛星の場合には，万有引力による仕事と抵抗力による仕事により，運動エネルギーの変化が

$$\Delta K = \frac{GMm}{r^2}\Delta r + (-Dv)\Delta t$$

となる。一方，位置エネルギーの変化は

$$\Delta V = -\frac{GMm}{r^2}\Delta r$$

である。よって，力学的エネルギーの変化は

$$\Delta E = \Delta K + \Delta V = (-Dv)\Delta t$$

と与えられる。つまり，式（ i ）が成り立つ。

問 2 変化中も $2K = -V$ の関係が成り立つとすれば，

$$2\Delta K = -\Delta V \qquad \therefore \quad \Delta V = -2\Delta K$$

よって，

$$\Delta E = \Delta K + \Delta V = -\Delta K \fallingdotseq -mv\Delta v$$

となる。したがって，

$$-mv\Delta v = (-Dv)\Delta t \qquad \therefore \quad \frac{\Delta v}{\Delta t} = \frac{D}{m} > 0$$

である。これは人工衛星が加速されることを示している。

■■■■ ■ **考 察** ■ ■■■■

保存力 $\overrightarrow{f}$ のポテンシャル（位置エネルギー）V は，

$$V(\overrightarrow{r}) = \int_{\text{基準点}}^{\overrightarrow{r}} \left(-\overrightarrow{f}\right) \cdot \mathrm{d}\overrightarrow{r}$$

により位置 $\overrightarrow{r}$ の関数として定義される。保存力 $\overrightarrow{f}$ に対抗する外力 $-\overrightarrow{f}$ が，基準点から位置 $\overrightarrow{r}$ まで物体を移動させる仕事が潜在的なエネルギーとして蓄えられる，と解釈できる。

ポテンシャル V の微小変化 ΔV は，

$$\Delta V = \left(-\vec{f} \right) \cdot \Delta \vec{r}$$

であるから，微小な移動に伴う保存力の仕事はポテンシャル V と

$$\vec{f} \cdot \Delta \vec{r} = -\Delta V \quad \cdots\cdots ③$$

の関係にある。

　保存力 $\vec{f}$ のみを受けて運動する物体については，力学的エネルギー保存則

$$\frac{1}{2} mv^2 + V = 一定$$

が成り立つ。したがって，

$$\Delta \left(\frac{1}{2} mv^2 \right) = -\Delta V$$

となる。これは，ポテンシャルが減った分だけ物体の運動エネルギーが増加することを表し，運動エネルギーの増加は保存力 $\vec{f}$ の仕事に依る。③ 式は，このことを表している。

　ポテンシャルは，保存力から仕事をされる可能性の "貯金" と解釈することができる。切り崩した貯金が，運動エネルギーの増加として顕在化する。

第 II 部
熱学現象

72

第11講　平均自由行程

〔1998 年度後期第 3 問〕

基本の確認　【上巻，第 II 部 熱学，第 2 章】

　理想気体の状態を圧力 p，体積 V，温度 T により代表するとき，この状態を巨視状態という。巨視状態に注目する場合には，気体を 1 つの連続体として扱うことができる。3 つの状態量（巨視的状態量）p, V, T は，気体の物質量を n，気体定数を R とすれば，状態方程式

$$pV = nRT \quad \cdots\cdots \ ①$$

を満たす。これは，理想気体による温度目盛（温度の測り方）の定義と捉えることができる。

　しかし，現実には多数の分子が集まってできているという微視的な構造をもつ。分子の乱雑な運動を熱運動と呼ぶ。熱学の議論を進めるためには，巨視的状態量と熱運動を結びつけておく必要がある。そのための議論を気体分子運動論と呼ぶ。気体分子の運動に遡ると気体の圧力は次のように理解できる。

　気体分子は封入されている容器の壁と衝突を繰り返す。その際に分子が壁に与える力積の，単位時間あたり単位面積あたりの総和が気体の圧力を表す。

　このような考え方に基づいて圧力を導出すれば，

$$p = \frac{N\langle mv^2 \rangle}{3V}$$

となる。ここで，N は封入されている気体の分子数，m は分子の質量，v は速さであり，$\langle\cdots\rangle$ は全分子についての平均を表す。この結論を状態方程式 ① に代入すれば，重要な関係式

$$\left\langle \frac{1}{2}mv^2 \right\rangle = \frac{3}{2}kT$$

を得る。k はボルツマン定数であり，アボガドロ定数を N_A とすれば気体定数 R と

$$k = \frac{R}{N_\mathrm{A}}$$

の関係で結びつく。

問　題

次の文を読んで，□□□ に適した式を，また ▭ には適切な数値をそれ
ぞれ記せ。

ある空間に，質量 m，直径 d の球形粒子が，乱雑に運動しながら，一様に
分布している。単位体積あたりの粒子数（数密度）A は小さく，したがって，
粒子集団は理想気体として扱えるとする。

(1)　粒子が x 軸に垂直で平らな壁に隔てられた一方の空間でのみ運動する状
況を考える。このとき，粒子と壁との完全弾性衝突によって壁が受ける圧
力を計算してみよう。

取り扱いを簡単にするために，図1のよ
うに，全粒子は x 軸方向の速度成分のみを
もち，その大きさは同一で v_x であり，正の
向きと負の向きに運動する粒子数は，互いに
等しいとする。時間 t の間に壁に衝突する粒
子は，壁からの距離 $v_x t$ の範囲内に存在する
粒子のうちの速度が正のもののみである。こ

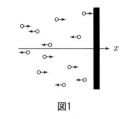

図1

の粒子の数は，壁の単位面積あたりに あ である。一方，壁面が1粒子
の1回の衝突ごとにうける力積の大きさは い である。これらの関係を
用いると，粒子衝突によって壁面が受ける圧力 P は う となる。

実際には粒子の速度は，いろいろな向きや大きさをもつもので，上式中
の v_x^2 を，$\dfrac{\overline{v^2}}{3}$ で置き換える必要がある。ただし，$\overline{v^2}$ は粒子速度の2乗をす
べての粒子について平均したものである。このようにして求めた $\overline{v^2}$ を含む
圧力 P を表す式と，数密度 A と絶対温度 T を用いた状態方程式 $P = AkT$
を比較すると，この系の温度 T は え と表現できる。ただし，k はボル
ツマン定数である。

(2)　次に，壁の影響がない領域に着目し，ある粒子が他の粒子と衝突してか
ら次の衝突をおこすまでの平均時間間隔 t_c，その粒子がこの間に動く平均
距離 l の大きさを見積もってみよう。ここでは，2粒子の中心間の距離が d
になった瞬間に粒子衝突がおこるとす
る。図2のように，粒子aが矢印の方
向に速度 v で動いている。議論を簡単
にするために，粒子a以外の粒子は静
止しているとして考える。直進する粒

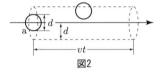

図2

子 a が時間 t の間に衝突をおこしうる領域は，粒子 a の中心点の軌跡を回転軸とし，粒子直径 d を半径とする円を底面にもち，高さが vt である円筒（図 2 の破線）の内部である。この円筒内に中心をもつ粒子が，粒子 a 以外に，ちょうど 1 個存在するような t が，衝突までに要する平均時間と考えられる。個々の粒子が異なる速度をもつことを考慮して，上記の v を平均量 $\sqrt{\overline{v^2}}$ でおきかえよう。この結果，平均時間間隔は $t_c = \boxed{\text{お}}$，平均距離は $l = \boxed{\text{か}}$ となる。

(3) 最後に，設問 (2) で求めた l の数値を計算してみよう。圧力 $P = 1.0 \times 10^5\,\mathrm{Pa}$，絶対温度 $T = 4.0 \times 10^2\,\mathrm{K}$ における，分子量 40 のある単原子気体の密度は $1.2\,\mathrm{kg \cdot m^{-3}}$ である。このときの数密度 A は，有効数字 2 けたで $\boxed{\text{き}}\,\mathrm{m^{-3}}$ となる。ただし，アボガドロ定数は $6.0 \times 10^{23}\,\mathrm{mol^{-1}}$ とする。粒子直径を $d = 4.0 \times 10^{-10}\,\mathrm{m}$ とすると，平均距離 l は有効数字 2 けたで $\boxed{\text{く}}\,\mathrm{m}$ となる。この値は d よりかなり大きい。

考え方

(1) 時間 t の間に壁の単位面積に衝突する粒子の数は，体積 $1 \times v_x t = v_x t$ の領域に存在する粒子数の半分（速度が正のもの）なので，

$$N = A \times v_x t \times \frac{1}{2} = \frac{1}{2} A v_x t$$

となる。粒子は衝突による運動量変化の大きさ $2mv_x$ と等しい大きさの力積を壁面に与える。したがって，時間 t の間に壁の単位面積がうける力積の総和は

$$I = 2mv_x \times N = Amv_x{}^2 t$$

となる。単位時間あたり単位面積あたりの力積は壁面が受ける圧力であるから，

$$P = \frac{I}{t} = Amv_x{}^2$$

となる。

実際には $v_x{}^2 \rightarrow \frac{1}{3}\overline{v^2}$ と置き換えて

$$P = \frac{1}{3} Am\overline{v^2}$$

となる。これを状態方程式 $P = AkT$ に代入すれば，

$$\frac{1}{3} Am\overline{v^2} = AkT \qquad \therefore\ T = \frac{m\overline{v^2}}{3k}$$

(2) 題意に従って考えれば（粒子の位置は，その中心の位置で代表する），半径 d

の円柱内の粒子数が 1 となるときの円柱の長さが平均距離 l を表すので,

$$A \times \pi d^2 l = 1 \qquad \therefore \ l = \frac{1}{\pi A d^2}$$

となる。粒子の平均の速さを $\sqrt{\overline{v^2}}$ とすれば, 平均時間間隔 t_c は,

$$t_c = \frac{l}{\sqrt{\overline{v^2}}} = \frac{1}{\pi d^2 A \sqrt{\overline{v^2}}}$$

となる。

(3)　分子量 40, 密度 $1.2 \text{kg} \cdot \text{m}^{-3}$ の気体のモル密度は

$$\nu = \frac{1.2}{40 \times 10^{-3}} = 3.0 \times 10 \ \text{mol} \cdot \text{m}^{-3}$$

であるから,

$$A = \nu \times 6.0 \times 10^{23} = 1.8 \times 10^{25} \ \text{m}^{-3}$$

である。よって,

$$l = \frac{1}{\pi A d^2} = \frac{1}{\pi \times 1.8 \times 10^{25} \times (4.0 \times 10^{-10})^2} \fallingdotseq 1.1 \times 10^{-7} \ \text{m}$$

となる。

[解答]

(1)　あ　$\dfrac{1}{2} A v_x t$　　い　$2mv_x$　　う　$Amv_x{}^2$　　え　$\dfrac{m\overline{v^2}}{3k}$

(2)　お　$\dfrac{1}{\pi d^2 A \sqrt{\overline{v^2}}}$　　か　$\dfrac{1}{\pi A d^2}$

(3)　き　1.8×10^{25}　　く　1.1×10^{-7}

■■■■　考　察　■■■■

　問題は, 誘導に従っていけば容易に解決できる。

　状態方程式が $P = AkT$ の形で与えられている。通常は気体定数 R を用いて $PV = nRT$ と表示する。アボガドロ定数を N_A, 体積 V の領域内の分子数を N とすれば,

$$PV = \frac{N}{N_A} RT \qquad \therefore \ P = \frac{N}{V} \cdot \frac{R}{N_A} T$$

となる。ここで,

$$A = \frac{N}{A}, \qquad k = \frac{R}{N_\mathrm{A}}$$

であるから，$P = AkT$ となる。

(3) の数密度 A の計算は，この状態方程式を

$$A = \frac{P}{kT} = \frac{N_\mathrm{A} P}{RT}$$

と変形して求めることもできる。気体定数 R の値は与えられていないが，有効数字 2 桁で $R = 8.3\,\mathrm{J \cdot mol^{-1} \cdot K^{-1}}$ であることを知っていれば，**考え方**での計算結果と同じ値を得られる。ただし，数値計算では，与えられた数値のみを利用して求める方が安全である。

　本問の平均距離 l を平均自由行程と呼ぶ。分子の大きさを無視した理想気体では，分子と分子の衝突の確率は 0 なので，平均自由行程は無限となる。一方，実在気体では分子が有限の大きさをもっているので，本問で求めたように平均自由行程は，分子の大きさ d よりはかなり大きいが，マクロなスケールからは非常に小さな値となる。したがって気体分子は他の分子と頻繁に衝突を繰り返している。

　なお，本問では簡単のため粒子 a 以外の粒子の運動を無視しているが，実際にはすべての粒子が運動している。その効果を考慮すると，平均自由行程はもう少し短くなる。

第12講　拡大する容器内の気体

〔2020 年度第 3 問〕

基本の確認　【上巻, 第 II 部 熱学, 第 4 章】

理想気体の準静的な（変化中も常に熱平衡を維持した）断熱変化において, ポアソンの法則（公式）

$$pV^{\gamma} = \text{一定}, \qquad TV^{\gamma-1} = \text{一定}$$

が成立する。p, V, T はそれぞれ気体の圧力, 体積, 温度であり, γ は比熱比である。準静的変化ではボイル - シャルルの法則 $\dfrac{pV}{T} = \text{一定}$ が有効なので, 上の 2 つの関係式は同じ意味を表す。

物質量 n の理想気体についての, 準静的な断熱変化における熱力学第 1 法則は

$$nc_V \mathrm{d}T = p \cdot (-\mathrm{d}V) \quad \cdots\cdots ①$$

と表される。c_V は気体の定積モル比熱であり, 左辺が内部エネルギー変化, 右辺が外部からの仕事を表す。準静的変化では変化中も状態方程式

$$pV = nRT$$

が有効なので, ① 式は

$$\frac{c_V}{R}\frac{\mathrm{d}T}{T} + \frac{\mathrm{d}V}{V} = 0 \qquad \therefore \quad \frac{\mathrm{d}T}{\mathrm{d}V} + (\gamma-1)\frac{T}{V} = 0 \quad \cdots\cdots ②$$

と変形できる。$\gamma = \dfrac{c_V + R}{c_V}$ であることを用いた。② 式の両辺に $V^{\gamma-1}$ をかければ,

$$\frac{\mathrm{d}T}{\mathrm{d}V}V^{\gamma-1} + T \cdot (\gamma-1)V^{\gamma-2} = 0 \qquad \therefore \quad \frac{\mathrm{d}}{\mathrm{d}V}(TV^{\gamma-1}) = 0$$

となり, $TV^{\gamma-1}$ が導かれる。

なお, ① 式が示すように断熱変化は体積変化を伴う（$\mathrm{d}V = 0$ ならば $\mathrm{d}T = 0$ となり, 何の変化も生じない）ので, 体積 V を変数として変化を追跡できる。

問 題

次の文章を読んで，　　　　に適した式または数値を，それぞれ記入せよ。なお，　　　　はすでに　　　　で与えられたものと同じものを表す。また，問1，問2では，指示にしたがって，解答をそれぞれ記入せよ。

図1のように，x軸，y軸，z軸を3辺とする立方体の箱の中を多数の粒子（質量m）が，壁面に衝突しながら運動している。この立方体の各辺の長さは一定の速さwで時間とともに増大する。すなわち，時刻tにおける各辺の長さは$L + wt$であるとする（Lは定数）。したがって，立方体の各面の面積も時間とともに大きくなる。具体的には，原点Oを頂点とする3つの面はそれぞれの位置に固定され，他の3つの面がそれ

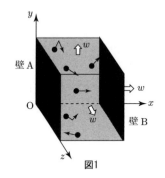

図1

ぞれに垂直な方向に一定の速さwで移動するとする。ただし，各面が移動する速さwは粒子の速さに比べて十分に小さいとする。以下では，$x = 0$の位置にある面を壁A，それに対面し，x軸の正の向きに速さwで移動する面を壁Bと呼ぶ。粒子にはたらく重力の影響は無視する。

以下では簡単のために，速度がx軸の正あるいは負の方向を向いた1つの粒子を考え，まず，図2の (a) → (b) → (c) で表された過程を考察する。この粒子と他の粒子との衝突はないものとする。図2は，図1の立方体をz軸の正の側から見たものである。時刻$t = t_1 (t_1 < 0)$において，立方体の辺の長さはL_1であり，粒子は壁B上にあって速度はx軸の負の方向を向き，その大きさはvであるとする。その後，時刻$t = 0$において粒子は壁Aに弾性衝突し，衝突後の速度はx軸の正の向きに大きさvとなった。$t = 0$における立方体の辺の長さはLである。さらに時刻$t = t_2 (t_2 > 0)$において，粒子は壁Bに弾性衝突し，直後の速度はx軸の負の向きに大きさv'となった。$t = t_2$

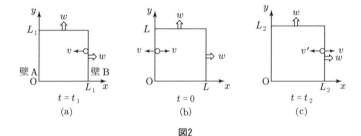

図2

における立方体の辺の長さは L_2 であった。L_1 と L_2 を L, v, w を用いて表すと $L_1 = \boxed{\text{あ}}$，$L_2 = \boxed{\text{い}}$ であり，図 2 の過程の時間 $T_{12} = t_2 - t_1$ は L, v, w を用いて $T_{12} = \boxed{\text{う}}$ と表される。さらに，w は v に比べて十分に小さいため，$\boxed{\text{う}}$ を $L, v, \dfrac{w}{v}$ で表し，微小な $\dfrac{w}{v}$ の 2 次以上を無視する近似を行うと，$T_{12} \fallingdotseq \boxed{\text{え}}$ となる。なお，必要ならその絶対値が微小な実数 x に対する近似式 $\dfrac{1}{1+x} \fallingdotseq 1 - x$ を用いてよい。壁 A が粒子から受ける x 軸方向の力の時間平均 $\overline{F_x}$ は，粒子が受ける力積 $-\overline{F_x} T_{12}$ が時刻 $t = 0$ における衝突での粒子の x 軸方向の運動量変化に等しいとした関係式から求まる。そこで，壁 A が粒子から受ける圧力 P を，$|\overline{F_x}|$ を壁 A の面積で割ったものとする。T_{12} として $\boxed{\text{え}}$ を用い，壁 A の面積を衝突時刻 $t = 0$ での L^2 であるとすると，m, v, L を用いて $P = \boxed{\text{お}}$ となる。なお $\boxed{\text{お}}$ は w にはよらない量である。

　次に，図 3 の (c) $\rightarrow$ (d) $\rightarrow$ (e) で表される，時刻 $t = t_2$ に速さ v' で壁 B を離れた粒子が，再び壁 A に弾性衝突し，壁 B に戻ってくるまでの過程を考える。まず，v' は v と w により

$$v' = v - aw \qquad\qquad (\text{i})$$

と与えられ，定数 a は $a = \boxed{\text{か}}$ である。しかし，以下の解答では，指示された場合を除き，v' を v と w で表す際は，a を用いた式 (i) の右辺の表式を用いること。粒子が時刻 $t = t_3$ に壁 A に弾性衝突した時の立方体の辺の長さ L_3 は L, v, v', w を用いて $L_3 = \boxed{\text{き}}$ となる。図 3 の過程により壁 A が粒

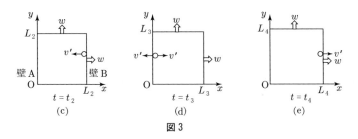

図 3

子から受ける圧力 P' は，図 2 の過程に対する $P = \boxed{\text{お}}$ の結果において，v を v' に，L を L_3 に置き換えることで得られる。そこで，圧力の変化分 $\Delta P = P' - P$ を考え，比 $\dfrac{\Delta P}{P} = \dfrac{w}{v}$ の関数として表し，$\dfrac{w}{v}$ の 2 次以上を無視すると

$$\frac{\Delta P}{P} = \boxed{\ \text{く}\ } \times \frac{w}{v} \tag{ii}$$

となる。ここで，$\boxed{\ \text{く}\ }$ は a を用いて表される量である。式 (ii) の導出において，必要なら，その絶対値が微小な実数 x の 2 次以上を無視する近似で

$$(1 + a_1 x)^{b_1}(1 + a_2 x)^{b_2}\left(1 + \frac{a_3 x}{1 + cx}\right)^{b_3} \fallingdotseq 1 + (a_1 b_1 + a_2 b_2 + a_3 b_3)\, x$$

であることを用いてよい。ここで，a_1, a_2, a_3, b_1, b_2, b_3, c は任意の実数である。

さらに，図 2 の過程での粒子の壁 A への衝突時刻 $t = 0$ における立方体の体積 $V = L^3$ と，図 3 の過程での衝突時刻 $t = t_3$ における体積 $V' = (L_3)^3$ に対して，体積の変化分 $\Delta V = V' - V$ を考える。比 $\dfrac{\Delta V}{V}$ を $\dfrac{w}{v}$ の関数として表し，$\dfrac{w}{v}$ の 2 次以上を無視すると

$$\frac{\Delta V}{V} = \boxed{\ \text{け}\ } \times \frac{w}{v} \tag{iii}$$

となる。式 (ii) と式 (iii) の結果から，$\dfrac{\Delta P}{P}$ と $\dfrac{\Delta V}{V}$ の間に

$$\frac{\Delta P}{P} + \gamma \frac{\Delta V}{V} = 0 \tag{iv}$$

の関係式が成り立つことが分かる。ここで，γ は a を用いて $\gamma = \boxed{\ \text{こ}\ }$ で与えられる。

以上の式 (iv) の導出は，x 軸方向にのみ運動する 1 つの粒子に注目したものであり，圧力 P はその粒子のみから壁 A が受ける圧力であった。しかし，P をあらゆる方向に運動する全ての粒子から壁 A が受ける圧力とし，ΔP と ΔV を与えられた微小時間内での変化分としても，式 (iv) が成り立つことが示される。さらに，P が $P + \Delta P$ に，V が $V + \Delta V$ に微小に変化する間に立方体内の粒子からなる理想気体の絶対温度が T から $T + \Delta T$ に微小に変化したとすると，式 (iv) は理想気体の状態方程式を用いることで

$$\frac{\Delta T}{T} + \boxed{\ \text{さ}\ } \times \frac{\Delta V}{V} = 0$$

と表すこともできる。ここで，$\boxed{\ \text{さ}\ }$ は γ を用いて表される量であり，微小量 $\dfrac{\Delta P}{P}$，$\dfrac{\Delta V}{V}$，$\dfrac{\Delta T}{T}$ の 2 次以上を無視した。

関係式 (iv) は，理想気体の断熱変化におけるポアソンの法則として知られたものであり，a の値 $\boxed{\ \text{か}\ }$ を代入した γ の値 $\boxed{\ \text{し}\ }$ は単原子分子気体のものを再現している。しかし，多原子分子気体の場合は，式 (iv) の定数 γ は

$\boxed{\text{し}}$ とは異なる値をとる。

そこで, 図 1 の立方体内を x 軸方向に運動する 1 粒子を再び考え, 次のようなモデルを用いて, 二原子分子気体に対する式 (iv) の γ を求めてみよう。二原子分子を 2 つの質点（原子）が長さ一定で質量を無視できるまっすぐな棒でつながったものと見なすと, この二原子分子には重心の並進運動の他に,

図 4 のように, 重心（図 4 の原点 G）のまわりの, Y 軸と Z 軸を回転軸とする 2 つの回転運動がある。いま, 図 1 の立方体の中を x 軸方向に並進運動する二原子分子に対して図 2 と図 3 の過程を考える。この二原子分子のエネルギー E は, 重心の x 軸方向の並進運動のエネルギー K_x と重心の

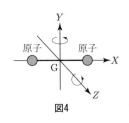

図4

まわりの 2 つの回転運動のエネルギーの和であるとし, 各回転運動のエネルギーの値がどれも $\dfrac{1}{3}K_x$ に等しく, $E = \left(1 + \dfrac{2}{3}\right)K_x$ の関係が常に成り立っていると仮定する。この場合の, 図 2(c) で表された, 時刻 $t = t_2$ における分子と壁 B の衝突後の分子の速さ v' を求めるために, この衝突を二原子分子（質量 m）と壁 B に対応した重い物体（質量 M）の x 軸方向の衝突過程に置き換え, 最後に質量 M を質量 m に比べて十分に大きくする。この衝突において, 図 4 の二原子分子の構造を直接に考慮する必要はなく, 二原子分子は上記のエネルギー E を持った質量 m の粒子と考えればよい。衝突前後の分子と物体の速度は図 5 の通りとする。

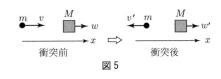

図5

問 1　図 5 の衝突過程におけるエネルギー保存と運動量保存の関係式を書きくだせ。それらより, 衝突後の二原子分子の速さ v' を v, w, $\dfrac{m}{M}$ を用いて表せ。なお, v' を導出する途中計算を書く必要はない。

問 2　問 1 で求めた v' において M を m に比べて十分に大きくする, すなわち, $\dfrac{m}{M}$ を近似的に 0 として, 二原子分子気体の場合の式 (i) の a の値と式 (iv) の γ の値を求めよ。

考え方

　速さ v の粒子が L_1 だけ移動するのに要する時間が $-t_1$ なので，

$$L_1 = v \cdot (-t_1) \qquad \therefore \ t_1 = -\frac{L_1}{v}$$

である。一方，L_2 だけ移動するのに要する時間が t_2 なので，

$$L_2 = vt_2 \qquad \therefore \ t_2 = \frac{L_2}{v}$$

である。

　ところで，一般に時刻 t における立方体の辺の長さは $L + wt$ である。よって，

$$L_1 = L + w \cdot \left(-\frac{L_1}{v}\right) \qquad \therefore \ L_1 = \frac{v}{v+w} L$$

また，

$$L_2 = L + w \cdot \frac{L_2}{v} \qquad \therefore \ L_2 = \frac{v}{v-w} L$$

である。そして，

$$T_{12} = t_2 - t_1 = \frac{L_2}{v} + \frac{L_1}{v} = \frac{2vL}{v^2 - w^2} = \frac{2L}{v} \cdot \frac{1}{1 - \left(\frac{w}{v}\right)^2}$$

となる。ここで，$w \ll v$ のとき，

$$\frac{1}{1 - \left(\frac{w}{v}\right)^2} \fallingdotseq 1 + \left(\frac{w}{v}\right)^2 \fallingdotseq 1$$

と近似できるので，

$$T_{12} \fallingdotseq \frac{2L}{v}$$

となる。

　$t = 0$ における衝突での粒子の運動量変化は $2mv$ であるから，$\overline{F_x}$ は

$$-\overline{F_x} T_{12} = 2mv \qquad \therefore \ \overline{F_x} = -\frac{2mv}{T_{12}} = -\frac{mv^2}{L}$$

となり，

$$P = \frac{\left|\overline{F_x}\right|}{L^2} = \frac{mv^2}{L^3}$$

である。$\frac{w}{v}$ の 2 次以上を無視するとき，確かに，これは w によらない。

　$t = t_2$ における衝突については，

$$v - w = v' + w \qquad \therefore \ v' = v - 2w \ \cdots\cdots \ ③$$

となる。$t_3 - t_2 = \frac{L_2}{v'}$ であるから，

$$L_3 = L_2 + w \cdot \frac{L_2}{v'} \qquad \therefore \ \ L_3 = \frac{v'+w}{v'} L_2 = \frac{v(v'+w)}{v'(v-w)} L$$

となる。

題意に従えば，a を用いて，

$$P' = \frac{mv'^2}{L_3{}^3} = \left(\frac{v'}{v}\right)^2 \left(\frac{L}{L_3}\right)^3 P$$

$$\therefore \ \ \frac{\Delta P}{P} = \left(\frac{v'}{v}\right)^2 \left(\frac{L}{L_3}\right)^3 - 1$$

$$= \left(1 - a\frac{w}{v}\right)^5 \left(1 - \frac{w}{v}\right)^3 \left\{1 + (1-a)\frac{w}{v}\right\}^{-3} - 1$$

となる。与えられている近似を用いれば，

$$\frac{\Delta P}{P} \fallingdotseq \{(-a)\times 5 + (-1)\times 3 + (1-a)\times(-3)\}\times \frac{w}{v} = -2(a+3)\times\frac{w}{v}$$

となる。一方，

$$\frac{\Delta V}{V} = \left(\frac{L_3}{L}\right)^3 - 1 = \left\{\frac{v(v'+w)}{v'(v-w)}\right\}^3 - 1$$

$$= \left(1 - a\frac{w}{v}\right)^{-3} \left(1 - \frac{w}{v}\right)^{-3} \left\{1 + (1-a)\frac{w}{v}\right\}^3 - 1$$

なので，上と同様に近似すれば，

$$\frac{\Delta V}{V} \fallingdotseq 1 + \{(-a)\times(-3) + (-1)\times(-3) + (1-a)\times 3\}\times \frac{w}{v} - 1 = 6\times\frac{w}{v}$$

となる。したがって，$\dfrac{\Delta P}{P}$ と $\dfrac{\Delta V}{V}$ の間には

$$\frac{\Delta P}{P} + \frac{a+3}{3}\frac{\Delta V}{V} = 0$$

が成り立つ。よって，$\gamma = \dfrac{a+3}{3}$ とすれば

$$\frac{\Delta P}{P} + \gamma\frac{\Delta V}{V} = 0$$

となる。

(P, V, T) の状態から $(P+\Delta P, V+\Delta V, T+\Delta T)$ の状態への変化について，変化の前後における状態方程式

$$PV = nRT, \qquad (P+\Delta P)(V+\Delta V) = nR(T+\Delta T)$$

より（辺々割って），

$$\left(1 + \frac{\Delta P}{P}\right)\left(1 + \frac{\Delta V}{V}\right) = 1 + \frac{\Delta T}{T}$$

となる。$\dfrac{\Delta P}{P} \cdot \dfrac{\Delta V}{V}$ の項を無視すれば，

$$\frac{\Delta P}{P} + \frac{\Delta V}{V} = \frac{\Delta T}{T}$$

となる。(iv) 式を用いれば，

$$-\gamma \frac{\Delta V}{V} + \frac{\Delta V}{V} = \frac{\Delta T}{T} \qquad \therefore \quad \frac{\Delta V}{V} = \frac{\Delta T}{T} + (\gamma-1)\frac{\Delta V}{V} = 0$$

となる。これは**基本の確認**に現れた ② 式と一致する。

いま，③ 式より $a = 2$ なので，$\gamma = \dfrac{a+3}{3} = \dfrac{5}{3}$ となる。これは単原子分子理想気体の比熱比と一致する。

問1 エネルギー保存の方程式は

$$\frac{1}{2} \cdot \frac{3}{5}m \cdot \left(\frac{5}{3}v'\right)^2 + \frac{1}{2}Mw'^2 = \frac{1}{2} \cdot \frac{3}{5}m \cdot \left(\frac{5}{3}v\right)^2 + \frac{1}{2}Mw^2$$

運動量保存の方程式は

$$\frac{3}{5}m \cdot \left(-\frac{5}{3}v'\right) + Mw' = \frac{3}{5}m \cdot \frac{5}{3}v + Mw$$

と，それぞれ変形できる。これは，質量が $\dfrac{3}{5}m$ の粒子が速さ $\dfrac{5}{3}v$ で壁と衝突し，弾性衝突により速さ $\dfrac{5}{3}v'$ で跳ね返された場合と同一なので，

$$\frac{5}{3}v' + w' = \frac{5}{3}v - w$$

が成り立つ。これと運動量保存の方程式を連立すれば，

$$v' = \frac{\left(\dfrac{5}{3}M - m\right)v - 2Mw}{\dfrac{5}{3}M + m} = \frac{\left(\dfrac{5}{3} - \dfrac{m}{M}\right)v - 2w}{\dfrac{5}{3} + \dfrac{m}{M}}$$

を得る。

このような読み替えをしないで，エネルギー保存と運動量保存を素朴に連立しても同じ結論は得られる。

[解答]

あ $\dfrac{v}{v+w}L$ 　　い $\dfrac{v}{v-w}L$ 　　う $\dfrac{2vL}{v^2-w^2}$ 　　え $\dfrac{2L}{v}$

お $\dfrac{mv^2}{L^3}$ 　　か 2 　　き $\dfrac{v(v'+w)}{v'(v-w)}L$ 　　く $-2(\alpha+3)$ 　　け 6

$$\boxed{こ}\ \frac{\alpha+3}{3}\qquad \boxed{さ}\ \gamma-1\qquad \boxed{し}\ \frac{5}{3}$$

問 1　エネルギー保存：

$$\left(1+\frac{2}{3}\right)\frac{1}{2}mv'^2+\frac{1}{2}Mw'^2=\left(1+\frac{2}{3}\right)\frac{1}{2}mv^2+\frac{1}{2}Mw^2$$

運動量保存：$m\cdot(-v')+Mw'=mv+Mw$

$$v'=\frac{\left(\dfrac{5}{3}-\dfrac{m}{M}\right)v-2w}{\dfrac{5}{3}+\dfrac{m}{M}}$$

問 2　$\dfrac{m}{M}\fallingdotseq 0$ と近似すれば，

$$v'\fallingdotseq\frac{\dfrac{5}{3}v-2w}{\dfrac{5}{3}}=v-\frac{6}{5}w$$

となるので，

$$a=\frac{6}{5},\qquad \gamma=\frac{\dfrac{6}{5}+3}{3}=\frac{7}{5}$$

━━━━━━　 考 察 　━━━━━━

　単原子分子理想気体の比熱比が $\gamma=\dfrac{5}{3}$，2 原子分子理想気体の場合には $\gamma=\dfrac{7}{5}$ であることは，それぞれの熱平衡状態における内部エネルギーが温度 T の関数として

$$U_{単原子}=n\cdot\frac{3}{2}R\cdot T,\quad U_{2\,原子}=n\cdot\frac{5}{2}R\cdot T\quad\cdots\cdots④$$

と与えられることに基因する。ここで，n は気体の物質量（モル数）である。

　比熱比は定積モル比熱 c_V と定圧モル比熱 c_p の比の値

$$\gamma=\frac{c_p}{c_V}$$

により定義される。マイヤーの関係より $c_p=c_V+R$ であるから，

$$\gamma=\frac{c_V+R}{c_V}=1+\frac{R}{c_V}$$

となる。また，定圧モル比熱は，温度の関数としての内部エネルギーの比例係数（単

原子分子理想気体の場合は $\dfrac{3}{2}R$，2原子分子理想気体の場合は $\dfrac{5}{2}R$）と一致する。

④ 式の3や5は，気体分子の運動の自由度が現れている。温度 T の熱平衡状態において，分子の運動の1自由度ごとに平均 $\dfrac{1}{2}kT$ ずつのエネルギーは分配される（エネルギー等分配則）。ここで，k はボルツマン定数である。単原子分子の運動の自由度は並進運動の分のみの3である。これに対して2原子分子の場合は回転運動の自由度 2 が追加されて5となる。そのため，並進運動のエネルギー K_x に対して全運動エネルギーが

$$E = \frac{K_x}{3} \times 5 = \frac{5}{3} K_x = \left(1 + \frac{2}{3}\right) K_x$$

となる。

第13講　圧力の高度勾配

基本の確認　【上巻, 第II部 熱学, 第2章】

　重力下にある流体（気体や液体）では，下方ほど圧力が高くなる。

　液体の場合には体積変化が無視でき密度 ρ が一定と扱えるので，重力加速度の大きさを g として，高さが h だけ下がると圧力は ρgh だけ高くなる。これは次のように理解できる。

　静止した流体の断面積が 1 で高さ h の部分について
の力のつり合いを考える。上面の高さにおける圧力を
p，下面の高さにおいて $p + \Delta p$ とすれば，

$$p + \Delta p = p + \rho hg \qquad \therefore \quad \Delta p = \rho gh$$

が導かれる。ある高さよりも上の部分の流体の重さが
圧力の増加を説明する。

　水の場合には $\rho = 1 \times 10^3 \text{ kg/m}^3$ なので，高さが 10 m
変化するごとに，

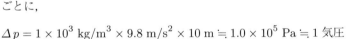

$$\Delta p = 1 \times 10^3 \text{ kg/m}^3 \times 9.8 \text{ m/s}^2 \times 10 \text{ m} \fallingdotseq 1.0 \times 10^5 \text{ Pa} \fallingdotseq 1 \text{ 気圧}$$

ずつ圧力が変化する。

　気体の場合には，圧縮性が高いため密度を一定と扱うことができない。そのため，高さによる圧力の勾配を求めるには，より精密な評価が必要になる。

問 題

次の文章を読んで，$\boxed{}$ に適した式または数値を，{ }からは適切なものを選びその番号を，それぞれ記入せよ。数値の場合は単位も明記すること。また，問1では指示にしたがって，解答を記せ。

(A) 図1のように，鉛直方向に半無限に延びた円筒の内部を，1個当たりの質量が m の同種の単原子分子からなる理想気体で満たした。ここで，円筒内の無限上方は真空であるとし，円筒の内側の断面積を S とする。また，底面からの高さを表す座標を z，ボルツマン定数を k とし，重力加速度の大きさは高さによらず g であるとする。また，円筒内の気体は平衡状態にあり，温度は高さによらず一定の値 T をとるものとする。

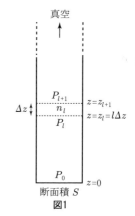

図1

温度は高さによらないが，気体の圧力や気体分子の数密度（単位面積当たりの個数）は高さ z の関数となる。これを求めるため，図1のように円筒内を高さ Δz ずつの小領域に分けてみよう。このとき，高さ $z_l = l\Delta z$ から $z_{l+1} = (l+1)\Delta z = z_l + \Delta z$ までの体積 $S\Delta z$ の小領域では，Δz が小さい限り，気体分子の数密度は一定とみなすことができる。それを n_l とすれば，小領域にある気体の質量は $\boxed{\text{あ}}$ となる。したがって，この小領域に作用する上からの圧力を P_{l+1}，下からの圧力を P_l とすれば，力のつりあいより，

$$P_{l+1} - P_l = \boxed{\text{い}} \tag{1}$$

の関係が成立する。一方，この小領域内の気体の圧力は，Δz の1次のずれを無視すれば P_l と見なしてよく，圧力 P_l と数密度 n_l の間には，理想気体の状態方程式

$$P_l = n_l k T \tag{2}$$

が成立する。式 (1) と式 (2) から n_l を消去すれば，次の方程式

$$P_{l+1} - P_l = -\boxed{\text{う}} \times \Delta z P_l \tag{3}$$

が得られる。ここで，定数 a と十分に小さい Δz に関する方程式

$$\frac{f(z+\Delta z) - f(z)}{\Delta z} = -af(z) \tag{4}$$

の解は $f(z) = f(0)\,\mathrm{e}^{-az}$（$\mathrm{e} \fallingdotseq 2.72$ は自然対数の底）で与えられる。これを用いれば，底面 $z = 0$ における圧力を P_0 として，高さ z における圧力 $P(z)$ は

$$P(z) = \boxed{\text{え}} \tag{5}$$

となることがわかる。また，状態方程式を再び用いれば，数密度 $n(z)$ は

$$n(z) = \boxed{\text{お}} \tag{6}$$

で与えられることがわかる。式 (5) と式 (6) より，位置が高くなるにつれて気体の圧力と気体分子の数密度は急速に小さくなることがわかる。

問 1　l 番目の小領域の数密度 $n_l \fallingdotseq n(z_l)$ は式 (6) で与えられる。また，l 番目の小領域内の気体分子の位置エネルギーは $mgz_l n_l S\Delta z$ で与えられる。これらのことと $z_l = l\Delta z$ を用いながら $\Delta z \to 0$ の極限をとることにより，円筒内の気体分子の位置エネルギーの総和が $(P_0 S/(mg))\,kT$ となることを示せ。なお，必要であれば，1 よりも十分小さな正の数 α について成り立つ級数の公式

$$\sum_{l=1}^{\infty} l\,\mathrm{e}^{-la} = \mathrm{e}^{-\alpha} + 2\,\mathrm{e}^{-2\alpha} + 3\,\mathrm{e}^{-3\alpha} + \cdots\cdots = \frac{\mathrm{e}^{\alpha}}{(\mathrm{e}^{\alpha} - 1)^2} \fallingdotseq \frac{1}{\alpha^2}$$

を用いてもよい。

(B)　次に，(A) の円筒内にある単原子分子の理想気体の 1 粒子あたりの比熱（温度を 1K 上げるのに必要な気体分子 1 個あたりのエネルギー）を計算してみよう。まず，底面には気体の全質量に比例した圧力がかかっていることから，円筒内の気体分子の総数 N は，底面での圧力 P_0 を用いて

$$N = \boxed{\text{か}} \tag{7}$$

で与えられる。一方，円筒内の単原子気体分子の運動エネルギーの総和は，容器内で温度が一定ということから，

$$\boxed{\text{き}} \times N \tag{8}$$

である。また，円筒内の気体分子の位置エネルギーの総和は，問 1 と式 (7) より，

$$\boxed{\phantom{<}く} \times N \qquad (9)$$

となる。したがって，円筒内の気体分子の力学的エネルギーの総和 E は，

$$E = \boxed{\phantom{<}け} \times N \qquad (10)$$

となり，1粒子あたりの比熱は $\boxed{\phantom{<}こ}$ であることがわかる。これは，重力場がない時の体積一定の容器に閉じ込めた単原子理想気体の1粒子あたりの比熱と比較して，{ さ：① 大きい， ② 同じである， ③ 小さい }。

(C)　図2のように，(A) で与えた断面積 S の円筒の中に同種の単原子分子からなる理想気体を入れ，今度は，ピストンを用いて密閉した。ここで，容器の外部は真空であり，またピストンは，滑らかに，かつ鉛直方向のみに動けるものとし，ピストン自体の質量と厚さは無視できるものとする。また，円筒内の気体は平衡状態にあり，温度は高さによらず一定の値 T をとるものとする。

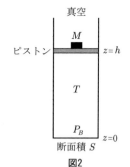

図2

ピストンに質量 M のおもりを載せたところ，ピストンは高さ h の位置で静止し，底面での圧力は P_B であった。この実験から，気体分子1個の質量 m を求めてみよう。

まず，高さ h における圧力 $P(h)$ は，M, S, g を用いて，

$$P(h) = \boxed{\phantom{<}し} \qquad (11)$$

と表される。また，図2の状況は，図1の半無限容器における「高さ $z = h$ より上にある全ての気体分子の質量の総和」を「おもりの質量 M」に置き換えることと同等である。これらのことに注意すれば，式 (11) と式 (5) を組み合せることで，気体分子1個の質量 m が，k, T, h, P_B, S, M, g の関数として，

$$m = \boxed{\phantom{<}す} \qquad (12)$$

と表されることがわかる。

図2の実験装置を用いて計測を行ったところ，温度 $T = 300\,\mathrm{K}$ のもとで，$Mg = 1000\,\mathrm{N}$, $P_B S = 1005\,\mathrm{N}$, $h = 30\,\mathrm{m}$ であった。これらのデータから気体分子1個の質量を有効数字1桁で求めれば，$\boxed{\phantom{<}せ}$ となる。ここで，

ボルツマン定数は $k = 1.4 \times 10^{-23}$ J/K とし，重力加速度の大きさは $g = 9.8\,\mathrm{m/s^2}$ とせよ。また，必要ならば，絶対値が 1 よりも十分小さな数 x について成り立つ近似式 $e^{\pm x} \fallingdotseq 1 \pm x$ あるいは $\log_e(1 \pm x) \fallingdotseq \pm x$ を用いてもよい。

考え方

(A)　l 番目の小領域の質量は $m \times n_l S\Delta z$ であるから，この領域について，隣接する領域からの圧力による力と重力のつり合いより，

$$P_{l+1}S + mn_l S\Delta z \cdot g = P_l S \qquad \therefore \ P_{l+1} - P_l = -mgn_l \Delta z$$

状態方程式より

$$P_l = n_l kT \qquad \therefore \ n_l = \frac{P_l}{kT} \quad \cdots\cdots \ ①$$

であることを用いれば，

$$P_{l+1} - P_l = -\frac{mg}{kT} \times \Delta z P_l$$

が得られる。これは，z の関数としての圧力 $P(z)$ が

$$\frac{P(z+\Delta z) - P(z)}{\Delta z} = -\frac{mg}{kT}P(z)$$

を満たすことを意味する。よって，

$$P(z) = P(0)\,e^{-\frac{mg}{kT}z} = P_0\,e^{-\frac{mg}{kT}z} \qquad (\because \ P(0) = P_0)$$

となる。また，① 式は

$$n(z) = \frac{1}{kT}P(z)$$

を意味するので，

$$n(z) = \frac{P_0}{kT}\,e^{-\frac{mg}{kT}z}$$

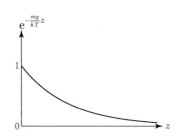

が得られる。関数 $e^{-\frac{mg}{kT}z}$ をグラフに示すと右図のようになり，高くなるにつれて $P(z)$ と $n(z)$ は急速に小さくなる。

(B)　全気体についての力のつり合いを考えると，

$$Nmg = P_0 S \qquad \therefore \ N = \frac{P_0 S}{mg}$$

が得られる。

　容器内の温度 T が一定ならば，単原子気体分子の平均運動エネルギーが $\frac{3}{2}kT$ で与えられる。よって，運動エネルギーの総和は

$$K = \frac{3}{2}kT \times N$$

となる。一方，問1の結論と (7) 式より位置エネルギーの総和は

$$U = \frac{P_0 S}{mg}kT = kT \times N$$

である。したがって，力学的エネルギーの総和は

$$E = K + U = \frac{5}{2}kT \times N$$

となる。これは1粒子あたりの平均力学的エネルギーが

$$\frac{E}{N} = \frac{5}{2}kT$$

であることを表すので，1粒子あたりの比熱は $c = \frac{5}{2}k$ となる。重力場がない場合は $E = K$ であるから，

$$\frac{E}{N} = \frac{K}{N} = \frac{3}{2}kT$$

より1粒子あたりの比熱は $c_0 = \frac{3}{2}k$ となるので，$c > c_0$ である。

　(C)　おもりとピストンについての力のつり合いより，

$$Mg = P(h)S \qquad \therefore \quad P(h) = \frac{Mg}{S}$$

となる。一方，(5) 式より，

$$P(h) = P_B \, \mathrm{e}^{-\frac{mg}{kT}h}$$

$$P_B \, \mathrm{e}^{-\frac{mg}{kT}h} = \frac{Mg}{S} \qquad \therefore \quad -\frac{mg}{kT}h = \log_{\mathrm{e}} \frac{Mg}{P_B S}$$

m について解けば，

$$m = \frac{kT}{gh} \log_{\mathrm{e}} \frac{P_B S}{Mg}$$

を得る。

　与えられた数値を代入すれば，

$$\frac{kT}{gh} = \frac{1.4 \times 10^{-23} \times 300}{9.8 \times 30} \fallingdotseq 1.42 \times 10^{-23} \ \mathrm{kg}$$

$$\log_{\mathrm{e}} \frac{P_B S}{Mg} = \log_{\mathrm{e}} \frac{1005}{1000} = \log_{\mathrm{e}} \left(1 + \frac{5}{1000}\right) \fallingdotseq \frac{5}{1000}$$

であるから（与えられた近似式を用いた），

$$m = 1.42 \times 10^{-23} \text{ kg} \times \frac{5}{1000} \fallingdotseq 7 \times 10^{-26} \text{ kg}$$

となる。

[解答]

(A) 　あ $mn_l S\Delta z$ 　　い $-mgn_l\Delta z$ 　　う $\dfrac{mg}{kT}$ 　　え $P_0\,\mathrm{e}^{-\frac{mg}{kT}z}$

　お $\dfrac{P_0}{kT}\,\mathrm{e}^{-\frac{mg}{kT}z}$

問1 題意に従えば，位置エネルギーの総和 U は

$$U = \sum_{l=1}^{\infty} mgz_l n_l S\Delta z = mgS(\Delta z)^2 \sum_{l=1}^{\infty} l n_l$$

で与えられる。ここで，

$$n_l \fallingdotseq n(z_l) = n(l\Delta z) = \frac{P_0}{kT}\,\mathrm{e}^{-\frac{mg}{kT}\cdot l\Delta z}$$

であるから $\alpha = \dfrac{mg\Delta z}{kT}$ とおけば

$$U = \frac{mgP_0 S(\Delta z)^2}{kT} \sum_{l=1}^{\infty} l\mathrm{e}^{-l\alpha}$$

となる。十分小さい Δz に対して，α は1より十分小さくなるので，$\Delta z \to 0$ の極限において与えられた公式を使える。よって，

$$U \fallingdotseq \frac{mgP_0 S(\Delta z)^2}{kT}\cdot\frac{1}{\alpha^2} = \frac{mgP_0 S(\Delta z)^2}{kT}\left(\frac{kT}{mg\Delta z}\right)^2 = \frac{P_0 S}{mg}kT$$

となる。

(B) 　か $\dfrac{P_0 S}{mg}$ 　　き $\dfrac{3}{2}kT$ 　　く kT 　　け $\dfrac{5}{2}kT$ 　　こ $\dfrac{5}{2}k$

　さ ①

(C) 　し $\dfrac{Mg}{S}$ 　　す $\dfrac{kT}{gh}\log_\mathrm{e}\dfrac{P_B S}{Mg}$ 　　せ 7×10^{-26} kg

■■■■　**考　察**　■■■■

液体と異なり気体の場合には体積の可変性が高い。そのため，下方であるほど，そ

こよりも上の部分の気体の重さがかかり圧縮され，圧力や数密度が大きくなる。この場合も，圧力 P や温度 T 一定と扱える程度の微小の領域については状態方程式

$$PV = \frac{N}{N_A} RT$$

が成り立つ。ここで，N は注目する領域内の分子数，N_A はアボガドロ定数である。

$$分子の数密度：n = \frac{N}{V}$$

を導入すれば，ボルツマン定数 $k = \dfrac{R}{N_A}$ を用いて

$$(2)：P = nkT$$

と変形できる。本問では $T =$ 一定 が仮定されているので，圧力 P と数密度 n が比例することになる。

圧力や数密度については，$a = \dfrac{mg}{kT}$ として

$$\frac{df}{dz} = -af \quad \cdots\cdots ①$$

という形の微分方程式が導かれる。問題にも与えられているように，この方程式の解は

$$f(z) = f_0 e^{-az} \qquad ただし，\ f_0 = f(0)$$

なる指数関数となる。この関数が境界条件 $f(0) = f_0$ および，微分方程式 ① を満たすことは容易に確認できる。

第14講　回転するシリンダー内の気体

〔1999年度後期第3問〕

基本の確認　【上巻，第II部 熱学，第4章】

　熱力学の入試問題では基本的に一定量の理想気体の状態変化を調べる。ある熱平衡状態からスタートして最終的に新しい熱平衡状態に達する変化を調べる。変化中も熱平衡を維持したままの変化（準静的変化）を扱うことが多い。

　変化の始点と終点の熱平衡状態については状態方程式を書く。体積が可変な状態については，あわせて気体を封入しているピストンなどについての力のつり合いも調べる。準静的変化の場合には，変化中の一般の場合についても同様の考察を行って，変化の様子を p–V 図に表すとよい。p–V 図上の面積が仕事（膨張過程では気体がした仕事，収縮過程では気体がされた仕事）を表す。

　変化については，熱力学第1法則を議論する。熱力学第1法則は，一定量の物質（気体）の内部エネルギーの変化について，仕事と熱によりエネルギー保存則が説明できるという法則である。例えば，変化中に気体が外部からされた仕事が W，外部から与えられた熱が Q であり，その間の内部エネルギーの変化が ΔU であるとき，

$$\Delta U = W + Q$$

が成り立つ。熱力学第1法則は，実質的には熱の量を決定する法則である。熱を求めるには，原理的に熱力学第1法則によるしか方法がない。そこで，仕事の向きを逆に定義して

$$Q = \Delta U + W$$

の形式で表現することも多い。それぞれ図のような状況を表す。

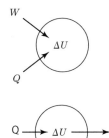

問 題

次の文を読んで，□□□には適した式を，▭には適した数を，また，{ }内からは適した番号を選んで，それぞれ記せ。

図1に示すように，密閉された端部Aと開放された端部Bをもち，熱の良導体でできている断面積Sのシリンダーに，摩擦なく移動できるピストンによって単原子分子の理想気体が密封されている。気体定

図1

数をRとすると，この理想気体の定積モル比熱は$\frac{3}{2}R$である。いま，シリンダーが絶対温度T_0，圧力P_0の大気中に水平に置かれ熱平衡状態にあるとき，ピストンと端部Aとの距離はdとなった。

ただし，dに比べてピストンの直径とピストンの厚さは十分小さく，シリンダーと封入気体の質量，およびシリンダーとピストンの熱容量はともに無視できるものとする。また，重力の加速度をgとする。

(1) まず，封入気体の温度が常に大気の温度T_0に等しい場合を考える。図2に示すように，端部Aの中心でシリンダーを棒の先端に支持し，鉛直につり下げたところ，端部Aとピストンの距離は$\frac{4}{3}d$になった。これからピストンの質量mは ア であることがわかる。

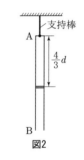

図2

さて，図3のように，シリンダーの端部Aを支点にして円すい振り子の運動をさせたところ，ピストンと端部Aは一定の距離を保ち，シリンダーは鉛直と60°の角度で等速円運動をした。ただし，支持部は摩擦なく自由に動くものとする。このとき，封入気体の圧力は

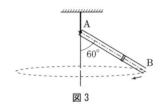

図3

イ ×P_0，ピストンと端部Aの距離は ウ ×dとなる。また，振り子の運動エネルギーは エ ×mgd，つり下げた状態を基準にした位置エネルギーは オ ×mgdである。また，封入気体の内部エネルギーの増

加は $\boxed{}$ ×mgd である。

(2)　次に，シリンダーをもう一度図 2 のようにつり下げ，封入気体の温度が大気の温度と等しい状態で，シリンダーに質量の無視できる断熱材を巻き付けた。ピストンは断熱材でできていて封入気体への熱の出入りはないと考えてよい。

　　この状態から設問 (1) と同様に，鉛直に対して 60° の角度で円すい振り子の運動をさせたとき，端部 A とピストンの距離は設問 (1) の等温の場合と比べて { キ：① 長くなる，　② 等しい，　③ 短くなる }。この距離を d の c 倍とすれば，封入気体の温度は $\boxed{}$ ×T_0 で表される。また，封入気体の内部エネルギーは $\boxed{}$ ×mgd で，つり下げた状態から封入気体が外部にした仕事は $\boxed{}$ ×mgd で表される。

考え方

　図 1 の状態において，ピストンについての力のつり合いより気体の圧力は大気圧 P_0 に等しい。したがって，気体の物質量を n とすれば状態方程式は，

$$P_0 Sd = nRT_0 \quad\cdots\cdots\;\; ①$$

となる。

　(1)　図 2 の状態における気体の圧力を P_1 とすれば，気体の状態方程式は

$$P_1 \cdot \frac{4}{3}Sd = nRT_0$$

である。また，ピストンについての力のつり合いは

$$P_1 S + mg = P_0 S$$

となる。① 式も参照すれば，

$$P_1 = \frac{3}{4}P_0, \qquad mg = \frac{1}{4}P_0 S \quad\cdots\cdots\;\; ②$$

であることがわかる。

　図 3 の状態における気体の圧力を P_2，ピストンと A の距離を x とする。気体の状態方程式は

$$P_2 Sx = nRT_0$$

となる。ピストンの運動方程式は，回転の角速度を ω として円運動について

$$mx\sin 60°\cdot\omega^2 = P_0 S\sin 60°+(-P_2 S\sin 60°)$$

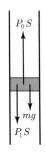

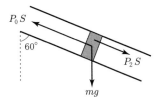

であり，鉛直方向の力のつり合いが

$$P_0 S \cos 60^\circ = P_2 S \cos 60^\circ + mg \quad \cdots\cdots \;\; ③$$

となる。① 式や上の結果を用いて，

$$P_2 = \frac{1}{2} P_0, \quad x = 2d, \quad mx\omega^2 = \frac{1}{2} P_0 S = 2mg$$

となる。

よって，ピストンの運動エネルギーは

$$\frac{1}{2} m(\omega x \sin 60^\circ)^2 = \frac{3}{2} mgd$$

である。また，図2の状態を基準とした重力による位置エネルギーは

$$mg\left\{ -x \cos 60^\circ - \left(-\frac{4}{3} d \right) \right\} = \frac{1}{3} mgd$$

である。気体は温度が一定なので内部エネルギーは変化しない。

(2) 気体の状態変化の条件によらず，ピストンについて鉛直方向の力のつり合いは ③ 式で与えられるので，気体の圧力は温度が一定の場合と変わらない。つまり，$P_1 = \frac{3}{4} P_0$ から $P_2 = \frac{1}{2} P_0$ まで下がる。p–V 図上の断熱曲線は同じ点を通る等温曲線よりも急勾配であることを考慮すればわかるように，圧力が同じように下がるとき，断熱変化は等温変化よりも体積の膨張は小さい。したがって，

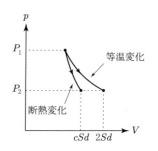

A とピストンの距離 x は等温変化の場合よりも短くなる（上図参照）。

$x = cd$ とすれば，気体の温度を T_1 として状態方程式が

$$\frac{1}{2} P_0 S cd = nRT_1$$

となる。① 式を参照して，

$$T_1 = \frac{c}{2} T_0$$

となる。よって，気体の内部エネルギーは

$$n \cdot \frac{3}{2} RT_1 = \frac{3c}{4} nRT_0 = 3cmgd$$

である。ここで，①，② より，

$$nRT_0 = P_0 S d = 4mgd$$

であることを用いた。

断熱変化では気体が外部にした仕事 W は，気体の内部エネルギーの減少量に等しいので，

$$W = n \cdot \frac{3}{2} R(T_0 - T_1) = \frac{3(2-c)}{4} nRT_0 = 3(2-c)\, mgd$$

となる。

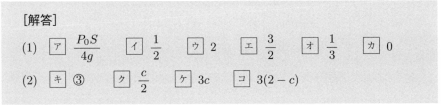

[解答]

(1) 　ア　$\dfrac{P_0 S}{4g}$ 　　イ　$\dfrac{1}{2}$ 　　ウ　2 　　エ　$\dfrac{3}{2}$ 　　オ　$\dfrac{1}{3}$ 　　カ　0

(2) 　キ　③ 　　ク　$\dfrac{c}{2}$ 　　ケ　$3c$ 　　コ　$3(2-c)$

■■■■　考　察　■■■■

直接問われているのは，図2や図3の状態についてであるが，図1の状態についても状態方程式

　　　①：$P_0 Sd = nRT_0$

を確認しておくことが必要である。気体の状態変化についての問題では，熱平衡状態が現れるごとに，気体の状態方程式およびピストンについての力のつり合いを論じるべきである。

ピストンが円運動する場合のピストンの運動について補足する。ピストンの受ける力として，シリンダー内の気体からの力，大気からの力，および，重力のみを考慮した。可能性としてはシリンダーからの垂直抗力もあるが，この問題ではそれはゼロとなる。ピストンがシリンダーから垂直抗力を受けるとすれば，シリンダーはその反作用を受ける。この力はシリンダーの支点のまわりに力のモーメントをもつ。シリンダーは質量を無視するので，この他に支点まわりのモーメントをもつ力の作用はない。シリンダーは支点のまわりに摩擦なく自由に動くので，支点まわりの力のモーメントはゼロである。したがって，ピストンとシリンダーの間の垂直抗力はゼロである。

等温変化についてのボイルの法則

$$pV = 一定$$

と，準静的な断熱変化に対するポアソンの法則

$$pV^\gamma = 一定 \quad (\gamma は比熱比であり \gamma > 1)$$

を比較すれば，p–V 図上において，同じ点を通る等温曲線と断熱曲線を比べると断熱

曲線の方が急勾配になることは明らかである。あるいは，断熱膨張では，気体は外部に仕事し，その分だけ内部エネルギーが減少し温度が下がることからも判断できる。

なお，ポアソンの法則を用いれば c の値を具体的に求めることもできる。単原子分子理想気体では $\gamma = \dfrac{5}{3}$ であり，$P = \dfrac{3}{4}P_0$, $V = \dfrac{4}{3}Sd$ から $P = \dfrac{1}{2}P_0$, $V = cSd$ への変化なので，

$$\frac{3}{4}P_0 \left(\frac{4}{3}Sd\right)^{\frac{5}{3}} = \frac{1}{2}P_0 \left(cSd\right)^{\frac{5}{3}}$$

$$\therefore \quad c = \frac{4}{3} \cdot \left(\frac{3}{2}\right)^{\frac{3}{5}} \quad \cdots\cdots \ \text{④}$$

である。

$$\left(\frac{4}{3}\right)^5 \cdot \left(\frac{3}{2}\right)^3 < 2^5$$

であることは容易に確かめられるので，確かに ④ の c は 2 より小さいことがわかる。

第15講　1次元気体の断熱変化

〔1995年度第1問〕

基本の確認　【上巻, 第II部 熱学, 第2章】

気体には弾性があるので, ばねとして利用することができる。

一様な断面積 S のシリンダーにピストンで封入した理想気体を考える。圧力が $p = p_0$, 体積が $V = V_0$ の状態から定数 a に対して $pV^a = $ 一定 をみたしながら変化するとき, ピストンの変位 x に対して,

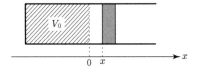

$$p(V_0 + Sx)^a = p_0V_0{}^a \qquad \therefore \quad p = \left(1 + \frac{Sx}{V_0}\right)^{-a} p_0$$

となる。ここで, ピストンの変位が十分に小さく $\left|\dfrac{Sx}{V_0}\right| \ll 1$ であるとすれば,

$$p \fallingdotseq \left(1 - \frac{aSx}{V_0}\right) p_0$$

と近似できる。したがって, 気体がピストンに及ぼす力の変化 f は,

$$f = (p - p_0)S = -\frac{ap_0S^2}{V_0}\, x$$

となり, 変位に比例する復元力として現れる。

等温変化の場合は $a = 1$ であり, 断熱変化の場合は $a = \gamma$ である。γ は気体の比熱比であり, $\gamma > 1$ なので, ばねに喩えると, 断熱変化の場合の方が等温変化よりもばね定数の大きいばねとなる。

問 題

次の文を読んで ◯◯◯ には適した式または数をそれぞれの解答欄（省略）に記入せよ。なお ◯◯◯ はすでに ◯◯◯ で与えられたものと同じものとする。$L^{\boxed{ヌ}}$ の肩にのった小さな ◯◯◯ は，べきの指数を意味する。{ ハ } には適切な語句を選んで記入せよ。

図1のような鉛直に立てたシリンダーに平行に，質量 m の粒子が底の弾性壁と上のピストンの弾性壁との間を往復運動している。ここで，粒子の運動に関しては重力の効果は無視できるものとする。まず，ピストンが固定されている場合について考えよう。粒子の速さを v，底面からのピストンの高さを L とすると，粒子が上のピストンに衝突する回数は単位時間当たり $\boxed{イ}$ である。

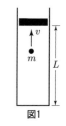

図1

ピストンが受ける単位時間当たりの力積は $\boxed{ロ}$ となる。この単位時間当たりの力積をここでは「圧力」と呼び，P と表すことにするが，この次元は通常の圧力の次元とは異なり，{ ハ：運動量，力，速度，加速度 } と同じものである。P と L の積は粒子の運動エネルギー E を用いて $PL = \boxed{ニ}$ と表すことができる。

次に，ピストンを一定の速さ w で押し込むことにする。速さ v でピストンに衝突した粒子は完全弾性衝突により $\boxed{ホ}$ の速さとなる。粒子が反射したときにピストンの高さは L だったとする。ピストンから反射した速さ $\boxed{ホ}$ の粒子がシリンダーの底で反射して再び移動中のピストンに衝突するまでの往復時間は $\boxed{ヘ}$ である。この粒子が一往復する間にピストンの高さは L から $L' = \boxed{ト}$ へと変化し，粒子の速さは一回の衝突で v から $v' = \boxed{ホ}$ へと変化している。

粒子の一往復あたりのピストンの高さの比率 $\dfrac{L'}{L}$ と粒子の速さの比率 $\dfrac{v'}{v}$ の積 $\dfrac{L'v'}{Lv}$ は $x = \dfrac{w}{v}$ を用いて $\boxed{チ}$ と表される。$|x|$ が1に比べて十分小さい場合には $(1+ax)(1+bx)$ は $1+(a+b)x$ と近似できるので $\dfrac{L'v'}{Lv}$ は1となる。

よって粒子の速さに比べてゆっくりとピストンを動かす限り粒子の速さ v とピストンの高さ L の積は一定に保たれる。この結果，ピストンの高さ L を半分まで押し下げたときには「圧力」P はもとの $\boxed{リ}$ 倍になることがわかる。つまりこの過程では $PL^{\boxed{ヌ}}$ が一定に保たれる。

この過程では，粒子の速さはピストンを動かす速さ w によらず，ピストン

の高さ L によってきまる。このことが成り立つためには，ピストンの速さが粒子の速さに比べて十分小さいという条件が必要である。以下でもこの条件が成り立つものとする。

　さて，シリンダーが鉛直におかれているときに，質量 M のピストンにかかる重力と，粒子の上下運動による「圧力」が釣り合って，ピストンが底から L の高さに浮いていたとする。ここで，粒子の質量はピストンの質量に比べて十分小さく，粒子が衝突する度に起こっているピストンの細かな動きは無視するものとする。このピストンを少し押し込んで，底からの高さを $L-\Delta$ としたときの「圧力」の増分を求めよう。L に比べて Δ が十分小さいときの「圧力」の増分は M, L, および重力加速度 g を用いて $\Delta\times$ ル となる（ここで 1 に比べて十分小さい $|x|$ について $(1-x)^{-a}$ を $1+ax$ とする近似を利用する）。ピストンは摩擦がなければこの復元力によって振動を行う。バネの単振動から類推すると，このピストンの振動の周期は L および g を用いて $2\pi\times$ ヲ となることがわかる。

<hr>

考え方

　ピストンが静止している場合，粒子はのべ $2L$ の道のりを走るごとにピストンと衝突する。粒子とピストンの衝突は弾性衝突であり，粒子の運動に対して重力の効果を無視するので，粒子は一定の速さ v で往復運動する。つまり，単位時間に走るのべの道のりが v であるから，単位時間あたりの衝突回数は

$$\nu = \frac{v}{2L}$$

となる。1 回の衝突ごとにピストンが受ける力積が $2mv$ なので，単位時間あたりの力積は

$$P = 2mv \times \nu = \frac{mv^2}{L}$$

である。したがって，

$$PL = mv^2 = 2E$$

の関係が成り立つ。なお，P の次元は [運動量] $\times$ [(時間)$^{-1}$] = [力] である。

　ピストンを一定の速さ w で押し込む場合の，衝突後の粒子の速さ v' は，弾性衝突の条件（はね返り係数が 1）より，

$$v' - w = v + w \qquad \therefore\ v' = v + 2w$$

このとき，粒子の往復時間（次に衝突するまでの時間）は，

$$\Delta t = \frac{2L}{v' + w} = \frac{2L}{v + 3w}$$

である。したがって，

$$L' = L - w\Delta t = \frac{v + w}{v + 3w} L$$

となる。$x = \dfrac{w}{v}$ とおくと

$$\frac{L'v'}{Lv} = \frac{(v + w)(v + 2w)}{(v + 3w)\,v} = \frac{(1 + x)(1 + 2x)}{1 + 3x}$$

となる。さらに，$|x| \ll 1$ として与えられた近似を用いれば，

$$\frac{L'v'}{Lv} = \frac{1 + (1 + 2)\,x}{1 + 3x} = 1$$

である。つまり，

$$Lv = 一定$$

となる。$P = \dfrac{mv^2}{L}$ であったので，これより，

$$PL^3 = m\,(Lv)^2 = 一定 \quad \cdots\cdots \text{①}$$

が成立することが導かれる。よって，L が $\dfrac{1}{2}$ 倍になれば P は

$$\left(\frac{1}{2}\right)^{-3} = 8 \text{ 倍}$$

になる。

　ピストンが，粒子からの圧力と重力がつり合って静止しているとき，

$$P = Mg$$

が成り立つ。ピストンの高さが L から $L - \Delta$ へ変化したときの圧力の増分を ΔP とすれば，① 式より，

$$(P + \Delta P)(L - \Delta)^3 = PL^3 \qquad \therefore \quad P + \Delta P = \left(1 - \frac{\Delta}{L}\right)^{-3} P$$

であるから，与えられた近似を用いれば，

$$P + \Delta P = \left(1 + \frac{3\Delta}{L}\right) P \qquad \therefore \quad \Delta P = \frac{3P}{L} \times \Delta = \frac{3Mg}{L} \times \Delta$$

となる。よって，ピストンの運動方程式は

$$M\ddot{\Delta} = -\frac{3Mg}{L}\,\Delta \qquad \therefore \quad \ddot{\Delta} = -\frac{3g}{L}\,\Delta$$

であり，ピストンの運動は

$$周期 = 2\pi\sqrt{\frac{L}{3g}}$$

の単振動となる。

[解答]

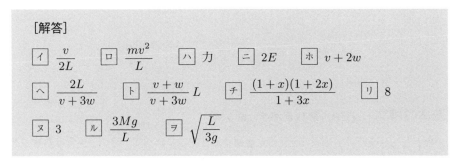

| イ $\dfrac{v}{2L}$ | ロ $\dfrac{mv^2}{L}$ | ハ 力 | ニ $2E$ | ホ $v+2w$ |

| ヘ $\dfrac{2L}{v+3w}$ | ト $\dfrac{v+w}{v+3w}L$ | チ $\dfrac{(1+x)(1+2x)}{1+3x}$ | リ 8 |

| ヌ 3 | ル $\dfrac{3Mg}{L}$ | ヲ $\sqrt{\dfrac{L}{3g}}$ |

■■■■　考　察　■■■■

　本問では 1 分子からなる気体をばねとして使うことによりピストンを静止させたり，単振動させている。さらに，分子の運動は鉛直方向のみなので，運動の自由度は 1 である。したがって，この気体の内部エネルギーは，ボルツマン定数 k を用いて

$$U = \frac{1}{2}kT$$

である。したがって，気体定数を R とすれば，定積モル比熱が

$$c_V = \frac{1}{2}R$$

となる。一方，定圧モル比熱はマイヤーの関係より，

$$c_p = c_V + R = \frac{3}{2}R$$

となる。よって，比熱比は

$$\gamma = \frac{c_p}{c_V} = 3$$

である。

$$PL^3 = 一定$$

は，この気体についてのポアソンの法則を意味する。

第16講　ひも状物体の熱力学

〔2007年度第3問〕

基本の確認　【上巻，第 II 部 熱学，第5章】

　熱として与えたエネルギーを仕事に変換する仕組みを熱機関と呼ぶ。通常は熱サイクルを運転して熱機関として利用する。この場合に，1サイクルの中で運転物質（気体）が高温熱源から吸収した熱 Q_1 に対する，運転物質が外部にした正味の仕事 W の割合，つまり熱から仕事への変換率

$$\eta = \frac{W}{Q_1}$$

を熱機関の熱効率と呼ぶ。

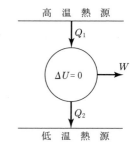

　同じサイクルの中で運転物質が低温熱源に放出した熱を Q_2 とすれば，サイクルを通しての熱力学第1法則より

$$Q_1 = W + Q_2 \qquad \therefore \ W = Q_1 - Q_2$$

となるので，熱の出入りのみを用いて熱効率を

$$\eta = \frac{Q_1 - Q_2}{Q_1} = 1 - \frac{Q_2}{Q_1}$$

と表すことができる。

　$Q_2 = 0$ とできれば，$\eta = 1$ となる。熱力学第1法則（エネルギー保存則）に抵触しない範囲で最大の効率を得られることになる。しかし，現実には $Q_2 = 0$ とすること，すなわち，熱効率1の熱機関は原理的に禁止されている。これが熱力学第2法則である。

問 題

次の文を読んで，$\boxed{}$ には適した式を，$\{\ \ \}$ には正しい番号を一つ選び記せ。また，問 1，問 2，問 3 には適切な説明を記すこと。

熱力学は気体だけではなく，さまざまな対象にも適用することができる。本問ではひも状の物体の熱力学を考えてみよう。あるひも状の物体を引き伸ばし，長さが $L_{\min}$ から $L_{\max}$ の範囲内で張力 X を測定したところ，X は長さ L に依存せず，絶対温度 T および正の定数 A を用いて $X = AT$ と表された。この物体の変形としては，L が $L_{\min}$ から $L_{\max}$ の範囲内にある一次元的な伸縮のみを考え，また内部エネルギー U は正の定数 C を用いて $U = CT$ となるとして，以下の問いに答えよ。

(1)　この物体に外から微小仕事 ΔW を加えて微小量 ΔL だけ伸ばしたときに，$\Delta W = X \Delta L$ という関係式が成り立つ。吸熱量を ΔQ，内部エネルギーの変化を ΔU としたとき，熱力学第一法則より ΔU は，$\Delta Q, A, T, \Delta L$ を用いて $\Delta U = \boxed{\text{あ}}$ と表される。一方 $U = CT$ より，物体を伸ばしたときの温度変化 ΔT を用いて，内部エネルギーの変化は $\Delta U = \boxed{\text{い}}$ とも書ける。

断熱的に物体をゆっくりと微小量 ΔL 伸ばしたときの温度変化 ΔT は，$C, A, T, \Delta L$ を用いて表すと $\boxed{\text{う}}$ となり，温度は $\{$ え：① 下降する。② 変わらない。③ 上昇する。$\}$ ただし $\Delta L > 0$ とする。

(2)　さて，この物体を断熱的にゆっくりと伸ばした。そのとき $L - \dfrac{C}{A} \log T$ が一定であった。ここで，$\log T$ は T の自然対数である。

問 1　この理由を述べよ。ただし，正の変数 T を $T + \Delta T$ までわずかに変化させたときの $\log T$ の変化量を T と表すと，$\dfrac{\Delta \log T}{\Delta T} = \dfrac{1}{T}$ が成り立つことを用いてよい。

(3)　次に，同じ物体を温度 T に保ったまま，長さ L_0 から L までゆっくりと変化させたときに物体に外から加えられた仕事は $\boxed{\text{お}}$ であり，その間の吸熱量は $\boxed{\text{か}}$ である。ただし，$\boxed{\text{お}}$ および $\boxed{\text{か}}$ は A, T, L_0, L のみで表すこと。

(4)　図 1 のように横軸を物体の長さ L とし，縦軸を温度 T としてこの物体の状態変化を表す。物体を温度 T_2 に保ちゆっくりと等温変化をさせ，その後ゆっくりと T_1 まで断熱変化させ，さらに温度 T_1 でゆっくりと等温変化させた後に，断熱的にゆっくりと温度 T_2 の初めの状態に戻すサイクルを考えよう。高温熱源（温度 T_2）から熱を吸収して仕事をし，低温熱源（温度

T_1）に熱を放出するようなサイクルは，{ き：① (a) を時計回りに回る。② (a) を反時計回りに回る。③ (b) を時計回りに回る。④ (b) を反時計回りに回る。}

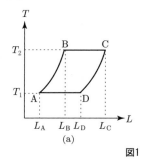 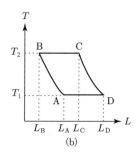

(a)　　　　　　　　　　(b)

図1

問2　このサイクルでは，$L_C - L_B$ と $L_D - L_A$ が等しくなる。その理由を述べよ。

(5)　一般にサイクルでの熱効率は，物体がサイクルを通じて外にする正味の仕事を，高温熱源から吸収する熱量 Q_{in} で割った量として導入される。よって，サイクルを動かす間の熱効率は，Q_{in} とサイクルを動かす間に放出する熱量 Q_{out} を用いて　く　と書ける。

問3　これまでの結果を用いて，(4) のサイクルの熱効率が $1 - \dfrac{T_1}{T_2}$ となる理由を説明せよ。

考え方

(1)　熱力学第 1 法則より，

$$\Delta U = \Delta W + \Delta Q = AT\Delta L + \Delta Q$$

である。一方，$U = CT$ より，

$$\Delta U = C\Delta T$$

であるから，

$$C\Delta T = AT\Delta L + \Delta Q$$

となる。断熱変化では，$\Delta Q = 0$ なので，

$$C\Delta T = AT\Delta L \qquad \therefore \ \Delta T = \frac{AT}{C}\Delta L$$

となる。よって，$\Delta L > 0$ ならば $\Delta T > 0$ となる。

(3)　等温変化では張力 $X = AT$ が一定に保たれるので，長さを L_0 から L まで変化させるのに要する仕事は

$$\Delta W = X(L - L_0) = AT(L - L_0)$$

である。また，内部エネルギーも一定に保たれるので，熱力学第 1 法則より

$$0 = \Delta W + \Delta Q \qquad \therefore \quad \Delta Q = -\Delta W = -AT(L - L_0)$$

となる。

(4)　断熱変化では $\Delta T = \dfrac{AT}{C} \Delta L$ なので，ΔT と ΔL の符号が一致する。よって，グラフは (a) である。

一方，等温変化では $\Delta Q = -AT\Delta L$ なので，ΔQ と ΔL の符号が逆となる。よって，温度 T_2 の等温変化において熱を吸収する（$\Delta Q > 0$ である）ためには，BC 間の変化を $\Delta L < 0$ となるように，C → B の向きに変化させる必要がある。したがって，サイクルを反時計回りに運転する。このとき，A → D の変化では $\Delta L > 0$ であるから $\Delta Q < 0$ の放熱変化となる。

以上の考察より，サイクルの T–L 図および X–L 図を表すと，次のようになる。

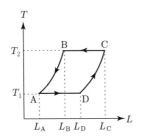
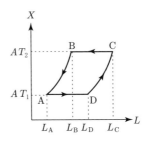

(5)　**基本の確認**で確認したように熱効率は

$$\eta = 1 - \frac{Q_{\text{out}}}{Q_{\text{in}}}$$

で与えられる。

[解答]

(1)　あ $AT\Delta L + \Delta Q$ 　　い $C\Delta T$ 　　う $\dfrac{AT}{C} \Delta L$ 　　え ③

(2)　問 1　$P = L - \dfrac{C}{A} \log T$ とおけば，A, C は定数なので，

110

$$\Delta P = \Delta L - \frac{C}{A}\Delta \log T$$

である。ここで，

$$\frac{\Delta \log T}{\Delta T} = \frac{1}{T} \qquad \therefore \quad \Delta \log T = \frac{\Delta T}{T}\cdot \Delta T$$

である。また，断熱変化では

$$\Delta T = \frac{AT}{C}\Delta L$$

なので，

$$\Delta P = \Delta L - \frac{C}{A}\cdot \frac{1}{T}\cdot \frac{AT}{C}\Delta L = 0$$

となる。つまり，断熱変化において P すなわち $L - \frac{C}{A}\log T$ が一定に保たれる。

(3) 　お $AT(L - L_0)$ 　か $-AT(L - L_0)$

(4) 　き ②

問2　断熱変化では $\Delta T = \frac{AT}{C}\Delta L$ が成り立つ。2 つの断熱変化 B→A と D→C における温度変化の大きさは等しいので，長さの変化の大きさも等しい。すなわち，

$$L_B - L_A = L_C - L_D \qquad \therefore \quad L_C - L_B = L_D - L_A$$

である。

(5) 　く $1 - \dfrac{Q_{out}}{Q_{in}}$

問3　(4) のサイクルの熱効率は

$$\eta = 1 - \frac{Q_{out}}{Q_{in}}$$

であるが，ここで，

$$Q_{in} = AT_2(L_C - L_B), \quad Q_{out} = AT_1(L_D - L_A),$$
$$L_C - L_B = L_D - L_A$$

であるから，

$$\eta = 1 - \frac{AT_1(L_D - L_A)}{AT_2(L_C - L_B)} = 1 - \frac{T_1}{T_2}$$

となる。

$$\blacksquare\blacksquare\blacksquare\ \boxed{\text{考 察}}\ \blacksquare\blacksquare\blacksquare$$

　通常の理想気体を運転物質とする熱サイクルを，熱機関として運転するためには，p–V 図上で時計回りにサイクルを回す必要がある。これは，気体は膨張するときに外部に仕事をするためである。サイクルの p–V 図が囲む部分の面積が，サイクルを通しての正味の仕事を表す。本問のひも状の物体は縮むときに外部に仕事をするので，X–L 図上で反時計回りにサイクルを回す必要がある。このときサイクルの X–L 図が囲む部分の面積が，サイクルを通しての正味の仕事を表す。

　2つの温度の等温変化を断熱変化でつないだ熱サイクルをカルノー・サイクルと呼ぶ。

　2つの等温変化における温度を T_1, T_2 $(T_1 < T_2)$ として，T–V 図および p–V 図において下図のように表されるサイクルを運転する。このサイクルの中で，吸熱過程は等温膨張の A → B のみであり，放熱過程は等温圧縮である C → D のみである。等温変化では内部エネルギーが変化しないので，熱力学第 1 法則より，吸熱量 Q_1 は過程 A → B において気体がした仕事と，放熱量 Q_2 は過程 C → D において気体がされた仕事と等しい。したがって，

$$Q_1 = \int_{A \to B} p \cdot dV = \int_{V_A}^{V_B} \frac{nRT_2}{V}\, dV = nRT_2 \log \frac{V_B}{V_A}$$

$$Q_2 = \int_{C \to D} (-p) \cdot dV = \int_{V_D}^{V_C} \frac{nRT_1}{V}\, dV = nRT_1 \log \frac{V_C}{V_D}$$

準静的サイクルなので，断熱変化 B → C，D → A についてポアソンの法則が使える。すなわち，気体の比熱比を γ として

$$T_2 V_B{}^{\gamma-1} = T_1 V_C{}^{\gamma-1}, \qquad T_2 V_A{}^{\gamma-1} = T_1 V_D{}^{\gamma-1}$$

が成り立つ。2 式を辺々割れば，

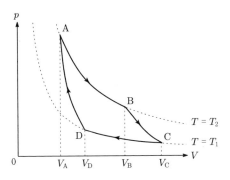

112

$$\left(\frac{V_{\mathrm{B}}}{V_{\mathrm{A}}}\right)^{\gamma-1} = \left(\frac{V_{\mathrm{C}}}{V_{\mathrm{D}}}\right)^{\gamma-1}$$

比熱比 γ は 1 より大きいので，$\gamma - 1 \neq 0$ である。よって，

$$\frac{V_{\mathrm{B}}}{V_{\mathrm{A}}} = \frac{V_{\mathrm{C}}}{V_{\mathrm{D}}} \qquad \therefore\ \log\frac{V_{\mathrm{B}}}{V_{\mathrm{A}}} = \log\frac{V_{\mathrm{C}}}{V_{\mathrm{D}}}$$

が導かれる。したがって，このサイクル，すなわち，カルノー・サイクルの熱効率は

$$\eta_{\mathrm{C}} = 1 - \frac{Q_2}{Q_1} = 1 - \frac{T_1}{T_2}$$

となる。

　カルノーは，熱力学第 2 法則につながるカルノーの原理の研究においてカルノー・サイクルを考案した。カルノーの原理とは，

　「2 つの温度 T_1, T_2 $(T_1 < T_2)$ の恒温熱源を用いて運転される熱サイクルを考えるとき，可逆（準静的）なサイクルを運転した場合に最大の熱効率を与え，その値 η_0 は運転物質の種類などによらず 2 つの温度のみで決まる」

という法則である。この法則は，本質的には熱力学第 2 法則（トムソンの原理やクラウジスの原理）と等価な法則である。

　カルノー・サイクルは，2 つの温度の恒温熱源を用いて運転される準静的サイクルなので，カルノーの原理より，

$$\eta_0 = \eta_{\mathrm{C}} = 1 - \frac{T_1}{T_2}$$

となる。

　本問では，理想気体の代わりにひも状の物体を運転物質としてカルノー・サイクルを運転している。そして，その熱効率はやはり η_0 であった。

第 III 部
波動現象

第17講　風がある場合の音の屈折

基本の確認　【下巻，第 V 部 光波，第 1 章】

　屈折の法則はホイヘンスの原理に基づいて導出できる。

　平面状の境界に平面波が入射角 θ_1 で入射し，屈折角 θ_2 で屈折した場合を考える。境界の前後での波の速さを v_1, v_2 とする。図の PQ は P が境界面に達したときの入射波面，RS は Q の振動が境界面に達したときの屈折波面を表す。波面とは同位相面を意味する。反射や屈折により振動数は変化しないので，R と S の振動が同位相であることより，同じ時間 Δt に対して

$$\overline{\mathrm{QS}} = v_1 \Delta t, \qquad \overline{\mathrm{PR}} = v_2 \Delta t$$

となる。すなわち，

$$\frac{\overline{\mathrm{QS}}}{\overline{\mathrm{PR}}} = \frac{v_1}{v_2}$$

が成り立つ。ここで，

$$\overline{\mathrm{QS}} = \overline{\mathrm{PS}} \sin \theta_1,$$
$$\overline{\mathrm{PR}} = \overline{\mathrm{PS}} \sin \theta_2$$

であるから，

$$\frac{\overline{\mathrm{QS}}}{\overline{\mathrm{PR}}} = \frac{\theta_1}{\theta_2}$$

となる。したがって，

$$\frac{v_1}{v_2} = \frac{\sin \theta_1}{\sin \theta_2}$$

の成立が導かれる。

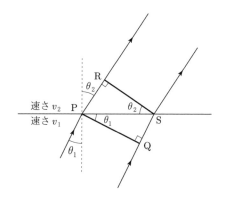

──────── 問　題 ────────

　次の文を読んで，〔　　〕には適した式を，また，{　}には適切なものの番号を一つ選べ。なお，〔　〕はすでに〔　〕で与えられたものと同じとする。

　晴れた寒い夜や，上空に強い風が吹いているとき，地上の音源から遠く離れた場所でその音が大きく聞こえることがある。この現象を理解するために，大気の状態を図1のように簡単化して考察してみる。すなわち，水平な2つの境界面（境界面Iおよび境界面II）を境にして大気が3つの層から成っており，地表から境界面Iまでの層では音速が v_1 で無風状態，境界面Iから境界面IIまでの層では音速が v_2 で無風状態，さらに境界面II以上の層では（無風時の）音速が v_3 であって，風速 w の風が左から右に向かっ

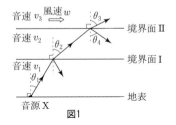

図1

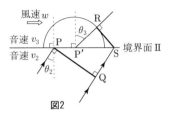

図2

て水平方向に吹いているとする。この状況において，地上の音源 X より，鉛直から右へ角度 θ_1 をなす方向に発せられた音波の，各境界面での屈折・反射を考えよう。境界面Iでの音波の屈折角を θ_2，境界面IIでの屈折角を θ_3，反射角を θ_4 とする。

　境界面Iは地表から十分離れており，そこに届いた音波は平面波と見なせる。このとき，境界面Iにおける入射角と屈折角の関係を与える式として，$\dfrac{v_1}{v_2}$ を θ_1, θ_2 を用いて表す関係式

$$\frac{v_1}{v_2} = \boxed{\ \ \text{ア}\ \ }$$

が成り立つ。次に，境界面IIにおける入射角と屈折角の間の関係式をホイヘンスの原理にもとづいて考えよう。図2において，速さ v_2 で進む入射波の波面 PQ が境界面IIに達すると，P から素元波が発せられ球面状に広がっていく。P が境界面IIに達してから時間 t の後，Q が境界面上の S に達したとする。このとき，P から発せられた素元波のなす半円の中心は水平右方向の風のために点 P′ まで移動している。S からこの半円に対して引いた接線 RS が屈折波の波面である。距離 $\overline{PP'}$, $\overline{P'R}$, $\overline{QS}$ を v_2, v_3, w, t を用いて表すと，

116

$$\overline{PP'} = \boxed{\quad イ \quad} \qquad \overline{P'R} = \boxed{\quad ウ \quad} \qquad \overline{QS} = \boxed{\quad エ \quad}$$

である。したがって，境界面 II での入射角と屈折角の関係を与える式として，w を θ_2, θ_3, v_2, v_3 を用いて表す関係式

$$w = \boxed{\quad オ \quad} \quad \cdots\cdots\cdots \ (1)$$

が成り立つ。この境界面 II を通過した屈折波の波面は，鉛直からの角度 θ_3 方向に，v_3, w, θ_3 で表される速さ $\boxed{\ カ\ }$ で進んでいく。また，境界面 II における入射角 θ_2 と反射角 θ_4 の与える式として $\boxed{\ キ\ }$ が成り立つ。

さて，音源から遠く離れた地点でその音が大きく聞こえるという現象は，今の場合音源 X から発せられた音波が境界面で全反射されて地上に返ってくる現象であると考えられる。まず，境界面 I における全反射を考えよう。この全反射が起きるような角度 θ_1 が存在するためには，v_1, v_2 に関しての条件

$$\boxed{\quad ク \quad} < 1$$

が成り立つ必要がある。つまり，境界面 I と II の間の層の気温が境界面 I 以下の層の気温に比べて { ケ：① 高く，② 低く } なければならない。この条件が成り立っている場合，$\sin\theta_A = \boxed{\quad ク \quad}$ で与えられる角度 θ_A よりも大きい θ_1 に対して境界面 I での全反射が起きる。

次に，境界面 II での全反射を考えよう。ここでの全反射が起きるためには，関係式 (1) より，風速 w と音速 v_2, v_3 に関する条件

$$\boxed{\quad コ \quad} < 1 \quad \cdots\cdots\cdots \ (2)$$

が成り立たなければならない。このとき，境界面 II に対する入射角 θ_2 が，

$$\sin\theta_B = \boxed{\quad コ \quad}$$

で与えられる角度 θ_B よりも大きければ，境界面 II での全反射が起きる。θ_2 がちょうどこの角度 θ_B に等しくなるような音波が音源 X を発する角度 θ_1 を θ_C とする。このとき，$\sin\theta_C$ は w, v_1, v_3 を用いて

$$\sin\theta_C = \boxed{\quad サ \quad} \quad \cdots\cdots\cdots \ (3)$$

と与えられる。したがって，音源 X を発した音波が境界面 II で全反射するためには，

$$\boxed{\quad サ \quad} < 1$$

の条件も成り立っていなければならない。条件 (2) と (3) が成り立っている場合，θ_C よりも { シ：① 大きい，② 小さい } 角度 θ_1 で音源 X を発し境界面 I を透過した音波は境界面 II で全反射する。

考え方

境界面 I における屈折の法則より

$$\frac{v_1}{v_2} = \frac{\sin\theta_1}{\sin\theta_2} \quad \cdots\cdots \ \text{①}$$

が成り立つ。

境界面 II における屈折についてもホイヘンスの原理に基づけば θ_2，θ_3 の関係式を導くことができる。つまり，図 2 において点 R と点 S が同位相になる条件を考える。

P が境界面 II に達すると，境界面 II の上側の大気にもその点を中心とする球面上に同位相の振動が速さ v_3 で広がっていく。大気は図の右側に速さ w で平行移動しているので，この球面の中心も同じ速度で平行移動する。したがって，

$$\overline{PP'} = wt, \quad \overline{P'R} = v_3 t, \quad \overline{QS} = v_2 t$$

である。

$$P'S = \frac{QS}{\sin\theta_2} - PP' = \frac{P'R}{\sin\theta_3}$$

であるから，

$$\frac{v_2 t}{\sin\theta_2} - wt = \frac{v_3 t}{\sin\theta_3}$$

$$\therefore \ w = \frac{v_2}{\sin\theta_2} - \frac{v_3}{\sin\theta_3} \quad \cdots\cdots \ (1)$$

が成り立つ。また，波面 SR と点 P の距離は

$$\overline{P'R} + \overline{PP'}\sin\theta_3 = (v_3 + w\sin\theta_3)t$$

なので，境界面 II を通過した波面の進む速さは $v_3 + w\sin\theta_3$ である。反射波の波面形成に，境界面 II の上側の大気が平行移動していることは無関係である。したがって，通常の反射の法則が成立し，$\theta_4 = \theta_2$ である。

① 式より，

$$\sin\theta_2 = \frac{v_2}{v_1}\sin\theta_1$$

である。境界面 I において全反射が起きうる条件は

118

$$\frac{v_2}{v_1}\sin\theta_1 > 1 \qquad \text{すなわち,} \qquad \frac{v_1}{v_2} < \sin\theta_1$$

となる θ_1 が存在することであり,つまり,

$$\frac{v_1}{v_2} < 1 \qquad \therefore \quad v_1 < v_2$$

である。音の速さは気温が高いほど速くなるので,これは境界面 I と II の間の層の気温が境界面 I 以下の層の気温と比べて高いことを意味する。このとき,全反射の臨界角 θ_A は,

$$\frac{v_2}{v_1}\sin\theta_A = 1 \qquad \therefore \quad \sin\theta_A = \frac{v_1}{v_2}$$

により与えられる。

(1) 式より,

$$\frac{v_3}{\sin\theta_3} = \frac{v_2}{\sin\theta_2} - w \qquad \therefore \quad \sin\theta_3 = \frac{v_3}{\dfrac{v_2}{\sin\theta_2} - w}$$

である。境界面 II において全反射が起きうる条件は

$$\frac{v_3}{\dfrac{v_2}{\sin\theta_2} - w} > 1 \quad \text{すなわち,} \quad \frac{v_2}{\sin\theta_2} - w < v_3$$

となる θ_2 が存在することであり,つまり,

$$v_2 - w < v_3 \qquad \therefore \quad \frac{v_2}{v_3 + w} < 1$$

である。全反射の臨界角 θ_B は,

$$\frac{v_2}{\sin\theta_B} - w = v_3 \qquad \therefore \quad \sin\theta_B = \frac{v_2}{v_3 + w}$$

により与えられる。

$\theta_2 = \theta_B$ のときの θ_1 の値 θ_C は,

$$\sin\theta_C = \frac{v_1}{v_2}\sin\theta_B = \frac{v_1}{v_3 + w}$$

により与えられる。

$$\theta_2 > \theta_B \iff \theta_1 > \theta_C$$

であるから,$\theta_C < \theta_1 < \theta_A$ の場合に,音源 X を発し境界面 I を透過した音波が境界面 II で全反射する。

[解答]

ア $\dfrac{\sin\theta_1}{\sin\theta_2}$　イ wt　ウ $v_3 t$　エ $v_2 t$　オ $\dfrac{v_2}{\sin\theta_2}-\dfrac{v_3}{\sin\theta_3}$

カ $v_3 + w\sin\theta_3$　キ $\theta_4=\theta_2$　ク $\dfrac{v_1}{v_2}$　ケ ①　コ $\dfrac{v_2}{v_3+w}$

サ $\dfrac{v_1}{v_3+w}$　シ ①

■■■ 考 察 ■■■

　屈折の要因は波面の速さの変化にある。① 式の表す通常の屈折の法則が，境界面の前後における波面の速さと，入射角および屈折角の関係を示している。

　無風状態であれば，媒質に対して振動が伝わる速さを表す波の速さと，波面の速さは一致する。風（音の媒質である空気の平行移動）がある状態では，2 つの速さが一致しない。そのため，境界面における屈折では通常の屈折の法則をそのままでは使えず，ホイヘンスの原理に遡った議論が必要になる。カ で求めた波面の速さを V_3 とすれば，

$$\frac{\sin\theta_2}{\sin\theta_3}=\frac{v_2}{V_3}$$

なる関係が成立している。これは通常の屈折の法則と同じ形の関係式である。

　気温が高いほど音速が大きくなることは，大学入試でも常識として必要である。常温付近では摂氏温度 $\theta°\mathrm{C}$ と音速 V の間に

$$V=(331.5+0.6\,\theta)\ \mathrm{m/s}$$

の関係があることも教科書に紹介されている（大学入試対策として覚えておく必要はないだろう）。これは，絶対温度 T と音速 V の関係式

$$V=\sqrt{\frac{\gamma RT}{M}}$$

において（ここで，R は気体定数，$\gamma,\ M$ はそれぞれ空気の比熱比および 1 mol あたりの質量である），$|\theta|\ll 273$ として近似した結果である。

120

第18講　位相速度と群速度

〔2009年度第3問〕

基本の確認　【上巻，第 III 部 弾性波動，第 2 章・第 3 章】

x 軸方向に伝わる波は，媒質の変位 q を位置 x と時刻 t の関数として与えることにより表現できる。x 軸の正の向きに伝わる波長 λ，振動数 f の正弦波は，例えば，

$$q = A \sin 2\pi \left(\frac{x}{\lambda} - ft \right) \quad \cdots\cdots \text{①}$$

と表される。

①式は，

$$V = f\lambda$$

とおくことにより，

$$q = A \sin \frac{2\pi}{\lambda} (x - Vt) \quad \cdots\cdots \text{②}$$

と変形できる。②式は，時刻 t には $t=0$ における波形が x 軸の正の向きに Vt だけ平行移動して観測されることを表している。つまり，波形が速さ V で x 軸の正の向きに移動して見える。この V が波の速さである。①式は，さらに，

$$q = -A \sin 2\pi f \left(t - \frac{x}{V} \right) \quad \cdots\cdots \text{③}$$

とも変形できる。③式は，位置 x では $x=0$ における振動が時間 $\frac{x}{V}$ だけ遅れて再現されることを表している。速さ V は振動が伝播する速さでもある。

───────────　問 題　───────────

　次の文を読んで，　□　には適した式を，{　　}からは適切なものを選び
その番号を，それぞれの解答欄に記入せよ。また，問 1〜問 3 では指示にした
がって，解答をそれぞれの解答欄に記入せよ。

(1)　ホイヘンスの原理を用いると波の多くの現象が理解できる。図 1 に示す
　　ように，媒質 1（$Y < 0$）を速さ v_1 で進んだ波は，媒質 2（$Y > 0$）を速
　　さ v_2 で進み屈折を起こす。角度 θ_1 で入射した線分 AB を含む波面上の点
　　A は時刻 t_0 に境界に到達した。その後時刻 t_S に，点 B は境界上の点 S に
　　達し，点 A は点 C に到達する。この間（$t_0 < t < t_S$）の時刻 t に境界に達
　　する点 P と点 S の間の距離は，時刻 t を用いると $\overline{PS}(t) = \boxed{あ}$ である。
　　また時刻 t に境界上の点 P から放射され，時刻 t_S に点 Q で波面 CS に接す
　　る素元波の半径は，時刻 t を用いると $\overline{PQ}(t) = \boxed{い}$ である。以上から，
　　媒質 2 の屈折角 θ_2 は，v_1, v_2 を用いると $\sin\theta_2 = \boxed{う}$ となる。

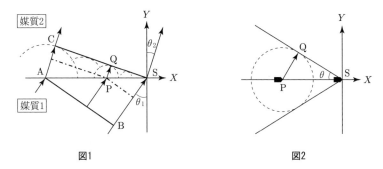

図1　　　　　　　　　　　　　　　　図2

(2)　浅い海の上を進む船は，くさび型の波面を伴う場合がある。(1) の結果
　　を利用して，このくさび型の波面ができる条件を考えよう。船は大きさを
　　持たず，図 2 に示すように，静止した水の上を一定の速さ V で X 軸上を
　　進んで波を発生させたとする。時刻 t での船の位置を点 P とする。また，
　　波の速さは c とする。船は，各時刻に変位が同じ（位相が同じ）である波
　　長 λ の素元波を放射しながら進むとする。すなわち，図 2 の点 P から放射
　　される素元波を，図 1 の点 P から放射される素元波と同様に扱うこととす
　　る。時刻 t_S に船が原点 S に到達した。このとき，図 2 のように，船は後方
　　に原点を通るくさび型の波面を伴っていた。

　問 1　波面と X 軸がなす角度 θ に対して $\sin\theta$ を求めよ。くさび型の波面
　　　ができるときに，船の速さ V と波の速さ c が満たす条件式を導け。

深い海の上を進む船の後ろにでき
る美しい波模様は，**参考図**のように
くさび型領域に限られる。このくさ
び型の領域は，問1の結果とは違っ
て，船の速さにはよらない一定の角
度を持つ。この違いは，波長より水
深が深い場合には波長が短いほど水
の波の速さが遅いという性質がある
ことと，船が作る波は波長の異なる

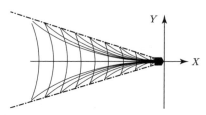

1点鎖線：くさび型領域の境界
参考図

多くの波が重ね合わさっていることが原因である。この違いについて考えよう。

(3) はじめに，平面波の性質を調べよう。x 軸の正の方向に進む平面波の波
長を λ，振動数を f とする。このとき，時刻 t，位置 x での波の変位 h は，
三角関数を使って $h = a\sin\left(\dfrac{2\pi}{\lambda}x - 2\pi ft\right)$ と書ける。ここで，a は平面
波の振幅である。ただし，時刻 $t = 0$，位置 $x = 0$ での波の変位を 0 とお
いた。この式に現れる $\dfrac{2\pi}{\lambda}$ は「波数」と呼ばれており，これを k とおく。
また，角振動数 $\omega = 2\pi f$ を用いると，次のように表現が簡単になる。

$$h = a\sin(kx - \omega t) \qquad\qquad (\text{i})$$

座標 x と時刻 t を固定したときの $kx - \omega t$ の値をその位置 x と時刻 t での
波の位相と呼ぶ。位相が一定の値 (θ_0) である位置 x は，$kx - \omega t = \theta_0$ の
関係を満たしながら，x 軸の正の方向に一定の速度 c で進む。この速度は
平面波の「位相速度」と呼ばれている。波数 k と角振動数 ω を用いて表す
と $c = \boxed{\text{え}}$ となる。

問2 図3には，式 (i) で表され
る波の時刻 $t = 0$ での変位 h が
描かれている。図3を参考にし
て，時刻 $t = \dfrac{1}{4f}$ におけるこの
波の変位 h の概略図を，$0 \leqq x$
$\leqq \dfrac{3}{2}\lambda$ の範囲で解答用紙の所

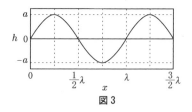

図3

定欄（省略）に書き入れよ。ただし，縦軸と横軸の数値と記号は図3と同
じように記入せよ。

(4) 次に，波数 k と角振動数 ω がわずかに異なる 2 つの平面波，波1と波2

の重ね合わせを考えよう。波 1 と波 2 の波数を $k_1 = k + \Delta k$, $k_2 = k - \Delta k$, 角振動数を $\omega_1 = \omega + \Delta \omega$, $\omega_2 = \omega - \Delta \omega$ とする。また，波 1 と波 2 の振幅は等しく，a とする。ただし，Δk, $\Delta \omega$ は，それぞれ波数 k, 角振動数 ω に比べその大きさが十分小さい定数であり，$\Delta k > 0$ とする。このとき，波 1 の変位を $h_1 = a \sin(k_1 x - \omega_1 t)$，波 2 の変位を $h_2 = a \sin(k_2 x - \omega_2 t)$ と表すと，重ね合わせた波の変位 $h = h_1 + h_2$ は，公式 $\sin(A + B) + \sin(A - B) = 2\cos B \sin A$ を用いて，以下のように書ける。

$$h = h_1 + h_2 = 2a \cos \left(\boxed{\text{お}} \right) \sin(kx - \omega t)$$

重ね合わせた波の変位 h は，平面波の部分 $\sin(kx - \omega t)$ と，その振幅の変動を表す部分 $2a \cos \left(\boxed{\text{お}} \right)$ の積になっている。この振幅の変動に着目して式 (i) と比べると，この振幅の変動が速度 $\dfrac{\Delta \omega}{\Delta k}$ で伝わることがわかる。この振幅の変動が伝わる速度を「群速度」と呼び v_G とおく。

　図 4 には，重ね合わせた波の変位の時間変化の一例を描いた。ここで，振幅の変動を破線で表し，その腹と節の伝搬を矢印で，また $t = 0$, $x = 0$ における平面波の部分の位相と同じ位相を持つ点の位置を黒丸で，それぞれ示した。図 4 は，平面波の部分は位相速度 c で伝わり，その振幅の規則的な強弱は群速度 v_G で伝わることを表している。

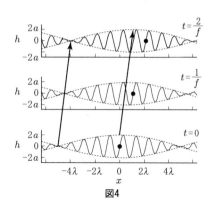

図4

　群速度は波の形やその発展を決めるために重要であると共に，波のかたまりや波のエネルギーの伝搬を理解する上でも重要な物理量である。

　波 1 と波 2 の位相速度が等しい場合，位相速度 c と群速度 v_G の関係は $\{$ か：① $c > v_\mathrm{G}$　② $c = v_\mathrm{G}$　③ $c < v_\mathrm{G}$ $\}$ である。このとき，$x = 0$ の点で観測される波の変位 h の時間変化を，図 5 に示す。音のうなりと同じ

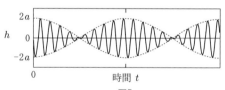

図5

ように変位 h の振動の強弱が規則的に観測される。単位時間当たりのうなりの数は角振動数を用いると き である。

問3 船の作る波の波長に比べ水深が十分深い場合，角振動数 ω と波数 k の間には，$\omega = \sqrt{gk}$ の関係が成り立つ。ここで，g は重力加速度の大きさである。このとき，群速度 v_G と位相速度 c をそれぞれ計算し，比 $\dfrac{v_\mathrm{G}}{c}$ を求めよ。

必要ならば，$\omega(k) = \alpha\sqrt{k}$ に対する次の近似式を用いよ。

$$\omega(k) \pm \Delta\omega = \omega(k \pm \Delta k) \fallingdotseq \omega(k) \pm \frac{\alpha\Delta k}{2\sqrt{k}}$$

深い海の上を進む船は多くの波長の波を作るので，重ね合わせの結果，振幅の大きな変動は群速度で伝わる。問3で求めた群速度と位相速度の関係から，波の伝わる範囲が狭まることが予想できる。さらに，波長の異なる多数の波の効果を考慮すると**参考図**のような波の模様が作られることを示すことができる。この船の作る波は，ケルビン波と呼ばれる。

考え方

(1) 右図の $\triangle \mathrm{PP'S}$ において

$$\mathrm{P'S} = v_1(t_\mathrm{S} - t), \qquad \angle\mathrm{SPP'} = \theta_1$$

なので，

$$\mathrm{PS} = \frac{\mathrm{PP'}}{\sin\theta_1} = \frac{v_1(t_\mathrm{S} - t)}{\sin\theta_1}$$

である。一方，

$$\mathrm{PQ} = v_2(t_\mathrm{S} - t)$$

なので，

$$\sin\theta_2 = \frac{\mathrm{PQ}}{\mathrm{PS}} = \frac{v_2}{v_1}\sin\theta_1$$

となる。

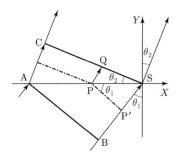

(3) 位置 $x + \Delta x$ における時刻 $t + \Delta t$ の位相が θ_0 に等しいとすると，

$$k(x + \Delta x) - \omega(t + \Delta t) = kx - \omega t \qquad \therefore\ k\Delta x - \omega\Delta t = 0$$

となる。よって，位相速度 c は，

$$c = \frac{\Delta x}{\Delta t} = \frac{\omega}{k}$$

で与えられる。

(4)　$h_1 = a\sin(k_1 x - \omega_1 t), \ h_2 = a\sin(k_2 x - \omega_2 t)$ なので,

$$h = h_1 + h_2 = 2a\cos\left(\frac{k_1 - k_2}{2}x - \frac{\omega_1 - \omega_2}{2}t\right)\sin\left(\frac{k_1 + k_2}{2}x - \frac{\omega_1 + \omega_2}{2}t\right)$$

である。仮定より

$$\frac{k_1 - k_2}{2} = \Delta k, \quad \frac{k_1 + k_2}{2} = k, \quad \frac{\omega_1 - \omega_2}{2} = \Delta \omega, \quad \frac{\omega_1 + \omega_2}{2} = \omega$$

なので,

$$h = 2a\cos(\Delta k \cdot x - \Delta \omega \cdot t)\sin(kx - \omega t)$$

となる。群速度 v_G は, $\cos(\Delta k \cdot x - \Delta \omega \cdot t)$ の部分の "位相速度" なので,

$$v_\mathrm{G} = \frac{\Delta \omega}{\Delta k}$$

で与えられる。

波 1 と波 2 の位相速度が等しい場合には,

$$\frac{\omega + \Delta \omega}{k + \Delta k} = \frac{\omega - \Delta \omega}{k - \Delta k} \qquad \therefore \quad \frac{\Delta \omega}{\Delta k} = \frac{\omega}{k}$$

となるので, 合成波 h の群速度と位相速度は一致する。

定点で観測するときに, $\cos(\Delta k \cdot x - \Delta \omega \cdot t)$ の部分の波長 Λ は

$$\Delta k \cdot \Lambda = 2\pi \qquad \therefore \quad \Lambda = \frac{2\pi}{\Delta k}$$

である。この半波長（節から節の区間）分の波が通過するごとに 1 回のうなりが観測される。したがって, 単位時間あたりのうなりの回数は

$$\frac{v_\mathrm{G}}{\dfrac{\Lambda}{2}} = \frac{\Delta \omega}{\pi} = \frac{\omega_1 - \omega_2}{2\pi}$$

である。単位時間あたりのうなりの回数は合成される 2 つの波の振動数の差に等しいことから求めることもできる。

[解答]

(1)　あ $\dfrac{v_1(t_\mathrm{S} - t)}{\sin\theta_1}$ 　　い $v_2(t_\mathrm{S} - t)$ 　　う $\dfrac{v_2}{v_1}\sin\theta_1$

(2)　問 1　図 2 において

$$\mathrm{PS} = V(t_\mathrm{S} - t), \qquad \mathrm{PQ} = c(t_\mathrm{S} - t)$$

なので,

$$\sin\theta = \frac{PQ}{PS} = \frac{c}{V}$$

である。また，くさび型の波面ができるための条件は

$$\frac{c}{V} < 1 \qquad すなわち，\quad V > c$$

である。

(3) $\dfrac{\omega}{k}$

問2 $t = \dfrac{1}{4f}$ において

$$h = a\sin\left(\frac{2\pi}{\lambda}x - 2\pi f\cdot\frac{1}{4f}\right)$$
$$= -a\cos\left(\frac{2\pi}{\lambda}x\right)$$

となる。これを図示すると右図
のようになる。

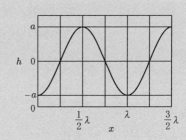

(4) お $\Delta k\cdot x - \Delta\omega\cdot t$ か ② き $\dfrac{\omega_1 - \omega_2}{2\pi}$

問3 $\omega = \sqrt{gk}$ の関係が成り立つとき，位相速度は

$$c = \frac{\omega}{k} = \sqrt{\frac{g}{k}}$$

となる。与えられた近似式より

$$\Delta\omega = \frac{\sqrt{g}}{2\sqrt{k}}\Delta k$$

なので，群速度は

$$v_G = \frac{\Delta\omega}{\Delta k} = \frac{\sqrt{g}}{2\sqrt{k}}$$

となる。よって，

$$\frac{v_G}{c} = \frac{1}{2}$$

である。

◼◼◼ 考 察 ◼◼◼

高校物理で扱う波のほとんどは，波長 λ と振動数 f の間に

$$f\lambda = V \ (一定)$$

の関係が成立する。これは波数 k と角振動数 ω の間に

$$\frac{\omega}{k} = V \ (一定) \quad \cdots\cdots \ ④$$

の関係が成立することを意味する。このような性質の波を非分散性の波と呼ぶ。本問でも調べたように，非分散性の波の場合には，位相速度と群速度が一致するので，その値を単に波の速さと呼んでいる。

　しかし，現実の波では波数 k と角振動数 ω の間により複雑な関係式が成立するものがある。その関係を分散関係という。分散関係が ④ 式の形にならない波を分散性の波と呼ぶ。分散性の波の場合には振動数や波長により振動の伝播速度が異なる値をとり，位相速度と群速度が異なる値をとる。

　本問の問 3 では

$$\omega = \sqrt{gk}$$

なる分散関係を満たす波について調べた。

　光の場合は，真空中では非分散性の波であり，振動数（波長）によらず速さは一定となる。物質中では分散性が現れ，振動数により伝播速度が異なる値をとる。振動数が大きくなるほど速さは遅くなる。

第19講　共鳴

〔2010 年度第 3 問〕

基本の確認　【上巻，第 III 部 弾性波動，第 4 章】

　有限の長さの媒質が波源からの振動に共鳴（共振）すると，気柱には振幅の大きな定常波（定在波）が現れる。定常波では腹や節の位置が固定されるので，その分布に注目して共鳴定常波の様子を模式的に図示することにより状況が明確になる。

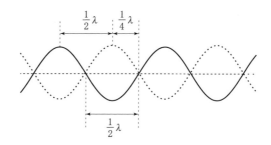

　腹と腹の間隔，節と節の間隔はそれぞれ波長 λ の 2 分の 1 である（模式図からも読み取れる）。また，隣接する腹と節の間隔は波長の 4 分の 1 である。

　共鳴定常波は，媒質の両端の境界条件を両立するように波長が選ばれる。境界条件とは，端点が固定端であれば定常波の節になること，自由端であれば定常波の腹になることである。両端を固定した弦の場合は両端が固定端である。閉管内の気柱の場合には，閉口部が固定端，開口部が自由端となる。ただし，厳密には開口端補正を考慮する必要があり，開口部の少し外側が自由端となる。

─────── 問　題 ───────

　次の文を読んで，□□□には適した式または数値を，{　}からは適切な
ものを選びその番号を，それぞれの解答欄に記入せよ。なお，□□□はすで
に□□□で与えられたものと同じものを表す。また，問 1〜問 3 では，指示
にしたがって，解答をそれぞれの解答欄に記入せよ。

　図 1 に示すように，一端に振動板（スピーカー）を取り付けた円筒形の透明
な容器に，ふたをして空気を密閉し，水平に置いた。ふたは，容器内の気圧
が外気圧と等しくなるように水平方向（図 1 の x 軸方向）に動くが，音波に
よって振動することはないとする。また，この容器の内壁には，はじめ，軽
い粉が水平方向に一様に薄く置かれている。容器内の空気は理想気体である
とする。

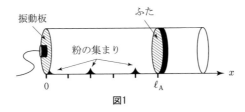

図1

　まず，容器内の空気の絶対温度を T_A にした。このとき，気柱の長さ（振動
板からふたまでの距離）が ℓ_A になった。この状態で，振動板から単一振動数
の音を発し，その振動数を変化させていったところ，振動数が f のとき，図 1
に示すように容器内の 3 ヶ所（うち 1 ヶ所は振動板近傍）に等間隔に粉が集ま
り，気柱が共鳴を起こしていることがわかった。なお，図 1 の x 軸は，気柱
の左端を原点（$x = 0$）とした気柱の水平方向の座標軸であり，目盛りは $\dfrac{\ell_A}{5}$
の間隔で付けてある。

問 1　粉の集まりの中心の位置（振動板近傍の集まりについては，振動板の
　　　位置 $x = 0$）は，3 ヶ所とも共鳴の定常波の腹の位置である可能性と，3 ヶ
　　　所とも節の位置である可能性がある。また，この気柱の右端のふたは固定
　　　端であると考えてよいとする。気柱に生じた定常波による，ある時刻にお
　　　ける各 x での空気の変位 y を，解答用紙のグラフ（次ページ上図）に記入せ
　　　よ。なお，グラフ中の破線は，その時刻における腹の位置での空気の変位
　　　を示す。空気の変位 y は x 軸の正の向きを正とする。

　　気柱の共鳴音波の波長 λ_A および気柱内の音速 V_A は，ℓ_A と f を用いて，

それぞれ $\lambda_A =$ あ ，$V_A =$ い と表される。なお，この気柱が共鳴を起こす最も低い振動数は f を用いて う と表される。

　気柱に定常波がある場合の，気柱の各点での空気の変位と空気の密度との間の関係を考えよう。定常波がない場合に，位置 x と $x + \Delta x$（Δx は正の微小量）の間の筒状の領域を筒領域 I と呼ぶ（図2参照）。定常波がある場合に，位置 x における空気の変位を y，位置 $x + \Delta x$ における空気の変位を $y + \Delta y$ とすると，筒領域 I 内にあった空気は位置 え と お の間の筒領域 II に移動する。したがって，この2つの筒領域の空気の密度の比は，$\dfrac{\Delta y}{\Delta x}$ を用いて

$$\frac{\text{定常波があるときの筒領域 II の空気の密度}}{\text{定常波がないときの筒領域 I の空気の密度}} = \boxed{\text{か}}$$

と表される。したがって，問1のグラフの曲線の { き：① y が最大　② y が最小　③ 傾きが最大　④ 傾きが最小 } の位置 x が空気の密度が最小になる位置である。

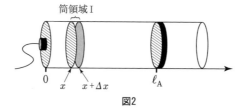

図2

問2　問1のグラフの x 軸上に，問1で考えた時刻における空気の密度が最大となる位置のすべてに〇印を，空気の密度が最小となる位置のすべてに×印を記入せよ。ただし，気柱の端点は除く。

　次に，振動数 f の音を振動板から発しながら，この容器内の空気の絶対温度を T_A から上げていくと，容器のふたが水平方向に動いていき，気柱の長さが ℓ_B になった。このとき，気柱に再び共鳴が起こり，こんどは容器内の4ヶ所（うち1ヶ所は振動板近傍）に等間隔に粉が集まった。このときの，気柱の共鳴音波の波長 λ_B は，ℓ_B を用いて $\lambda_B =$ く と表される。また，容器

内の空気の絶対温度 T_B を ℓ_A, ℓ_B, T_A を用いて表すと $T_B = \boxed{\text{け}}$ である。

　仮に，空気中の音速が温度によらず一定であれば，2 つの波長 λ_A と λ_B は等しいので，$\dfrac{\ell_B}{\ell_A} = \boxed{\text{こ}}$ （数値）であり，絶対温度 T_B は T_A を用いて $T_B = \boxed{\text{さ}}$ と表される。

　しかし，実際には，空気中の音速は温度によって変化し，絶対温度 T における音速 V は

$$V = V_0 + bT \quad \cdots\cdots\cdots \text{(1)}$$

と表される。V_0 および b は正の定数である。温度が高くなると音速は大きくなるので，比 $\dfrac{\ell_B}{\ell_A}$ は，音速が一定の場合の値 $\boxed{\text{こ}}$ ｛し：① より大きくなる　② と同じである　③ より小さくなる ｝。

問3　上の実験における測定値 f, T_A, ℓ_A, ℓ_B のみを用いて，式 (1) の定数 V_0 と b を表せ。ただし，導出の過程も示せ。

考え方

問1　ふたが固定端なので，ふたの位置は定常波の節である。したがって，粉が集まった位置が定常波の腹であることがわかる。気柱に現れている共鳴定常波の様子を模式的に図示すれば下図のようになる。

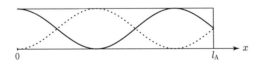

　$x = 0$ の位置の変位が正か負かにより 2 通りの解答がある（試験ではいずれか一方を解答すればよい）。

　定常波の隣接する腹と節の間隔は波長の $\dfrac{1}{4}$ なので，上の図より

$$\frac{1}{4}\lambda_A = \frac{1}{5}l_A \qquad \therefore \quad \lambda_A = \frac{4}{5}l_A$$

であることが読み取れる。このときの音の振動数は f なので，

$$V_A = f\lambda_A = \frac{4}{5}fl_A$$

である。また，このときの共鳴は 3 次の共鳴であり 5 倍振動（波長が基本振動の 5 分の 1）なので，基本振動数は $\dfrac{1}{5}f$ である。

132

位置 x, $x+\Delta x$ の空気は定常波の変位によりそれぞれ $x+y$, $(x+\Delta x)+(y+\Delta y)$ に移動する。密度は体積（筒領域の長さ）に反比例するので，定常波がないときと，あるときの空気の密度の比は

$$\frac{筒領域 \text{II} の空気の密度}{筒領域 \text{I} の空気の密度} = \left\{ \frac{(x+y+\Delta x+\Delta y)-(x+y)}{(x+\Delta x)-x} \right\}^{-1} = \frac{1}{1+\dfrac{\Delta y}{\Delta x}}$$

と表される。ここで，$\dfrac{\Delta y}{\Delta x}$ は波形を表すグラフの傾きを表すので，その傾きが大きいほど密度が小さくなっていることを示す。

問2 問1で描いた波形の曲線は正弦（余弦）曲線と考えてよい。したがって，変位が0となる位置において曲線の傾きの大きさが最大となる。上の考察とあわせて考えれば，曲線が右下がりに x 軸と交わる点で密度が最大，右上がりに x 軸と交わる点で密度が最小となる。

4ヶ所に粉が集まったとき，すなわち，腹が4つ現れたときの共鳴定常波の様子を模式的に図示すれば下図のようになる。

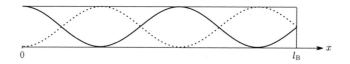

この図より，

$$\frac{1}{4}\lambda_B = \frac{1}{7}l_B \qquad \therefore \quad \lambda_B = \frac{4}{7}l_B$$

であることがわかる。容器内の気圧は外気圧と等しく一定なので，温度は体積（空気の長さ）に比例する。よって，

$$T_B = T_A \times \frac{l_B}{l_A}$$

である。$\lambda_A = \lambda_B$ であるとすれば，

$$\frac{4}{5}l_A = \frac{4}{7}l_B \qquad \therefore \quad \frac{l_B}{l_A} = \frac{7}{5}$$

であり，

$$T_B = \frac{7}{5}T_A$$

となる。

温度変化による音速の変化を考慮すると，$\lambda_A < \lambda_B$ である。したがって，

$$\frac{l_B}{l_A} = \frac{\frac{7}{4}\lambda_A}{\frac{5}{4}\lambda_B} = \frac{7}{5} \cdot \frac{\lambda_B}{\lambda_A} > \frac{7}{5}$$

となる。

[解答]
問1, 問2

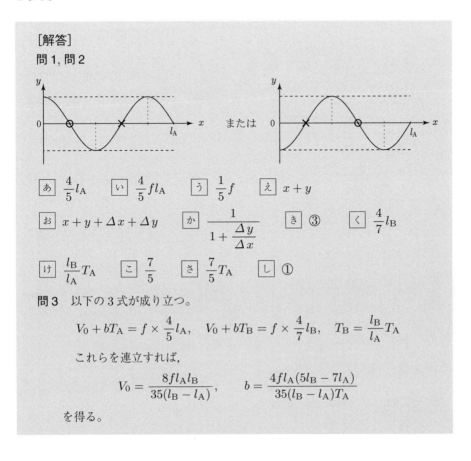

または

あ $\dfrac{4}{5}l_A$ い $\dfrac{4}{5}fl_A$ う $\dfrac{1}{5}f$ え $x+y$

お $x+y+\Delta x+\Delta y$ か $\dfrac{1}{1+\dfrac{\Delta y}{\Delta x}}$ き ③ く $\dfrac{4}{7}l_B$

け $\dfrac{l_B}{l_A}T_A$ こ $\dfrac{7}{5}$ さ $\dfrac{7}{5}T_A$ し ①

問3 以下の3式が成り立つ。

$$V_0 + bT_A = f \times \dfrac{4}{5}l_A, \quad V_0 + bT_B = f \times \dfrac{4}{7}l_B, \quad T_B = \dfrac{l_B}{l_A}T_A$$

これらを連立すれば,

$$V_0 = \dfrac{8fl_Al_B}{35(l_B - l_A)}, \qquad b = \dfrac{4fl_A(5l_B - 7l_A)}{35(l_B - l_A)T_A}$$

を得る。

■■■■ 考 察 ■■■■

　類似の実験において，定常波の節の位置に粉末が集まる設定の問題も多い。しかし，そのように決めつけてはいけない。問題に示された観測結果に基づいて判断する必要がある。

　振動板の位置が腹になるか節になるかは不明確であるが，ふたは固定端であることが明記されている。そうすると，ふたの位置が定常波の節になることは明確に判断できる。そして，その位置には粉が集まっていないので，粉の集まる位置は定常波の腹であることもわかる。

　問3の直前の部分では音速が変化しないという仮定の下に議論している。問3では

音速の変化を考慮するので，この仮定によらずに成立する関係式に基づいた議論が必要になる。それは，

$$\lambda_\mathrm{A} = \frac{4}{5}l_\mathrm{A}, \quad \lambda_\mathrm{B} = \frac{4}{7}l_\mathrm{B}, \quad T_\mathrm{B} = T_\mathrm{A} \times \frac{l_\mathrm{B}}{l_\mathrm{A}}$$

の3つである。最初の2つを

$$V = f \times 波長$$

の関係式に反映させれば解答が得られる。

第20講　音源の方向の測定

〔2000 年度後期第 3 問〕

基本の確認　【上巻，第 III 部 弾性波動，第 3 章】

　波（正弦波）の状態は位相により決まる。しかし，位相の値を直接観測することはできない。観測のパラメータ（変数）になるのは位置や時刻である。距離や時間を位相（差）に換算する必要がある。

　波長 λ，振動数 f の波を考える。このとき，距離 l を位相に換算するには

$$l \times \frac{2\pi}{\lambda}$$

という換算公式が使える。1 波長の長さが 2π の位相に相当するので，長さが波長の何倍かを求め，1 を 2π に読み換えれば位相になる。

　一方，時間 t を位相に換算するには

$$t \times 2\pi f$$

という換算公式が使える。振動数 f に対して $T = \dfrac{1}{f}$ が周期であり，1 周期が 2π の位相に相当するので，

$$t \times \frac{2\pi}{T} = t \times 2\pi f$$

として時間を位相に換算することができる。

　時間を位相に換算するための係数 $\omega = 2\pi f$ が角振動数である。第 18 講に現れた波数 $k = \dfrac{2\pi}{\lambda}$ は，長さを位相に換算するための係数である。

問 題

次の文を読んで，□□□に適した式を記せ。なお，⬚⬚⬚はすでに□□□で
与えられたものと同じものを表す。

音が聞こえた方角を知る手がかりには，左右の耳に届く音の強さの違いや
位相の違いなどがある。ここでは位相差をもとに音源の方角を調べるための
模型装置を考える。

図1のように，模型装置は左右のマイクロフォンで受け取った信号から振
動数 f と振動数 $f-d$ の成分を振動数フィルターで分離し，分離された正弦波
信号をそれぞれ管 T_1, T_2 の中のスピーカーに伝える。振動数の差 d (>0) は
f に比べて十分に小さいとする。外界から遮断された管内では，左右のスピー
カーから発せられた進行波が重ね合わされて定常波ができる。ここで，左右
の音の強さの違いは無視する。管内定常波の腹の位置は微小マイクロフォン
などによって計測できるものとする。外界の音速は W，左右のマイクロフォ
ンの距離は L，管内の音速は V とする。音源は L に比べて十分遠くにあるも
のとする。

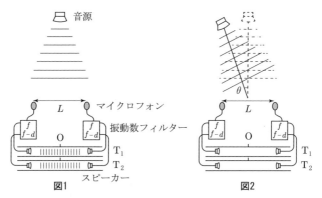

図1　　　　　　　　　　　図2

(1)　2つのマイクロフォンから等距離にある方角（つまり真正面）から音が
送られるとき，管内には左右のスピーカーから同位相で正弦波が送り出さ
れる。その結果，左右のスピーカーの中点，原点 O，は定常波の腹となる。

図2のように音源を真正面から向かって左側に θ ラジアンの方角に移動
すると，右のマイクロフォンには左のマイクロフォンよりも音が遅れて伝
わることになる。左からの信号が管内の原点 O に到達したときに，右から
の信号（管内に入っているとする）はまだ原点 O から　ア　の距離にあ
る。この遅れの効果によって管内定常波は右に　イ　だけずれる。この関

係を用いれば，定常波の腹の原点 O からの移動距離を計測することによって音源の移動角度を逆算することができる。移動角度 $|\theta|$ が小さいうちは，$\sin\theta$ を θ と近似できるので，

　（音源の左向きの移動角度 θ）＝　$\boxed{\text{　ウ　}}$　×（管内定常波の腹の右向きの移動距離）

という関係が成り立つ。

(2)　ある未知の方角から発せられた音についても，管内定常波の絶対位置を調べれば上で求めた関係によって音源の方角を推定することができるはずである。ただし定常波にはいくつもの腹があるために，1 つの定常波だけでは音源の方角を一意的に決定できない。しかし，波長の異なる複数の定常波を調べれば，位置のそろっていない腹を音源推定の候補から除くことができる。

　ある方角 θ から振動数 f と振動数 $f-d$ の音が送られている場合を考えてみよう。管 T_1 には波長 $\dfrac{V}{f}$ の定常波ができるが，管 T_2 には別の波長 $\dfrac{V}{f-d}$ の定常波ができる。2 つの波の腹がそろう $\boxed{\text{　イ　}}$ の位置から右に，あるいは左に移動すると，2 つの波の位相は徐々に食い違いが大きくなっていく。波においては 1 波長分だけ移動すると位相が 2π ラジアン 進んだと勘定する。波長 $\dfrac{V}{f}$ の波において距離 $\dfrac{V}{f-d}$ だけ移動すると，その位相は 2π を越えて，さらに $\boxed{\text{　エ　}}$ ラジアンのずれ（進み）が生じる。定常波の腹の間の距離は波長の半分であることから，位相のずれの累積が π に達すれば 2 つの波の腹は再びそろう。ただし，ここでは話を簡単にするため，位相のずれの整数倍がちょうど π になるという条件が満たされているものとする。

　以上の考察から 2 つの定常波の腹がそろってから再びそろうまでの距離 $\boxed{\text{　オ　}}$ が求められる。振動数の差 d が小さければこの距離は大きく，数多くのにせの候補を排除することができる。

(3)　次に，振動数 f の純音音源を真正面に残し，振動数 $f-d$ の純音音源は真正面から向かって左に θ ラジアンの角度だけずらす，という状況を作った場合に，2 つの定常波の腹がそろう位置がどう移動するかを考えてみよう。

　音源の移動に伴って，波長 $\dfrac{V}{f-d}$ の定常波のみが管 T_2 内を右に $\boxed{\text{　イ　}}$ だけ移動する。この移動距離を波長 $\dfrac{V}{f}$ の波の位相に換算すると $\boxed{\text{　カ　}}$ ラジ

アンである。この位置から距離 $\dfrac{V}{f-d}$ だけ左に移動すると波長 $\dfrac{V}{f}$ の波の位相は $\boxed{\text{エ}}$ ラジアンだけ遅れる。$\dfrac{V}{f-d}$ の何倍の距離を左に進めば先の $\boxed{\text{カ}}$ ラジアンの位相進みを打ち消すことができるか，という考察によって，左に進むべき距離 $\boxed{\text{キ}}$ が求められる。ただし，ここでも話を簡単にするため，$\dfrac{V}{f-d}$ の整数倍を進んで位相のずれがちょうど打ち消されるものとする。

　したがって，管 T_1 と管 T_2 の定常波の腹がそろう位置は，音源移動に伴って原点 O から左に $\boxed{\text{キ}}$ － $\boxed{\text{イ}}$ だけ移動する。(1) で求めておいた，角度が小さいときの関係を用いて，腹のそろった位置から音源の方角を推定すると，その（見せかけの）方角は真正面から向かって右に $\boxed{\text{ク}} \times \theta$ ラジアンと求められるが，これは，2つの音源の中間方向（左に $\dfrac{1}{2} \times \theta$ ラジアン）とは異なったものとなる。

考え方

(1) $|\theta| \ll 1$ のとき，音源から左右のマイクロフォンまでの距離の差は $L\sin\theta$ と近似できるので，右のマイクロフォンに音が届く時間は左のマイクロフォンに届くよりも

$$\Delta t = \frac{L\sin\theta}{W}$$

だけ遅れる。そのため，管の中で左からの信号が原点 O に到達したときには，右からの信号は原点 O から

$$\Delta l = V\Delta t = \frac{VL\sin\theta}{W}$$

の距離にある。音源から起算して同時刻で届く位置において，左右からの信号が同位相となる。よって，左右からの信号が同位相で届く位置は原点 O から右に

$$\frac{\Delta l}{2} = \frac{VL\sin\theta}{2W}$$

の位置である。$\sin\theta \fallingdotseq \theta$ と近似すれば，

$$\frac{\Delta l}{2} = \frac{VL}{2W}\cdot\theta$$

となるので，

$$\theta = \frac{2W}{VL} \times (\text{管内定常波の腹の右向きの移動距離}) \cdots\cdots ①$$

の関係が成立する。

(2) 距離 $\dfrac{V}{f-d}$ を波長 $\lambda = \dfrac{V}{f}$ の波の位相に換算すると,

$$\delta_1 = \dfrac{V}{f-d} \times \dfrac{2\pi}{\lambda} = \dfrac{f}{f-d} \times 2\pi = 2\pi + \dfrac{d}{f-d} \times 2\pi$$

となる。つまり, 2π からさらに

$$\Delta\delta = \delta_1 - 2\pi = \dfrac{d}{f-d} \times 2\pi$$

の位相のずれが生じる。位相のずれが π になる距離は

$$\dfrac{V}{f-d} \times \dfrac{\pi}{\Delta\delta} = \dfrac{V}{2d}$$

である。

(3) 距離 $\dfrac{\Delta l}{2}$ を波長 λ の波の位相に換算すると

$$\delta_2 = \dfrac{\Delta l}{2} \times \dfrac{2\pi}{\lambda} = \dfrac{\pi f L \sin\theta}{W}$$

となる。この位相のずれを打ち消すために左に進むべき距離は

$$\dfrac{V}{f-d} \times \dfrac{\delta_2}{\Delta\delta} = \dfrac{fVL\sin\theta}{2dW}$$

となる。その位置は原点 O から 左に $\dfrac{fVL\sin\theta}{2dW} - \dfrac{VL\sin\theta}{2W}$ となるので, ① 式の関係より, 音源の位置は 右に

$$\phi = \dfrac{2W}{VL} \times \left(\dfrac{fVL\sin\theta}{2dW} - \dfrac{VL\sin\theta}{2W} \right) = \left(\dfrac{f}{d} - 1 \right) \sin\theta$$

で与えられる角度の方向として推定される。$|\theta| \ll 1$ として $\sin\theta \fallingdotseq \theta$ と近似すれば,

$$\phi = \dfrac{f-d}{d} \times \theta$$

である。

[解答]

(1) ア $\dfrac{VL\sin\theta}{W}$ イ $\dfrac{VL\sin\theta}{2W}$ ウ $\dfrac{2W}{VL}$

(2) エ $\dfrac{2\pi d}{f-d}$ オ $\dfrac{V}{2d}$

(3) カ $\dfrac{\pi f L \sin\theta}{W}$ キ $\dfrac{fVL\sin\theta}{2dW}$ ク $\dfrac{f-d}{d}$

■■■■　考　察　■■■■

　設問自体は誘導に素直に従えば解答できるが，誘導の意味が理解できないと解き進めることに（特に試験場では）不安があるだろう。誘導の意味（趣旨）を検討してみる。

　(2) では，2つの振動数 f, $f - d$ の信号がそれぞれ左右から完全に同位相（同時刻）で届いて管内に形成された腹（基準の腹と呼ぶことにする）の位置（当然に2つの振動数の定常波の腹が重なる）の他に，2つの振動数の定常波の腹が重なる位置を探している。定常波の腹は半波長おきに現れる。これは位相に換算すれば π である。したがって，基準の腹の位置から振動数 $f - d$ の定常波を波長ごとに辿っていき，振動数 f の定常波との位相差が π となれば，その位置において2つの振動数の定常波の腹が再度重なる。例えば，基準の腹の隣の腹の位置における位相差が $\dfrac{\pi}{3}$ の場合を図示すれば下図のようになる（それぞれ隣り合う実線と点線が位相差 π の腹を表す）。

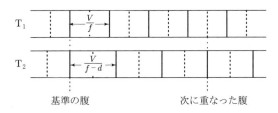

　振動数 $f - d$ の定常波の腹の位置を<u>半波長</u>おきに辿っていくべきと考えるかも知れない。その場合には腹ごとの位相のずれと π の差（この値は誘導に従って求めた $\Delta\delta$ の2分の1になる）が積算され π となる位置を求めることになる。位相 π を距離に換算するときに半波長を用いるので結論は一致する。

　(3) では，左右からの信号が同時刻で届いて形成される腹が2つの振動数で異なる位置に現れる。振動数 f の波の腹は原点 O の位置に現れるが，振動数 $f - d$ の波の腹は右に距離 $\dfrac{VL\sin\theta}{2W}$ だけずれる。これを振動数 f の波の位相に換算した値が，この振動数 $f - d$ の波の腹の位置における2つの波の位相差である。そこで，振動数 $f - d$ の定常波を波長ごとに左に辿っていき，振動数 f の波の位相差が上の位相差を打ち消す位置を探せば（そのような位置が存在するとの仮定の下で），その位置において2つの振動数の波の腹が同位相で重なる。

　この場合も，振動数 $f - d$ の定常波の腹の位置を半波長おきに辿るべきと考えるかも知れない。そのように議論しても最終的な結論はやはり一致する。

第21講　GPSの時計補正

基本の確認　【上巻，第 III 部 弾性波動，第 5 章】

　音のドップラー効果は音源が速度をもつ効果と，観測者が速度をもつ効果ではメカニズムが異なる。そのため，例えば，同じ速さで近づく場合でも，どちらが速度をもつのかにより観測される振動数が異なる。

　振動数 f の音源が静止している観測者に速さ v で近づく場合に，観測者が観測振動数は，音速を V として

$$f_1 = f \times \frac{V}{V - v}$$

である。音源の運動により観測者に向かう音の波長が，音源は静止している場合の $\frac{V - v}{V}$ 倍 になるためである。一方，音源は静止していて，観測者が音源に向かって速さ v で近づく場合には

$$f_2 = f \times \frac{V + v}{V}$$

である。

　光にもドップラー効果があるが，高校の物理では扱わない。入試では問題に断りがなければ，音のドップラー効果の公式をそのまま用いて構わない。厳密には，光の場合は光源の運動と観測者の運動に対して相対的である。いずれが速度をもつのかによらず，光源（振動数 f）と観測者が相対的に速さ v で近づく場合に観測者が観測する振動数は，光速を c として，

$$f_3 = f \times \sqrt{\frac{c + v}{c - v}}$$

となる。これは特殊相対性理論と呼ばれる理論の結論である。

問 題

次の文章を読んで，□□□には適した式を，▭には適切な語句をそれ
ぞれの解答欄に記入せよ。なお，⌞‾‾‾⌟はすでに□□□で与えられたものと
同じ式を表す。また，問1〜問3については，指示にしたがって，解答をそれ
ぞれの解答欄に記入せよ。1に近い量は，微小量 ε, ε_1, ε_2, $\cdots$, ε_k に対して
成り立つ近似式

$$\frac{1}{1-\varepsilon} = 1+\varepsilon \quad および \quad (1+\varepsilon_1)(1+\varepsilon_2)\cdots(1+\varepsilon_k) = 1+\varepsilon_1+\varepsilon_2+\cdots+\varepsilon_k$$

を用いて，1+（微小量）の形に表せ。以下では「重力」という言葉は「万有
引力」と同じ意味である。また，地球の自転は無視する。

(1) 図1のように，宇宙空間で図の上方に向かって，一定の加速度 a で引っ
張られている箱を考える。箱に固定され
た点 A にある振動数 f_A の光源から，上
方に距離 h だけ離れた点 B にある検出
器に向けて光の信号を送る。ここでは，
上下方向の運動のみを考え，ベクトルで
ある量は上を正の向きとする。

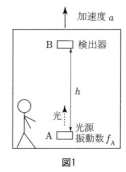

図1

光が光源を出たときの箱の速度を v_A,
検出器に到達したときの箱の速度を v_B
とすると，検出器が受け取る光の振動数
f_B と f_A の比は，ドップラー効果の公
式より，

$$\frac{f_B}{f_A} = 1 + \frac{\boxed{あ}}{c}$$

となる。（v_A, v_B を用いて表せ。）ここで，v_A, v_B の大きさは光速（光の
速さ）c に比べて十分小さいとし，$\dfrac{v_A}{c}$, $\dfrac{v_B}{c}$ を微小量として上記の近似式
を用いた。（ここでは，物体の速さは光速に比べて非常に小さいため，時間
の遅れや物差しの縮みといった，いわゆる特殊相対論的な効果は無視して
よい。）

光が光源を出てから検出器に到達するまでの時間を t とすると，$v_B - v_A$
は a と t を用いて $\boxed{い}$ と書ける。もし，箱の速度が常にゼロであれば，t
は c と h を用いて $\boxed{う}$ と書ける。箱が加速を受けている場合も，光が伝
わる間，箱の速度が常に光速に比べて十分小さいとき，すなわち，$\left|\dfrac{ah}{c}\right| \ll c$

がみたされている場合は, $t = \boxed{\text{う}}$ としてよい. 以上のことから, $\dfrac{f_B}{f_A} = 1 - \dfrac{ah}{c^2}$ となることがわかる. 光の振動数を考える代わりに, 光源から短い時間間隔 Δt_A をおいて出た 2 つのパルスが, 検出器に到達するときにはどれだけの時間間隔（Δt_B とする。）になっているかを考えることもできる. 振動数 f の光を, 単位時間に f 個のパルスが出るという状況に置き換えてみると明らかなように, $\dfrac{\Delta t_B}{\Delta t_A} = 1 + (\boxed{\text{え}})$ と書けることがわかる.（h, a, c を用いて表せ。）

(2)　ところで, 図 1 のような等加速度運動をしている箱の中にいる観測者から見ると, 物体には通常の力の他に観測者の加速度運動からくる $\boxed{\text{お}}$ 力が働き, 見かけの重力加速度 $\boxed{\text{か}}$ が生じる.（図の上向きを正として答えよ。）このようにして生じる見かけの重力と本物の重力が何ら変わりないというのが, アインシュタインの等価原理である.

　　たとえば, 地球の中心からの距離が r である点における地球による重力加速度は, 地球の外では, 向きは $\boxed{\text{き}}$ であり, 大きさは $\boxed{\text{く}}$ である.（r, 地球の質量 M および重力定数 G を用いて表せ。）これは, 場所によって向きも大きさも異なるが, 任意の点のまわりで十分小さい領域を考えると, その中では重力加速度は一定とみなしてよい. その領域内での物理現象は, 上のような等加速度運動をしている観測者が見るものと全く同じである.

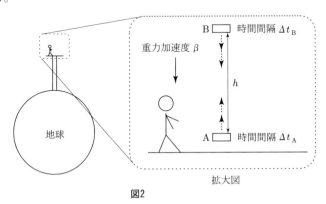

図2

　　そうすると, 図 2 の点線内のように, 重力加速度が下向きで大きさ β が一定とみなせる領域内で, 高さが h だけ異なる 2 つの地点 A と B の間で光をやり取りするとき, A における時間間隔 Δt_A と B における時間間隔 Δt_B

の間には $\dfrac{\Delta t_B}{\Delta t_A} = 1 + (\boxed{\text{け}})$ の関係があることがわかる。（β, h, c を用いて表せ。）

問1 ここまでは A から B へ光を送ることを考えたが，逆に B から A へ光を送る場合も $\dfrac{\Delta t_B}{\Delta t_A}$ は上の近似の範囲で同じ値となる。その理由を簡潔に述べよ。

この結果は，重力がある場合は，場所によって時間の進み具合が違っていることを示している。すなわち，A において時間が Δt_A 経過する間に，B では Δt_B だけ時間が経過するのである。これを，「A における時間 Δt_A と B における時間 Δt_B が対応している」ということにしよう。今の場合は，$\Delta t_B > \Delta t_A$ なので，時間の流れは B におけるほうが，A におけるより速い。

(3) 上の結果を，2 つの地点における重力ポテンシャルを使って表そう。質量 m の粒子が他の物体から重力を受けているとき，その位置エネルギーは m に比例するので $m\phi$ と表せる。ϕ を粒子が置かれている点における重力ポテンシャルとよぶ。

　図2の場合は，A, B における重力ポテンシャルをそれぞれ ϕ_A, ϕ_B とすると，β, h を用いて，$\phi_B - \phi_A = \boxed{\text{こ}}$ と書ける。結局，$\dfrac{\Delta t_B}{\Delta t_A}$ は ϕ_A, ϕ_B, c を用いて，$\dfrac{\Delta t_B}{\Delta t_A} = 1 + (\boxed{\text{さ}})$ と表される。実はこの式は，$\dfrac{|\phi_A - \phi_B|}{c^2}$ が 1 に比べて十分小さければ，重力加速度が空間的に一定でなくても成り立つ。

　それを見るための**具体例**として，図3のように地表上の点 A と，その L だけ上空の点 B を考える。地球の半径を R とし，線分 AB を N 等分する点を A_1, $\cdots$, A_{N-1} とする。（便宜上，$A_0 = A$, $A_N = B$ とする。）各点 A_i における重力ポテンシャルを ϕ_i とする。N が十分大きければ，各区間 $A_i A_{i+1}$ では重力加速度は一定としてよいから，A_i におけ

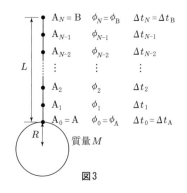

図3

る時間 Δt_i と A_{i+1} における時間 Δt_{i+1} が対応しているとすると，

$$\frac{\Delta t_{i+1}}{\Delta t_i} = 1 + \frac{\phi_{i+1} - \phi_i}{c^2}$$ をみたす。

問2 これらの N 個の式の辺々をかけ合わせ，$\dfrac{\Delta t_{\mathrm{B}}}{\Delta t_{\mathrm{A}}} = 1 + (\boxed{\text{さ}})$ が
成り立つことを示せ。

次に，$\boxed{\text{さ}}$ を地表における重力加速度の大きさ g と R, L, c で表すことを考える。地球の外側にあり地球の中心から距離 r だけ離れた点に，質量 m の粒子を置いたときの重力の位置エネルギーは，無限遠を基準に取ると，m, r, M, G を用いて $\boxed{\text{し}}$ で与えられる。よって，その点における重力ポテンシャルは，$-\dfrac{GM}{r}$ である。一方，地表における重力加速度の大きさ g は $\dfrac{GM}{R^2}$ と書けるから，ϕ_{A}, ϕ_{B} は g, R, L を用いて，$\phi_{\mathrm{A}} = \boxed{\text{す}}$，$\phi_{\mathrm{B}} = -g\dfrac{R^2}{R+L}$ と表せる。これらを $\boxed{\text{さ}}$ に代入すると，結局，$\dfrac{\Delta t_{\mathrm{B}}}{\Delta t_{\mathrm{A}}} = 1 + (\boxed{\text{せ}})$ であることがわかる。（g, R, L, c を用いて表せ。）

(4)　この結果は，人工衛星の中の時計と地表の時計の進み方の違いを与えるために重要であり，GPS（全地球測位システム）等で実際に使われている。図4のように，地球の重力により，高度 L の円軌道上を一定の速さ v で動いている人工衛星Cを考える。図3と同様に，A, B は地表の点およびその L だけ上空の点である。今の場合，CはBに対してかなりの速さで動いているため，時計の遅れといわれる特殊相対論的な効果も考慮する必要がある。

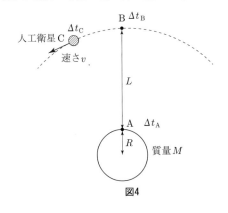

図4

特殊相対論によると，Bにおける時間 Δt_{B} とCにおける時間 Δt_{C} の間には，$\dfrac{\Delta t_{\mathrm{C}}}{\Delta t_{\mathrm{B}}} = 1 - \dfrac{v^2}{2c^2}$ という近似式が成り立つ。Bにおける重力加速度の大きさは $g\left(\dfrac{R}{R+L}\right)^2$ と書けるから，v^2 も g, R, L を用いて表せることに注意すると，これは，$\dfrac{\Delta t_{\mathrm{C}}}{\Delta t_{\mathrm{B}}} = 1 + (\boxed{\text{そ}})$ と書ける。（g, R, L, c

146

を用いて表せ。）

問3 人工衛星の中の時計と地表の時計の進み方の比は $\dfrac{\Delta t_{\mathrm{C}}}{\Delta t_{\mathrm{A}}}$ である。以上のことから，$\dfrac{\Delta t_{\mathrm{C}}}{\Delta t_{\mathrm{A}}}$ を g, R, L, c を用いて表せ。また，$g = 9.8\ \mathrm{m/s^2}$, $R = 6.0 \times 10^6\ \mathrm{m}$, $L = 3.0 \times 10^7\ \mathrm{m}$, $c = 3.0 \times 10^8\ \mathrm{m/s}$ としたときの $\dfrac{\Delta t_{\mathrm{B}}}{\Delta t_{\mathrm{A}}}$, $\dfrac{\Delta t_{\mathrm{C}}}{\Delta t_{\mathrm{B}}}$, $\dfrac{\Delta t_{\mathrm{C}}}{\Delta t_{\mathrm{A}}}$ を $1+$（微小な数値）の形で求めよ。

考え方

〔問題文の表記にあわせて近似も通常の等号（$\fallingdotseq$ ではなく $=$）で結ぶ。〕

(1) 音の場合と同様に考えて，

$$f_{\mathrm{B}} = f_{\mathrm{A}} \times \frac{c}{c - v_{\mathrm{A}}} \times \frac{c - v_{\mathrm{B}}}{c} \qquad \therefore\ \frac{f_{\mathrm{B}}}{f_{\mathrm{A}}} = \frac{1 - \dfrac{v_{\mathrm{B}}}{c}}{1 - \dfrac{v_{\mathrm{A}}}{c}}$$

となる。$\left|\dfrac{v_{\mathrm{A}}}{c}\right| \ll 1$, $\left|\dfrac{v_{\mathrm{B}}}{c}\right| \ll 1$ として与えられた近似式を用いれば，

$$\frac{f_{\mathrm{B}}}{f_{\mathrm{A}}} = \left(1 + \frac{v_{\mathrm{A}}}{c}\right)\left(1 - \frac{v_{\mathrm{B}}}{c}\right) = 1 + \frac{v_{\mathrm{A}}}{c} - \frac{v_{\mathrm{B}}}{c} = 1 + \frac{v_{\mathrm{A}} - v_{\mathrm{B}}}{c}$$

となる。

加速度 a は一定なので，

$$v_{\mathrm{B}} = v_{\mathrm{A}} + at \qquad \therefore\ v_{\mathrm{B}} - v_{\mathrm{A}} = at$$

である。t の値を箱が静止している場合の値 $t = \dfrac{h}{c}$ で近似すれば，

$$v_{\mathrm{B}} - v_{\mathrm{A}} = \frac{ah}{c} \qquad \text{すなわち，} \quad v_{\mathrm{A}} - v_{\mathrm{B}} = -\frac{ah}{c}$$

であるから，

$$\frac{f_{\mathrm{B}}}{f_{\mathrm{A}}} = 1 - \frac{ah}{c^2}$$

となる。

A が発したパルスの数と B が受け取ったパルスの数は等しいので，

$$f_{\mathrm{A}}\Delta t_{\mathrm{A}} = f_{\mathrm{B}}\Delta t_{\mathrm{B}} \qquad \therefore\ \frac{\Delta t_{\mathrm{B}}}{\Delta t_{\mathrm{A}}} = \frac{f_{\mathrm{A}}}{f_{\mathrm{B}}}$$

である。上の結論とあわせれば，近似を用いて

$$\frac{\Delta t_{\mathrm{B}}}{\Delta t_{\mathrm{A}}} = \frac{1}{1 - \dfrac{ah}{c^2}} = 1 + \frac{ah}{c^2}$$

と書けることがわかる。

(2)　図1の箱の中では，単位質量に対して下向きに大きさ a の慣性力が現れる。これは，重力加速度の大きさが a の見かけの重力と扱うことができる。

地球の中心から距離 r の，地球の外部の位置における重力加速度は，地球の中心の向きに現れ，大きさは万有引力の法則より $\beta = \dfrac{GM}{r^2}$ である。

等価原理によれば，この重力の効果により，加速度 β をもつ座標系と同じ効果が現れる。よって，(1) の結論において a を β に読み換えることにより，

$$\frac{\Delta t_{\mathrm{B}}}{\Delta t_{\mathrm{A}}} = 1 + \frac{\beta h}{c^2}$$

の関係が導かれる。

(3)　重力ポテンシャルとは単位質量についての重力による位置エネルギーなので，

$$\phi_{\mathrm{B}} - \phi_{\mathrm{A}} = \beta \times (\mathrm{B\,の高さ} - \mathrm{A\,の高さ}) = \beta h$$

となる。これを (2) の結論に代入すれば，

$$\frac{\Delta t_{\mathrm{B}}}{\Delta t_{\mathrm{A}}} = 1 + \frac{\phi_{\mathrm{B}} - \phi_{\mathrm{A}}}{c^2}$$

の関係式を得る。

無限遠を基準とする，地球の中心から距離 r に点における質量 m の粒子の万有引力の位置エネルギーは

$$-G\,\frac{mM}{r} = m \cdot \left(-\frac{GM}{r}\right)$$

なので，この点の重力ポテンシャルは $\phi = -\dfrac{GM}{r}$ である。$g = \dfrac{GM}{R^2}$ であるから，

$$\phi = -\frac{gR^2}{r}$$

となる。よって，$r = R$ の点 A の重力ポテンシャルは

$$\phi_{\mathrm{A}} = -\frac{gR^2}{R} = -gR$$

となり，$r = R + L$ の点 B の重力ポテンシャルは

$$\phi_{\mathrm{B}} = -\frac{gR^2}{R + L}$$

となる。よって，

$$\phi_{\mathrm{B}} - \phi_{\mathrm{A}} = -\frac{gR^2}{R+L} - (-gR) = \frac{gRL}{R+L} \qquad \therefore \quad \frac{\Delta t_{\mathrm{B}}}{\Delta t_{\mathrm{A}}} = 1 + \frac{gRL}{c^2(R+L)}$$

である。

(4)　人工衛星の質量を m として円運動の方程式を書けば，

148

$$m\frac{v^2}{R+L} = mg\left(\frac{R}{R+L}\right)^2 \qquad \therefore \quad v^2 = \frac{gR^2}{R+L}$$

なので,

$$\frac{\Delta t_C}{\Delta t_B} = 1 - \frac{v^2}{2c^2} = 1 - \frac{gR^2}{2c^2(R+L)}$$

となる。

[解答]

(1) あ $v_A - v_B$　 い at　 う $\dfrac{h}{c}$　 え $1 + \dfrac{ah}{c^2}$

(2) お 慣性　 か $-a$　 き 地球の中心に向かう向き　 く $\dfrac{GM}{r^2}$

け $\dfrac{\beta h}{c^2}$

問1　光が逆向きに進む場合は,cを$-c$に読み換えることで結論を得られるが,$\dfrac{\Delta t_B}{\Delta t_A}$は$c^2$の形で$c$に依存するので,その値は光が進む向きによらない。

(3) こ βh　 さ $\dfrac{\phi_B - \phi_A}{c^2}$

問2　$\dfrac{\Delta t_B}{\Delta t_A} = \dfrac{\Delta t_N}{\Delta t_0} = \dfrac{\Delta t_1}{\Delta t_0} \times \dfrac{\Delta t_2}{\Delta t_1} \times \cdots \times \dfrac{\Delta t_N}{\Delta t_{N-1}}$

$\qquad = \left(1 + \dfrac{\phi_1 - \phi_0}{c^2}\right) \times \left(1 + \dfrac{\phi_2 - \phi_1}{c^2}\right) \times \cdots \times \left(1 + \dfrac{\phi_N - \phi_{N-1}}{c^2}\right)$

$\qquad = 1 + \dfrac{\phi_1 - \phi_0}{c^2} + \dfrac{\phi_2 - \phi_1}{c^2} + \cdots + \dfrac{\phi_N - \phi_{N-1}}{c^2}$

$\qquad = 1 + \dfrac{\phi_N - \phi_0}{c^2}$

すなわち,$\dfrac{\Delta t_B}{\Delta t_A} = 1 + \dfrac{\phi_N - \phi_0}{c^2}$である。

し $-\dfrac{GmM}{r}$　 す $-gR$　 せ $\dfrac{gRL}{c^2(R+L)}$

(4) そ $-\dfrac{gR^2}{2c^2(R+L)}$

問3　$\dfrac{\Delta t_C}{\Delta t_A} = \dfrac{\Delta t_B}{\Delta t_A} \times \dfrac{\Delta t_C}{\Delta t_B} = \left\{1 + \dfrac{gRL}{c^2(R+L)}\right\} \times \left\{1 - \dfrac{gR^2}{2c^2(R+L)}\right\}$

$\qquad = 1 + \dfrac{gR(2L-R)}{2c^2(R+L)}$

$$\frac{\Delta t_{\mathrm{B}}}{\Delta t_{\mathrm{A}}} = 1 + 5.4 \times 10^{-10}, \qquad \frac{\Delta t_{\mathrm{C}}}{\Delta t_{\mathrm{B}}} = 1 + (-5.4 \times 10^{-11}),$$

$$\frac{\Delta t_{\mathrm{C}}}{\Delta t_{\mathrm{A}}} = 1 + 4.9 \times 10^{-10}$$

考　察

　導入がドップラー効果なので「波動現象」の1つとして扱ったが，内容的には総合問題である。特殊相対性理論，等価原理，重力ポテンシャルなど高校物理では扱わない用語が登場するが，問題文を正確に理解すれば，高校物理の知識のみですべての設問に解答できる。

　光のドップラー効果も高校物理では扱わない。厳密には，特殊相対性理論に基づいて議論する必要があり，

$$\frac{f_{\mathrm{B}}}{f_{\mathrm{A}}} = \sqrt{\frac{(c + v_{\mathrm{A}})(c - v_{\mathrm{B}})}{(c - v_{\mathrm{A}})(c + v_{\mathrm{B}})}}$$

となるが，$\left|\dfrac{v_{\mathrm{A}}}{c}\right| \ll 1$，$\left|\dfrac{v_{\mathrm{B}}}{c}\right| \ll 1$ として近似すれば，

$$\frac{f_{\mathrm{B}}}{f_{\mathrm{A}}} = 1 + \frac{v_{\mathrm{A}} - v_{\mathrm{B}}}{c}$$

となり，(1) において音のドップラー効果の公式に基づいて求めた結果と一致する。

　(2) で問われている重力加速度とは，単位質量にはたらく重力を意味する。正の向きの定義に注意して箱1の中の見かけの重力加速度を求めれば $-a$ となる。このように座標系の加速度の効果として現れた重力と，真の重力の区別がつかない（同じ物理的効果を与える）という原理が等価原理である。

　問1では，(1), (2) で行ったのと同様の計算を経ても結論が得られるが，「理由を簡潔に述べよ」という説明なので，**解答**に示したような文章による解答が好ましいだろう。

　(3) に登場する重力ポテンシャル ϕ とは，問題文で定義されているように単位質量の重力による位置エネルギーである。重力加速度が $-\beta$ で一定であれば，高さの変化に伴う重力ポテンシャルの変化は $\Delta\phi = \beta \times (\text{高さの差})$ となる。

　最終的には重力による時間の進み方のずれと，特殊相対性理論の効果による時間の進み方のずれの両方を考慮して，人工衛星の中の時間の進み方を地上における時間の進み方と比較する。最後の数値計算はやや煩雑であるが，　せ　，　そ　，問3の結論に基づいて，ていねいに計算を実行するしか方法はない。

第22講　薄膜による光の分岐

〔2019年度第3問〕

基本の確認　【下巻，第 V 部 光波，第 3 章】

　波の反射において位相が逆転する場合と，同位相のまま反射する場合とがある。

　物質の振動の波については，固定端反射あるいは自由端反射といった理想的な状況を考えることが多い。固定端では入射した振動を打ち消す振動が励起され，その振動が反射波の波源となる。固定端反射では反射により位相が逆転する。一方，自由端では入射した振動がそのまま反射波の波源となる。つまり，自由端反射は位相変化を生じない。

　光は電磁波であり，物質の振動の波ではない。したがって，固定端とか自由端という概念は存在しない。詳細な議論は複雑であるが，結論としては境界の前後の物質の屈折率の大小関係により，反射による位相変化が決まる。

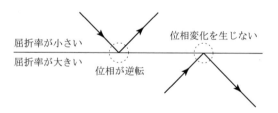

　上図の左のように，屈折率が小さい物質から大きい物質に向かって入射する境界の反射においては，位相が逆転する。一方，右のように，屈折率が大きい物質から小さい物質に向かって入射する境界の反射においては，位相変化が生じない。

　なお，境界を越えて波が伝わる場合には，物質の振動の波の場合も，光波の場合も，境界の透過による位相変化は生じない。

━━━━━┤　問　題　├━━━━━

　次の文章を読んで，□□□に適した式または数値を，それぞれの解答欄に
記入せよ。なお，▣□▣はすでに□□□で与えられたものと同じものを表す。
また，問 1～問 3 では，指示にしたがって，解答をそれぞれの解答欄に記入せ
よ。ただし，円周率を π とする。

　図 1 のような，大気中に置かれた厚さ D の透明で平面状の薄膜を考える。
薄膜の屈折率 n は，大気の屈折率（1 とする）より大きい。薄膜の表面 A, B
に垂直な方向に z 軸をとり，面 A と面 B の z 座標をそれぞれ z = 0, z = D
とする。

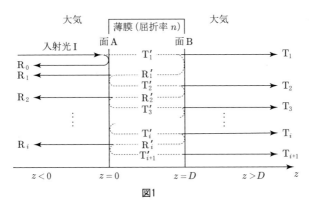

図1

　面 A に対して垂直に，直線偏光したレーザー光（入射光 I）を，z 軸の負の
方から正の向きに照射する。光は横波の電磁波であるが，ここでは簡単のた
めに，電場のみを考え，電場の方向は x 軸方向（紙面に垂直な方向）とする。
　入射光 I の電場の x 成分は，z < 0 において，

$$E_1 = E \sin 2\pi \left(ft - \frac{z}{\lambda} \right) \tag{ⅰ}$$

と与えられるとする。E は入射光 I の電場の振幅，t は時刻，f は光の振動数，
λ は大気中における光の波長である。ここでは，光の電場の振幅の 2 乗を光
の強度とよぶことにする。例えば，入射光 I の強度は E^2 である。ただし，以
下の設問において，大気中および薄膜内における光の強度の減衰は考えない。
　図 1 に示すように，大気中を進む入射光 I の一部は面 A において反射し，
残りは面 A を透過して，薄膜内に侵入する。このとき，反射した光の電場の
振幅の絶対値は入射光の振幅の絶対値の p 倍となり，透過する光の電場の振

幅の絶対値は入射光の振幅の絶対値の q 倍になる。p と q は，1 より小さい正の実数定数である。ただし，面を透過する際，光の位相は変化しない。図 1 のように，最初に面 A で反射する光を R_0 光，面 A を透過し，薄膜中を z 軸の正の向きに進む光を T_1' 光と書く。

T_1' 光の波長は　あ　である。また，時刻 t，位置 z での電場の x 成分は，R_0 光では $E_{R_0} =$　い　，T_1' 光では $E_{T_1'} =$　う　となる。

図 1 に示すように，薄膜は大気と面 A および面 B で接するので，光は反射，または透過を繰り返す。i を 1 以上の整数とすると，T_i' 光の一部は面 B を透過し，z 軸の正の向きに進む T_i 光となり，残りは面 B で反射し，z 軸の負の向きに進む R_i' 光となる。さらに，R_i' 光の一部は面 A を透過し，R_i 光となり，残りは面 A で反射し，T_{i+1}' 光となる。R_i' 光や T_i' 光のような薄膜中を進む光が面 A や面 B で反射するとき，電場の振幅の絶対値は p 倍に変化し，透過するとき，電場の振幅の絶対値は q' 倍に変化する。q' は 1 より小さい正の実数である。

面 A を透過し，面 B で反射し，再び面 A を透過し，z 軸の負の向きに進む R_1 光のふるまいを考えたい。R_1 光の電場の x 成分は，振幅の絶対値 E' と位相の変化 ϕ を用いて，

$$E_{R_1} = E' \sin\left\{2\pi\left(ft + \frac{z}{\lambda}\right) + \phi\right\} \tag{ii}$$

とおくことができる。$z = D$ で T_1' 光と R_1' 光の位相を考えることにより，E, p, q, q', λ, D, n を用いると，E' は　え　，ϕ は　お　と与えられる。

問 1　大気中を z 軸の負の向きに進む R_0 光と R_1 光の干渉を考える。干渉してできる光の電場は，R_0 光と R_1 光の電場の重ね合わせにより，振幅 A と位相の変化 β を用いて，

$$E_{R_0} + E_{R_1} = A \sin\left\{2\pi\left(ft + \frac{z}{\lambda}\right) + \beta\right\} \tag{iii}$$

と書くことができる。E_{R_0} は，　い　で求めた電場の式を表す。式 (iii) で与えられる光の強度 A^2 を，導出過程を示して E, p, q, q', ϕ を用いて表せ。ここで，必要なら，実数 a, b, θ に対し，$a\sin\theta + b\cos\theta = \sqrt{a^2 + b^2} \times \sin(\theta + \beta)$ が成り立つことを用いてよい。ただし，β は $\cos\beta = \dfrac{a}{\sqrt{a^2 + b^2}}$，$\sin\beta = \dfrac{b}{\sqrt{a^2 + b^2}}$ を満たす実数である。

以上より，R_0 光と R_1 光の干渉によってできる光の強度が最大になるのは，1 以上の整数 m を用いると，厚さ D が波長 λ の　か　倍になるときであり，

そのときの電場の振幅は　き　である。

　つぎに，面 B を z 軸の正の向きに透過する光について考える。T_1 光と T_2 光が干渉してできる光の強度が最大になるとき，1 以上の整数 m を用いると，薄膜の厚さ D は波長 λ の　く　倍である。また，このとき，干渉してできる光の振幅は　け　となる。一方，干渉光の強度が最小となるのは，同様に 1 以上の整数 m を用いると，D が λ の　こ　倍のときであり，その振幅は　さ　である。

問2　T_1 光と T_2 光だけでなく，面 B を z 軸の正の向きに透過する光の全てが干渉してできる光を考える。薄膜の厚さ D が大気中の波長 λ の　く　倍のときと，　こ　倍のときのそれぞれの条件のもとで，面 B を z 軸の正の向きに透過する全ての光が干渉してできる光の強度を求めよう。ここで，p, q, q' の間には，$p^2 + qq' = 1$ が成り立つものとする。これを用いて，干渉光の強度を q と q' を含まない形で導出過程を示して表せ。ここで，必要であれば，$|d| < 1$ を満たす実数 d に対し，$\displaystyle\sum_{k=0}^{\infty} d^k = \frac{1}{1-d}$ が成り立つことを用いてよい。

問3　異なる p の値をもつ薄膜 X, Y について，入射光の波長を変えながら，薄膜を透過してくる光の強度を測定したところ，図 2 のようになった。実線と点線は，薄膜 X, Y に対して得られたデータである。ここで，p は波長によって変わらないものとする。白色光から，特定の波長の光を選択して抽出するには，薄膜 X, Y のどちらを用い

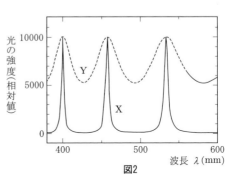

図2

るのがより適当か，また，それはどのような値の p をもつ薄膜か，その理由とともに述べよ。

考え方

屈折率 n の薄膜中では光の波長は $\lambda' = \dfrac{\lambda}{n}$ である。

入射光の薄膜の面 A の位置（$z = 0$）における振動は，（ i ）式において $z = 0$ とお

いた $E \sin 2\pi ft$ である。反射により振幅が p 倍になり，位相が逆転するので，反射光 R_0 の $z = 0$ における振動は $E_{R_0} = -pE \sin 2\pi ft$ となる。R_0 光は，この振動を波源として z 軸の負の向きに波長 λ で伝わっていくので，

$$E_{R_0} = -pE \sin 2\pi \left(ft + \frac{z}{\lambda} \right)$$

となる。一方，T' 光は，$z = 0$ に届いた入射光の振動が同位相のまま，振幅が q 倍になり，z 軸の正の向きに波長 λ' で伝わるので，

$$E_{T_1'} = qE \sin 2\pi \left(ft - \frac{z}{\lambda'} \right) = qE \sin 2\pi \left(ft - \frac{nz}{\lambda} \right)$$

となる。

$n > 1$ なので，T' 光が面 B で反射するときには位相変化を生じない。薄膜内の往復による位相の遅れは

$$2D \times \frac{2\pi}{\lambda'} = \frac{4\pi nD}{\lambda}$$

となる。R_1 光は，入射光が面 A での透過，面 B での反射，面 A での透過により振幅は $q \times p \times q'$ 倍になる。したがって，

$$E_{R_1} = pqq'E \sin \left\{ 2\pi \left(ft + \frac{z}{\lambda} \right) - \frac{4\pi nD}{\lambda} \right\}$$

となる。

問 1 の結論は

$$A^2 = \left(1 + q^2 q'^2 - 2qq' \cos\phi \right) p^2 E^2$$

であるから，R_0 光と R_1 光の合成波の強度が最大となる条件は

$$\cos\phi = -1 \qquad \text{すなわち，} \qquad \phi = \pi \times \text{奇数}$$

である。$\phi = -\dfrac{4\pi nD}{\lambda}$ であるから，1 以上の整数 m を用いて，

$$\frac{4\pi nD}{\lambda} = \pi \times (2m - 1) \qquad \therefore \quad D = \lambda \times \frac{2m - 1}{4n}$$

となる。このとき，

$$A^2 = \left(1 + q^2 q'^2 + 2qq' \right) p^2 E^2 \qquad \therefore \quad A = (1 + qq')pE$$

である。

$t' = t - \dfrac{nD}{f\lambda}$ とおくと，$z = D$ における T_1' 光の振動は $qE \sin 2\pi ft'$ となる。したがって，

$$E_{T_1} = q' \cdot qE \sin 2\pi \left(ft' - \frac{z - D}{\lambda} \right)$$

$$E_{T_2} = q' \cdot p^2 \cdot qE \sin \left\{ 2\pi \left(ft' - \frac{z - D}{\lambda} \right) + \phi \right\}$$

第 22 講　薄膜による光の分岐　　155

となる。問 1 と同様にして，T_1 光と T_2 光の合成波の振幅 B は，

$$B^2 = (qq'E + p^2qq'E\cos\phi)^2 + (p^2qq'E\sin\phi)^2 = (1 + p^4 + 2p^2\cos\phi)\,q^2{q'}^2E^2$$

で与えられることがわかる。B が最大となる条件は

$$\cos\phi = 1 \qquad \text{すなわち,} \qquad \frac{4\pi nD}{\lambda} = \pi \times 2m \qquad \therefore\ D = \lambda \times \frac{m}{2n}$$

である。また，このとき

$$B^2 = (1 + p^4 + 2p^2)\,q^2{q'}^2E^2 \qquad \therefore\ B = (1 + p^2)\,qq'E$$

となる。一方，B が最小となるのは，

$$\cos\phi = -1 \qquad \text{すなわち,} \qquad \frac{4\pi nD}{\lambda} = \pi \times (2m-1) \qquad \therefore\ D = \lambda \times \frac{2m-1}{4n}$$

のときであり，その振幅は

$$B^2 = (1 + p^4 - 2p^2)\,q^2{q'}^2E^2 \qquad \therefore\ B = (1 - p^2)\,qq'E$$

である。

[解答]

あ $\dfrac{\lambda}{n}$ 　　 い $-pE\sin 2\pi\left(ft + \dfrac{z}{\lambda}\right)$ 　　 う $qE\sin 2\pi\left(ft - \dfrac{nz}{\lambda}\right)$

え $pqq'E$ 　　 お $-\dfrac{4\pi nD}{\lambda}$

問 1 R_0 光と R_1 光の合成波は

$$E_{R_0} + E_{R_1}$$

$$= -pE\sin 2\pi\left(ft + \frac{z}{\lambda}\right) + pqq'E\sin\left\{2\pi\left(ft + \frac{z}{\lambda}\right) + \phi\right\}$$

$$= (-pE + pqq'E\cos\phi)\sin 2\pi\left(ft + \frac{z}{\lambda}\right) + pqq'E\sin\phi\cos 2\pi\left(ft + \frac{z}{\lambda}\right)$$

となるので，

$$A^2 = (-pE + pqq'E\cos\phi)^2 + (pqq'E\sin\phi)^2$$

$$= \left(1 + q^2{q'}^2 - 2qq'\cos\phi\right)p^2E^2$$

である。

か $\dfrac{2m-1}{4n}$ 　　 き $(1 + qq')pE$ 　　 く $\dfrac{m}{2n}$ 　　 け $(1 + p^2)qq'E$

こ $\dfrac{2m-1}{4n}$ 　　 さ $(1 - p^2)qq'E$

問2　$D = \lambda \times \dfrac{m}{2n}$ のとき，すべての透過光が強め合い，合成振幅は $(1 + p^2 + p^4 + \cdots) qq' E$ となる。$p^2 < 1$ なので，$p^2 + qq' = 1$ が成り立つとき，

$$1 + p^2 + p^4 + \cdots = \frac{1}{1 - p^2} = \frac{1}{qq'}$$

である。よって，合成波の振幅は $\dfrac{1}{qq'} \cdot qq' E = E$ となる。光の強度を振幅の2乗で表すので，このときの透過光の強度は E^2 となる。

一方，$D = \lambda \times \dfrac{2m - 1}{4n}$ のとき，透過光は交互に強め合い，弱め合いを繰り返すので，合成振幅は $(1 - p^2 + p^4 - \cdots) qq' E$ となる。

$$1 - p^2 + p^4 - \cdots = \frac{1}{1 - (-p^2)} = \frac{1}{1 + p^2}$$

である。よって，$p^2 + qq' = 1$ を用いて，合成波の振幅は

$$\frac{1}{1 + p^2} \cdot qq' E = \frac{1 - p^2}{1 + p^2} E$$

となる。このときの透過光の強度は $\left(\dfrac{1 - p^2}{1 + p^2} \right)^2 E^2$ となる。

問3　特定の波長での強度の極大のピークが鋭く，その他の波長での強度が非常に小さくなる薄膜 X を用いるのが適当である。また，薄膜 X では $\left(\dfrac{1 - p^2}{1 + p^2} \right)^2$ が0に近いので，p の値が1に近い薄膜である。

■■■■■■　考　察　■■■■■■

　電場はベクトルなので，本来，電場の波の重ね合わせはベクトルとして合成することになる。本問では直線偏光したレーザー光を用いた実験を想定しているので，電場の振動方向はすべて偏光の方向（x 軸方向）となっている。したがって，上での議論のように，ベクトルであることを意識する必要はない。

　問1のヒントにもあるように，正弦波どうしの合成波の振幅を求めるには，三角関数の合成公式を用いる。しかし，与えられている公式

$$a \sin \theta + b \cos \theta = \sqrt{a^2 + b^2} \sin(\theta + \beta)$$

の $\sqrt{a^2 + b^2}$ が，その振幅になるので，実際には合成を行う必要はなく，正弦振動と余

弦振動の係数を見れば求めることができる。

　問2に現れた $1 + p^2 + p^4 + \cdots$ や $1 - p^2 + p^4 - \cdots$ は無限等比級数になる。高校では数学 III で扱う内容であり，和を求める公式が与えられているが，この程度は常識として処理したい。

　問3では，問2の結論に基づいた議論が期待されている。特定の波長の光を選択して抽出するには，その波長のみが透過する薄膜が理想的である。したがって，そのような特性により近い薄膜である X を選ぶことになる。なお，抽出する光の波長は，膜の厚さを変えることにより調節できる。

第23講　回折格子

〔1997 年度第3問〕

基本の確認　【下巻，第 V 部 光波，第 3 章】

スリット間隔が d である N 重スリットによる光波の干渉を考える。スリット面に垂直に波長 λ の平面波を入射する。観測する位置を回折角 θ で指定する。この方向では，隣り合う 2 つのスリットからの光は位相差

$$\delta = d\sin\theta \times \frac{2\pi}{\lambda}$$

で重なり観測される。

いくつかの例について，回折強度を $\sin\theta$ の関数としてグラフで表すと下図のようになる。

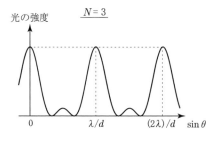

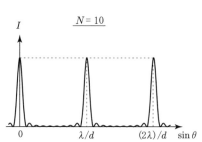

最大の強度で観測される条件は，すべてのスリットからの光が同位相で重なること，すなわち，隣り合うスリットからの光が同位相で重なることである。つまり，

$$\delta = \pi \times 偶数 \qquad \therefore \quad d\sin\theta = n\lambda \quad (n = 0, \pm1, \pm2, \cdots)$$

となる。N が非常に大きな $(10^3 \sim 10^4)$ 場合には，この条件を満たす方向にのみ回折光が届くものと扱うことができる。このような装置を回折格子と呼ぶ。回折格子ではスリット間隔を格子定数と呼ぶ。

問　題

次の文を読んで，$\boxed{}$ に適した式または数をそれぞれ記せ。

格子定数 d〔m〕で N 個のスリットを持つ
回折格子に，図 1 のように波長 λ〔m〕の平
行光線を垂直に入射させる。スリットを通っ
て角度 θ〔rad〕方向に回折する光を d に比べ
て十分遠方の点で観測するとき，隣り合うス
リットを通る光の道のりの差は $\boxed{\text{あ}}$ 〔m〕
となり，位相差は $\Delta = \boxed{\text{い}}$ 〔rad〕である。
そして，整数 m を用い，Δ が $\boxed{\text{う}}$ と表さ
れるとき，全ての回折光が強め合って明線と

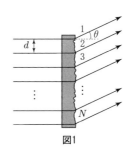

図1

なる。以下，この位相差を Δ_m〔rad〕とする。整数 m を明線の次数という。

光は一種の波動であり，正弦波で表すことができる。光の強度は振幅の 2
乗に等しいので，各スリットからの光の波の振幅を A_0 とすると，明線の位置
での光の強度 K_0 は，N，A_0 を使って $K_0 = \boxed{\text{え}}$ と表される。実際には，
明線と明線との間には弱い回折光が現れる。以下では，m 次と $(m+1)$ 次の
明線の間での回折光の振舞いを一般的に考察する。なお，必要に応じて，微
小な角 α に対して，$\sin\alpha \fallingdotseq \alpha$, $\cos\alpha \fallingdotseq 1$ と近似してもよい。

観測点でのスリット 1 からの光の波の変位は，図 2 (a) のように，大きさ
A_0 のベクトル $\overrightarrow{A_1}$ の y 軸への射影に対応し，その位相は x 軸と $\overrightarrow{A_1}$ とのな
す角に対応する。ここで，N 個の各スリットからの光の波を同じ大きさ A_0
を持つベクトル $\overrightarrow{A_1}, \overrightarrow{A_2}, \overrightarrow{A_3}, \cdots, \overrightarrow{A_N}$ で表そう。隣り合うスリットから
の光の位相差は全て Δ であるので，これらのベクトルは，Δ_m からのずれを
$\delta = \Delta - \Delta_m$ として，図 2 (a) のように表される。重ね合わされた光のベクト

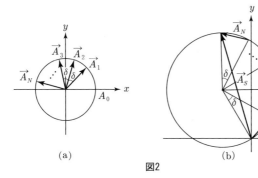

(a)　　　　　　　　　　　　(b)

図2

ル $\vec{A}_S = \vec{A}_1 + \vec{A}_2 + \cdots + \vec{A}_N$ は，図 2 (b) のように表せ，その強度は $|\vec{A}_S|^2$ で与えられる。

図 3 (a) は，位相差 Δ を横軸にとり，m 次と $(m \pm 1)$ 次の明線を含む光の強度を示したものである。

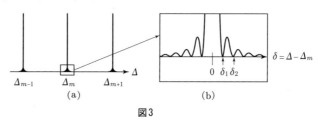

図 3

図 3 (b) は，図 3 (a) の横軸を δ にとり，m 次の明線の付近を拡大したものであるが，重ね合わされた光の強度 $|\vec{A}_S|^2$ が厳密に 0 となる点が存在する。これらの点は，図 2 (b) のベクトル $\vec{A}_S$ の大きさが 0 となる条件から決まる。$\delta = 0$ から数えて n 番目のこのような点は $\delta = \boxed{\text{お}}$ で与えられる。以下，これを δ_n と書く。

次に，任意の δ での回折光の強度 $|\vec{A}_S|^2$ を求める。図 2 (b) のように $\vec{A}_1$, $\vec{A}_2$, $\vec{A}_3$, $\cdots$, $\vec{A}_N$ の始点と終点がすべて同一の円周上にあることに着目すると，A_0, δ, N を用いて $|\vec{A}_S|^2 = \boxed{\text{か}}$ となる。図 3 (b) の δ_1 と δ_2 との間には極大値が現れるが，この値は $\delta = \dfrac{\delta_1 + \delta_2}{2}$ での $|\vec{A}_S|^2$ の値 K_1 に非常に近い。この強度 K_1 と明線の位置での強度 K_0 の比は N が非常に大きいときには一定の数となり，π を用いて $\dfrac{K_1}{K_0} = \boxed{\text{き}}$ と書ける。したがって，この極大値は図 3 に示されるように，明線の位置での光の強度に比べて小さいことが分かる。

m 次の明線の位相差 Δ_m に対応して m 次の明線が観測される角度を θ_m 〔rad〕，位相差 $\Delta_m + \delta_1$ に対応して回折光の強度が 0 になる角度 $\theta_m{}'$ 〔rad〕を $\theta_m + \beta_m$ とする。角度 $\theta_m{}'$ 方向での隣り合うスリットからの光の道のりの差は，λ, N, m を用いて $\boxed{\text{く}}$ と表される。N が非常に大きい時には，β_m は非常に小さくなり $\beta_m = \dfrac{b_m}{N}$ と書け，b_m は d, λ, θ_m を用いて $b_m = \boxed{\text{け}}$ と表される。

以上の考察から，非常に多数のスリットを持つ回折格子によって作られる明線は，非常に強く，鋭いピークを形成することが定量的に理解できる。

考え方

　基本の確認で見たように，隣り合うスリットからの道のりの差は $d\sin\theta$ であり，波長 λ の光の位相差に換算すれば

$$\Delta = d\sin\theta \times \frac{2\pi}{\lambda}$$

となる。明線が届く条件は，整数 m を用いて $\Delta = \pi \times 2m$ であり，これが Δ_m である。

　この条件を満たす方向ではすべてのスリットからの光が同位相で届くので，光の振幅は NA_0 となる。したがって，光の強度を振幅の2乗で表せば，

$$K_0 = (NA_0)^2$$

となる。

　$\overrightarrow{A_S} = \overrightarrow{0}$ となる条件は，大きさが等しく方向角が δ ずつ変化する N 個のベクトル $\overrightarrow{A_1}, \overrightarrow{A_2}, \cdots, \overrightarrow{A_N}$ の終点と始点を繋いだときに，$\overrightarrow{A_N}$ の終点と $\overrightarrow{A_1}$ の始点が一致することなので，

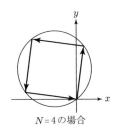

N＝4の場合

$$\delta \times N = 2\pi \times n \qquad \therefore \quad \delta_n = \frac{2n\pi}{N}$$

である。

　図 2(b) の円の半径 r は，

$$2r\sin\frac{\delta}{2} = A_0 \qquad \therefore \quad r = \frac{A_0}{2\sin\dfrac{\delta}{2}}$$

である。また，余弦定理より

$$\left|\overrightarrow{A_S}\right|^2 = r^2 + r^2 - 2r^2\cos N\delta$$

であるから，

$$\left|\overrightarrow{A_S}\right|^2 = \frac{A_0{}^2}{2\sin^2\dfrac{\delta}{2}}(1 - \cos N\delta) = \frac{\sin^2\dfrac{N\delta}{2}}{\sin^2\dfrac{\delta}{2}}A_0{}^2$$

となる。

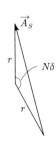

$\delta = \dfrac{\delta_1 + \delta_2}{2} = \dfrac{3\pi}{N}$ とすると，

$$K_1 = \left|\overrightarrow{A_S}\right|^2 = \frac{\sin^2\dfrac{3\pi}{2}}{\sin^2\dfrac{3\pi}{2N}}A_0{}^2 = \frac{A_0{}^2}{\sin^2\dfrac{3\pi}{2N}}$$

$$\therefore \quad \frac{K_1}{K_0} = \frac{N^2}{\sin^2\dfrac{3\pi}{2N}} = \left(\frac{2}{3\pi}\right)^2 \cdot \left(\frac{\sin\dfrac{3\pi}{2N}}{\dfrac{3\pi}{2N}}\right)^{-2}$$

となる。$N \to \infty$ のとき，$\dfrac{3\pi}{2N} \to 0$ であり $\dfrac{\sin\dfrac{3\pi}{2N}}{\dfrac{3\pi}{2N}} \to 1$ となるので，十分に大きい N に対しては

$$\frac{K_1}{K_0} = \frac{N^2}{\sin^2 \dfrac{3\pi}{2N}} = \left(\frac{2}{3\pi}\right)^2 = 0.045\cdots$$

と扱える。つまり，すべてのスリットからの光が強め合って観測される明線以外の強度の極大は無視できる。

θ_m, β_m は，それぞれ

$$d\sin\theta_m \times \frac{2\pi}{\lambda} = 2m\pi \quad \therefore \quad d\sin\theta_m = m\lambda$$

$$d\sin(\theta_m + \beta_m) \times \frac{2\pi}{\lambda} = 2m\pi + \frac{2\pi}{N} \quad \therefore \quad d\sin(\theta_m + \beta_m) = \left(m + \frac{1}{N}\right)\lambda$$

で与えられる。$d\sin(\theta_m + \beta_m)$ が角度 θ' 方向での隣り合うスリットからの光の道のりの差を表す。

N が非常に大きくなると $|\beta_m| \ll 1$ なので，

$$\sin(\theta_m + \beta_m) = \sin\theta_m\cos\beta_m + \cos\theta_m\sin\beta_m \fallingdotseq \sin\theta_m + \cos\theta_m \cdot \beta_m$$

と近似できる。したがって，上の 2 式より，

$$d\cos\theta_m \cdot \beta_m = \frac{\lambda}{N} \quad \therefore \quad \beta_m = \frac{\lambda}{Nd\cos\theta_m}$$

が導かれる。これは，N が非常に大きいときには N に反比例して β_m が非常に小さいことを示している。

明線が届く方向の角度の広がりは β_m 程度なので，明線の強度のピークが非常に鋭いことがわかる。

[解答]

あ $d\sin\theta$ 　　い $\dfrac{2\pi d\sin\theta}{\lambda}$ 　　う $2\pi m$ 　　え $N^2 A_0{}^2$ 　　お $\dfrac{2n\pi}{N}$

か $\dfrac{\sin^2\dfrac{N\delta}{2}}{\sin^2\dfrac{\delta}{2}} A_0{}^2$ 　　き $\dfrac{4}{9\pi^2}$ 　　く $\left(m + \dfrac{1}{N}\right)\lambda$ 　　け $\dfrac{\lambda}{d\cos\theta_m}$

■■■■　考　察　■■■■

回折格子では，通常，回折条件

$$d \sin\theta = m\lambda \quad (m = 0, \pm1, \pm2, \cdots)$$

を満たす方向にのみ光が届くものと扱う。このことの妥当性を定量的に検証してみよ
うという問題である。

　複数の正弦振動を比較するときに，各振動を図 2 のようなベクトル図で表示するこ
とは，交流回路などでも行うことがある。スリット 1 から届く光波の振動を

$$\Psi_1 = A_0 \sin\omega t$$

であるとすると，図 2(a) において，x 軸の正の向きを基準とした $\vec{A}_1$ の方向角を ωt
としたベクトルの y 成分（y 軸への正射影）が Ψ_1 を表す。このとき，各スリットから
届く光の振動の位相差は，ベクトルの方向角の差として表現できる。

　合成振動の振幅は，これらのベクトルの和により与えられるベクトル $\vec{A}_S$ の大きさ
と対応する。図 2(a) 上で，時間の経過につれて各ベクトルの方向角は変化するが，ベ
クトルどうしのなす角は一定なので，合成ベクトルの大きさも一定である。図 2(b) は，
このベクトルの合成の様子を図示したものである。

第24講　2つの星の角距離

基本の確認　【下巻，第 V 部 光波，第 3 章】

　点光源からの光をレンズにより結像する場合，像の位置にはレンズに入射したすべての光線が同位相で届いている。そのため，それらの光線による光が強め合い明るい輝点となる。この場合の同位相とは，厳密に位相差が 0 となることを意味し（通常は 2π の位相差は 0 とみなして，同位相と表現している），つまり，点光源からレンズを経由して像の位置までの経路の光路がすべての光線について等しくなっている。

　光路（長）とは，屈折率を勘案して経路の長さを真空中での値に換算した長さである。真空中での波長が λ の光が，屈折率 n の物質中を通過するときには波長が $\lambda' = \dfrac{\lambda}{n}$ となる。したがって，長さ l を位相に換算すると，

$$\delta = l \times \frac{2\pi}{\lambda'} = nl \times \frac{2\pi}{\lambda}$$

となる。ここに現れた $L = nl$ が，屈折率 n の物質中の長さ l の光路としての長さ，すなわち，光路長である。

$$\delta = L \times \frac{2\pi}{\lambda}$$

であるから，光路として長さを評価しておけば，真空中の波長を用いて位相に換算することができる。

　2つの光の干渉を考える場合に，それらの光源から観測点までの光路差を ΔL とすれば，干渉条件は，n を整数として

$$\text{強め合う：} \Delta L = \lambda \times n \qquad \text{弱め合う：} \Delta L = \lambda \times \left(n - \frac{1}{2} \right)$$

と表すことができる。

───────── 問 題 ─────────

次の文を読んで，□□□に適した式または数値を記せ。なお，□□□はすでに□□□で与えられたものと同じものを表す。必要であれば，θ が十分小さい場合の近似式 $\tan\theta \fallingdotseq \theta$，$\cos\theta \fallingdotseq 1$，$\sin\theta \fallingdotseq \theta$ を用いてよい。ただし，角度の単位はすべてラジアンとする。

(1)　図 1 のように微小な頂角 α を持った屈折率 n の薄いプリズムに平行光線が入射する場合を考える。光線の入射方向は頂点からプリズムの底におろした垂線に対して垂直であるとする。真空中の光の速さを c とすると，プリズムを通過するときの光の速さは □い□ である。

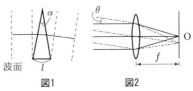

図1　　　　　図2

したがって，ある波面がプリズムの底で距離 l だけ進むとき，頂点においてはプリズムの厚みがゼロであるから，同じ波面は距離 □ろ□ だけよけいに進むことになる。微小角 α を使うと頂点からプリズムの底までの距離は $\dfrac{l}{\alpha}$ と表される。よって，偏角（プリズムに入射する光線と出射する光線の間の角）は □は□ となることがわかる。このようにプリズムへの光線の入射角が十分小さい場合には，偏角は入射角によらず一定で □は□ となる。

　焦点距離 f の薄い凸レンズは台形状の薄いプリズムを組み合わせたものとみなすことができる。ゆえに，入射角が微小であればレンズ上のある点での偏角は入射角によらない。したがって，図 2 のように微小角 θ だけ傾いて入射した平行光線は，焦点面上で焦点 O から $f\theta$ 離れた位置に像を結ぶ。

(2)　光の干渉を利用して，近接した 2 つの星 S_1 と S_2 からの光線のなす微小角 δ を測定する方法を考える。測定装置は図 3a のように配置してある。図 3b は装置の部分を拡大したものである。M_1，M_1'，M_2，M_2' は平面鏡であり，平面鏡は焦点距離 f の薄い凸レンズの光軸に対して対称に配置してある。凸レンズの焦点を原点 O とし，上向きに y 軸をとる。凸レンズの前には 2 つの

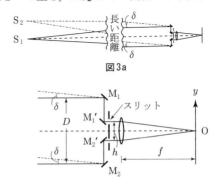

図3a

図3b

スリットがあり，星からの光は M_1 と $M_1{}'$ で反射されて一方のスリットへ入り，また M_2 と $M_2{}'$ で反射されて他方のスリットへ入る。2つのスリットから入射した光の干渉を凸レンズの焦点面で観測する。2つのスリットの間隔を h，M_1 と M_2 の距離を D とする。星からの光は波長 λ の単色光とみなせるものとし，また，波長 λ は h に比べて十分小さく，星は D に比べて十分遠くにあるものとする。

(a) 2つの星からの光は互いに干渉することはなく，それぞれの星を独立に考えてよい。まず，光軸上の星 S_1 だけを考える。星は十分遠くにあるので装置に入射する光線は平行光線と考えてよい。凸レンズによる屈折の過程では光路差は生じないことを考慮すると，スリットで回折してレンズへ入射する光が光軸となす微小角 θ を用いて光路差は $\boxed{に}$ と表すことができる。これが波長 λ の整数倍になるとき光は強めあい，レンズの焦点面上に干渉縞をつくる。このとき，明線の間隔は $\boxed{は}$ である。

(b) 次に，星 S_2 だけを考える。この場合も焦点面上に生じる干渉縞の明線の間隔は $\boxed{は}$ となる。ただし，スリットに達するまでに $\boxed{へ}$ だけの光路差があるため，明線の位置は (a) の場合に比べて y 軸の負の方向に $\boxed{と}$ だけ移動している。

(c) 実際には星 S_1 と S_2 が同時に存在し，それぞれの星が凸レンズの焦点面上に独立に干渉縞を生じさせている。2つの星の明るさは同じで，波長 λ は 6.0×10^{-7} m とする。最初，2つの星のつくる干渉縞のずれは，各々の干渉縞の間隔の半分より小さくなるように M_1 と M_2 の距離 D が調節してある。D をゆっくりと増加させていくと，干渉縞は段々ぼやけはじめ，やがて $D = 2.0$ m で一様な明るさになった。このことから，微小角 δ は $\boxed{ち}$ であることがわかる。さらに D を増加させていくとき，干渉縞が次に最もするどく現れるときの D は $\boxed{り}$ m である。このように星からの光の干渉縞の鮮明度を D の関数として求めることで，微小角 δ を測定することができる。

考え方

(1) 屈折率 n のプリズム内での光の速さは $v = \dfrac{c}{n}$ である。したがって，光がプリズム内を距離 l だけ通過する間に真空中を通過する距離は

$$l_0 = c \times \frac{l}{v} = nl$$

となる（要するにプリズム内の距離 l の光路長に等しい）。これらの距離の差は

$$l_0 - l = (n-1)l$$

なので，偏角 ϕ は

$$\phi \fallingdotseq \tan\phi = \frac{(n-1)l}{\dfrac{l}{\alpha}}$$

$$= (n-1)\alpha$$

となる。

(2) (a) 2 つのスリットから角度 θ でレンズに入射する光線の光路差は

$$h\sin\theta \fallingdotseq h\theta$$

となる。強め合う条件は，m を整数として

$$h\theta = m\lambda \qquad \therefore \quad \theta = \frac{\lambda}{h}\cdot m$$

この条件を満たす光線がスクリーン上に達する位置は

$$y = f\tan\theta \fallingdotseq f\theta = \frac{f\lambda}{h}\cdot m$$

である。明線の間隔は，連続する m に対する y の差なので，

$$\Delta y = \frac{f\lambda}{h}$$

となる。

(b) S_2 からの光線が M_1, M_2 に達するまでの光路差は

$$D\sin\delta \fallingdotseq D\delta$$

であり，これがスリットに達するまでの光路差に等しい。したがって，0 次の明線が現れる位置は y 軸の負の方向に

$$h\theta = D\delta \qquad \therefore \quad \theta = \frac{D\delta}{h}$$

の角度だけ移動する。スクリーン上の位置としては

$$y = -f\tan\theta \fallingdotseq -f\theta = -\frac{fD\delta}{h}$$

となる。スクリーン上に現れる明線が全体的

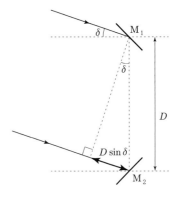

168

にこの距離だけ移動する。

(c) S_1 からの光による明暗と S_2 からの光による明暗が逆転するときに，スクリーン上では一様な明るさが観測される。$D = 2.0$ m のときに S_2 からの光によるスクリーン上での明線の位置が明線間隔の半分だけ移動したので，

$$\frac{fD\delta}{h} = \frac{f\lambda}{h} \times \frac{1}{2} \qquad \therefore \quad \delta = \frac{\lambda}{2D} = 1.5 \times 10^{-7}$$

である。さらに D を増加させることにより，S_2 からの光によるスクリーン上での明線の位置の移動が，明線間隔に等しい距離になると S_1 からの光による明暗と S_2 からの光による明暗が一致して干渉縞が最も鋭くなる。このときの D の値は，スクリーン上の明るさが一様になったときの 2 倍 なので，$D = 2.0 \times 2 = 4.0$ m である。

[解答]

(1) い $\frac{c}{n}$　　ろ $(n-1)l$　　は $(n-1)\alpha$

(2) (a) に $h\theta$　　ほ $\frac{f\lambda}{h}$　　(b) へ $D\delta$　　と $\frac{fD\delta}{h}$

(c) ち 1.5×10^{-7}　　り 4.0

■■■■　考　察　■■■■

(1) で求めた偏角は，プリズムに入射する光線に注目して，屈折の法則から求めることもできる。プリズムへの入射する面での入射角は $\frac{\alpha}{2}$ である。ここでの屈折による偏角を ϕ_1 とすれば屈折角は $\frac{\alpha}{2} - \phi_1$ となる。よって，屈折の法則より，

$$\sin \frac{\alpha}{2} = n \sin \left(\frac{\alpha}{2} - \phi_1 \right)$$

となる。プリズムから射出する面への入射角は $\frac{\alpha}{2} + \phi_1$ となる。ここでの屈折角は最終的な偏角 ϕ を用いて $\frac{\alpha}{2} + \phi$ となる。よって，屈折の法則より，

$$n \sin \left(\frac{\alpha}{2} + \phi_1 \right) = \sin \left(\frac{\alpha}{2} + \phi \right)$$

となる。角度はいずれも十分に小さいとして近似すれば，上の 2 式はそれぞれ

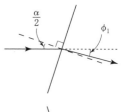
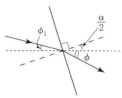

$$\frac{\alpha}{2} = n\left(\frac{\alpha}{2} - \phi_1\right), \qquad n\left(\frac{\alpha}{2} + \phi_1\right) = \frac{\alpha}{2} + \phi$$

となる。この 2 式から ϕ_1 を消去すれば,

$$\alpha + \phi = n\alpha \qquad \therefore \quad \phi = (n-1)\alpha$$

を得る。

(2) では,近くに見える 2 つの星の方向のなす角度を求めた。この値を角距離と呼ぶ。

光の場合は,振動数(波長)が共通であっても,異なる光源からの光は干渉せず,明るさが重ねられる。したがって,S_1 からの光と S_2 からの光は干渉しないで,スクリーン上では,S_1 からの光による明暗と,S_2 からの光による明暗が加算された明暗の分布が観測される。(b) の □と□ の値 $\dfrac{fD\delta}{h}$ は D に比例するので,D の値を変化させて,□と□ の値を 2 倍にするには D を 2 倍にする。

第 IV 部
電磁気現象

第25講　自由電子の集団運動

〔1993 年度後期第 2 問〕

基本の確認　【下巻, 第 IV 部 電磁気学, 第 2 章】

　点電荷 Q が固定された空間において, この点電荷から距離 r の点における電場（電界）の強さは, クーロンの法則より,

$$E = \frac{kQ}{r^2}$$

である。ここで, k はクーロンの法則の比例定数である。複数の点電荷のある空間では, 各点電荷による電場を求めれば, それらのベクトル和が, その空間の電場を与える。

　電荷の分布が連続的な場合も点電荷とみなせる程度の微小部分に分けて考えることもできるが, ガウスの法則が有効である。閉曲面 S を考えて, S が囲む領域内の総電気量を Q とする。S の微小部分の面積を大きさとし, その部分と垂直で外向きのベクトルを $\Delta \vec{S}$ とすれば,

$$\sum_{\text{S 全体}} \left(\vec{E} \cdot \Delta \vec{S} \right) = \frac{Q}{\varepsilon_0}$$

が成り立つ。これがガウスの法則である。

　S 全体で電場が S と垂直であり, 電場の強さが一様であれば, S の全面積を S として,

$$ES = \frac{Q}{\varepsilon_0} \qquad \therefore \quad E = \frac{Q}{\varepsilon_0 S}$$

となる。ここで, ε_0 は真空の誘電率である。1 つの点電荷 Q が固定された空間では, その点を中心とする球面を S としてガウスの法則を適用すれば, $S = 4\pi r^2$ であるから,

$$E = \frac{Q}{4\pi \varepsilon_0 r^2}$$

となる。クーロンの法則による結論と比較すると, クーロンの法則の比例定数 k と真空の誘電率 ε_0 の間に

$$k = \frac{1}{4\pi \varepsilon_0}$$

の関係があることが確認できる（この関係を要請することにより, 2 つの法則の結論が一致する）。

───── 問 題 ─────

次の文を読んで，　□□□　には適した式または数値を，また {　} 内の正しいものの番号を記せ。

r 〔m〕離れた 2 つの電荷 Q_1〔C〕，Q_2〔C〕の間に働く力 F〔N〕は比例定数を k〔N・m^2/C^2〕として，$F = \dfrac{kQ_1Q_2}{r^2}$ と表される。この k の値はすべての設問に共通であるとして，以下の問題を考えよう。

(1)　半径 R〔m〕の金属球に正電荷 Q〔C〕を与えると，電荷は {イ　①　球面に一様に　②　球内に一様に　③　球の中心に } 分布する。このとき，球の中心より距離 r〔m〕の位置の電界の強さ E〔N/C〕は $r > R$ では　□ ロ □　〔N/C〕，$r < R$ では　□ ハ □　〔N/C〕となる。

(2)　図のように，y 軸に垂直な断面が面積 S〔m^2〕の長方形で，y 方向に長く延びた導体がある。その導体内部に，電荷 $-e$〔C〕の自由電子が密度 n〔1/m^3〕で分布し，その電荷を打ち消す正電荷は導体内に一様に分布して動かないとする。

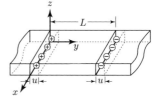

自由電子が一様に分布し，正電荷と打ち消し合った状態から，自由電子の分布がずれて生じる電子の集団の運動を考えよう。いま，断面積 S〔m^2〕，y 方向の長さ L〔m〕の体積内の電子が一様に u〔m〕だけ y 軸正方向に少しずれたとする。このとき L〔m〕の両端の厚さ u〔m〕の層に　□ ニ □　〔C〕の大きさの正と負の電荷が生じ，この正負の電荷をもつ 2 層の間に一様な y 方向の電界が作られたとする。この電界の強さは　□ ホ □　〔N/C〕である。したがって，体積 LS〔m^3〕の直方体中にある自由電子の集団の運動方程式は，自由電子の質量を m〔kg〕，y 方向の加速度を a〔m/s^2〕として $mnLSa$ ＝　□ ヘ □　となるから，自由電子の集団は振動数　□ ト □　〔Hz〕で単振動をする。このような自由電子の集団的な振動では，その振動数は波長（y 方向の長さ L〔m〕）に { チ　①　比例する。②　よらない。③　反比例する。}

(3)　(2)で考えた自由電子の集団的な振動がない状態で，導体に外部から電界 E〔N/C〕を y 軸正方向にかけると，電流が生じる。抵抗率を ρ〔Ω・m〕とすると，面積 S〔m^2〕の xz 面を通過する電流は　□ リ □　〔A〕となる。さらに z 軸正方向に磁束密度 B〔N/(A・m)〕の磁界をかけると，電流を x 方向に曲げる力が働き x 軸に垂直な両端面に正負の電荷がたまり，x 方向に

電界を生じる。こうして，x 方向に生じた電界が電子におよぼす力と磁界による力とが打ち消しあい，電流は y 方向にのみ流れるようになる。このときの x 方向の電界は B を用いて　ヌ　〔N/C〕と表される。また，導体が受ける x 方向の力は y 軸方向の単位長さあたり　ル　〔N/m〕である。このとき，x 軸に垂直な両端の 2 つの yz 面にたまる正と負の電荷の大きさは，ともに単位面積あたり　ヲ　〔C/m^2〕となっている。

考え方

(1)　静電状態において導体（金属）内部は電場（電界）が $E = 0$ になるので，内部は帯電しない。帯電していると，その周りに電場が生じる。したがって，帯電した金属球では表面（球面）にのみ帯電する。外部に他の電荷がなければ空間の対称性より，球面に分布する電荷の面密度は一様となる。球の外部の電場は，球の中心に全電気量が点電荷として存在する場合と同一である。つまり，$r > R$ では $E = \dfrac{kQ}{r^2}$ となる。

(2)　厚さ u の部分の自由電子数は $N = nSu$ である。電気量の大きさとしては

$$Q = eN = enSu$$

となる。$+Q$ と $-Q$ による電場は，平行板コンデンサーの場合と同様に考えて，y 方向に

$$E = \frac{4\pi kQ}{S} = 4\pi kenu$$

である。長さ L の自由電子の集団の質量は $M = mnSL$，電荷は $q = (-e) \cdot nSL$ である。この電荷が上の電場から $f_y = qE$ なる力を受けると考えると，電子の集団の y 方向の運動方程式は

$$M\ddot{u} = qE$$

すなわち，

$$mnSL\ddot{u} = -4\pi ke^2 n^2 SLu \qquad \therefore \quad \ddot{u} = -\frac{4\pi ke^2 n}{m} u$$

となる。これは単振動の方程式であり，その振動数は

$$\frac{1}{2\pi}\sqrt{\frac{4\pi ke^2 n}{m}} = \sqrt{\frac{ke^2 n}{\pi m}}$$

である。これは y 方向の長さ L によらない。

(3)　抵抗率 ρ の定義より y 軸方向の単位長さの部分の電気抵抗は $\dfrac{\rho}{S}$ である。単位長さあたりの電位差が E なので，電流を I とすればオームの法則より，

$$\frac{\rho}{S} \cdot I = E \qquad \therefore \quad I = \frac{ES}{\rho}$$

である。このとき，自由電子の（平均の）速さを v とすれば，

$$I = enSv \qquad \therefore \quad v = \frac{I}{enS} = \frac{E}{en\rho}$$

となる。

　磁場（磁界）をかけた後の定常状態において，自由電子が磁場から受けるローレンツ力と，x 方向の電場から受ける力がつり合うので，x 方向の電場の強さを E_x とすれば，

$$evB = eE_x \qquad \therefore \quad E_x = vB = \frac{EB}{en\rho}$$

である。また，導体の y 方向の単位長さが受ける力の大きさは

$$IB \cdot 1 = \frac{EBS}{\rho}$$

となる（電流が磁場から受ける力として求めたが，定常状態に達した後の自由電子が受けるローレンツ力の合力として求めても同じ結果を得る）。

　x 軸に垂直な面に帯電した電荷の面密度の大きさを σ とすれば，

$$4\pi k\sigma = E_x \qquad \therefore \quad \sigma = \frac{EB}{4\pi ken\rho}$$

である。

[解答]

(1)　イ ①　　ロ $\dfrac{kQ}{r^2}$　　ハ 0

(2)　ニ $enSu$　　ホ $4\pi kenu$　　ヘ $-4\pi ke^2n^2SLu$　　ト $\sqrt{\dfrac{ke^2n}{\pi m}}$
　　　チ ②

(3)　リ $\dfrac{ES}{\rho}$　　ヌ $\dfrac{EB}{en\rho}$　　ル $\dfrac{EBS}{\rho}$　　ヲ $\dfrac{EB}{4\pi ken\rho}$

■■■　**考　察**　■■■

　ガウスの法則は**基本の確認**で確認した数式

$$\sum_{\text{S 全体}} \left(\vec{E} \cdot \Delta \vec{S} \right) = \frac{Q}{\varepsilon_0}$$

に基づいて適用してもよいが，電気力線のイメージを用いることも有効である。単位面積あたりの電気力線の本数が，電場の強さを表すものと定義すれば，ガウスの法則は電気量 Q から電気力線の総数が

$$N = \frac{Q}{\varepsilon_0} = 4\pi k Q \quad \cdots\cdots \ ①$$

であることを意味する。

　例えば，(1) では，球面に一様に帯電した電荷から出る電気力線の走り方を考えると明確な議論ができる。球内部の電場はゼロなので，電気力線はすべて球の外向きに走る。電荷分布と空間の対称性より，球の外部の電気力線の分布は球の中心に点電荷 Q が存在する場合と一致する。したがって，電場も球の中心に点電荷 Q が存在する場合と一致する。

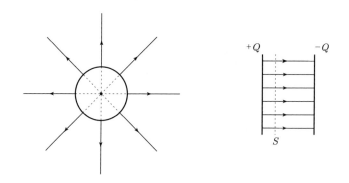

　平行板コンデンサーでは，向かい合った $+Q$ と $-Q$ の電荷の間を本数 N すべての電気力線が走る。その結果極板間に一様な平行電場が現れる（ものと扱う）。電気力線の本数を ① のように定めたとき，電場（電気力線）と垂直な単位面積を通過する電気力線の本数が電場の強さ E を表すので，極板面積を S とすれば，

$$E = \frac{N}{S} = \frac{4\pi k Q}{S}$$

となる。この結果は電荷が分布する部分に十分小さな厚みがあっても有効であり，(2) では，そのこと利用した。(3) における，x 方向の電場についても同様の議論ができる。$\frac{Q}{S}$ は，面に電荷が分布する場合の電荷の面密度を表す。つまり，一様な面密度 $+\sigma$，$-\sigma$ に帯電した面が向き合う場合の，その間の空間の電場の強さは $E = 4\pi k\sigma$ で与えられる。

　$+\sigma$ の電荷の分布のみがある場合には，電荷の両側に電場が現れるので，電場の強さは

$$\frac{1}{2}E = 2\pi k\sigma$$

となる。

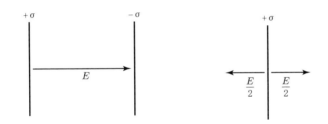

(2) において，電子の集団が受ける力を，問題の誘導に従って $f_y = qE$ として求めた。これは結論としては正しいが，論理には疑問がある。y 方向の電場 E の形成には，電子の集団の一部も寄与している。電子の集団が受ける力を求めるならば，電子の集団以外の電荷により，電子の集団の電荷が受ける力を求めるべきである。

電子の集団が u だけ移動した状態の電荷分布の様子を模式的に表すと下図のようになる。電子の電荷を図に示した ① , ② , ③ の 3 つの部分に分けて考える。

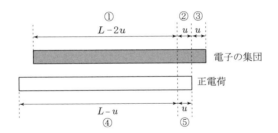

電子に力を及ぼす相手は，電子の集団を外したときに現れる長さ L の分の正の電荷である。① の部分の受ける力は，対称性よりゼロと評価できる。② の部分は正電荷のうち，長さ $L-u$ の部分 ④ がつくる電場からのみ力を受ける（長さ u の部分 ⑤ がつくる電場から受ける力はゼロ）と考えられる。③ の部分は，正電荷の全体がつくる電場から力を受ける。したがって，電子の集団が受ける合力は y 方向に

$$f_y = (-e) \cdot nSu \times 2\pi ken(L-u) + (-e) \cdot nSu \times 2\pi kenL$$
$$= -2\pi ke^2 n^2 S(2L-u)u$$

である。$|u| \ll L$ として $2L - u \fallingdotseq 2L$ と近似すれば，

$$f_y = 4\pi ke^2 n^2 SLu$$

となり，$f_y = qE$ として評価した値と一致する。

第26講　面積が可変な平行板コンデンサー

基本の確認　【下巻，第 IV 部 電磁気学，第3章・第4章】

　コンデンサーを扱うとき，極板間に電場は閉じ込められたものと近似する。特に，平行板コンデンサーでは，極板間には極板と垂直で一様な電場が現れているものとして扱う。したがって，極板面積を S，極板間の誘電率を ε とすれば，極板が大きさ Q の電荷に帯電しているときの極板間の電場の強さは

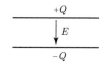

$$E = \frac{Q/S}{\varepsilon} = \frac{Q}{\varepsilon S}$$

となる。極板間隔が d であれば，極板間の電位差は

$$V = Ed = \frac{Qd}{\varepsilon S}$$

である。よって，このコンデンサーの電気容量は

$$C = \frac{Q}{V} = \frac{\varepsilon S}{d}$$

となる。

　帯電した状態のコンデンサーはエネルギーを蓄えている。このエネルギーを静電エネルギーと呼ぶ。電気容量 C のコンデンサーの極板間電圧が V となり，電荷 Q に帯電した状態における静電エネルギー U は，

$$U = \frac{1}{2}QV = \frac{1}{2}CV^2 = \frac{Q^2}{2C}$$

と表される。$Q = CV$ の関係が成立するので，3つの表式は同じ値を表す。

───────── 問 題 ─────────

　次の文を読んで，[　　]には適した式を，{　　}からは正しいものを選び
その番号を，また[　　]には 25 字～50 字の適切なことばを，それぞれ記せ。
なお，必要な場合には，微小量 x および任意の実数 k に対して成り立つ近似
式，$(1+x)^k \fallingdotseq 1+kx$（ただし，$|x| \ll 1$）を用いよ。

　同じ長方形の 2 枚の導体極板 A, B が間隔 d で向かい合わせに配置された
平行板コンデンサーを考える。コンデンサーは空気中にあり，空気の誘電率
を ε とし，極板の端における電界の乱れは常に無視できるものとする。

(1)　図 1 のように，極板 A, B の辺の長さを a, l とし，極板間に起電力 V の
　　電池とスイッチ K を直列につなぐ。スイッチを閉じて十分に時間がたって
　　からスイッチを開いたとき，コンデンサーに蓄えられたエネルギーを，充
　　電された電気量 Q を用いて表すと[　イ　]である。

　　　充電されたコンデンサーの極板はクーロン力により互いに引力を及ぼし
　　あっている。この力に抗して一方の極板に外力を加え，極板間の間隔を $d+$
　　Δd まで微小変化させたとすると，この変化によるコンデンサーのエネル
　　ギーの変化量は[　ロ　]である。このエネルギーの変化量が外力のした仕事
　　に等しいことから，極板間の引力は[　ハ　]に等しいことが分かる。この力
　　の大きさをコンデンサー内の電界の強さ E を用いて表し，極板の単位面積
　　あたりの力を求めると[　ニ　]となる。

(2)　次に，向かい合った極板の面積を同時に変えることができる平行板コン
　　デンサーを考えよう。図 2 のように，両極板はいずれも同じ幅 a の 2 枚の
　　薄い導体板を部分的に重ねて作られている。極板の左右の端には極板間に
　　薄い絶縁性の側板が取り付けられており，右側の側板 W を左右に動かして
　　導体板の重なりを調整することにより，極板の面積を変えることができる。
　　このとき，重ねられた導体板は常に接触しているが摩擦なしに滑らせるこ
　　とができ，また，極板間の間隔 d の変化はないとする。このコンデンサーを
　　充電したとき，側板には，上下の極板が押しつける力のほかに横向きの力

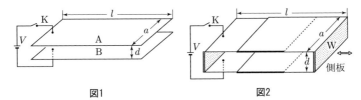

図1　　　　　　　　　　　　　図2

180

が働くことが，以下のようにしてわかる。この横向きの力の性質を調べてみよう。

(a) 始めに，極板の左右の長さを l に保ち，(1) の場合と同様に，回路のスイッチ K を閉じて充電した後，スイッチを開いておく。ここで，側板に働く横向きの力に抗して側板 W に外力を加え，極板の長さを $l+\Delta l$ まで微小変化させたとしよう。この変化によるコンデンサーのエネルギーの変化量を，充電された電気量 Q を用いて表すと，　ホ　である。このことから，微小変化の間は側板に働く力の大きさは一定であるとみなして側板に加えた外力を求めると，　ヘ　となる。

(b) 再び極板の長さを l に戻した後，今度はスイッチ K を閉じたまま，やはり側板 W に横向きの外力を加え，極板の長さを $l+\Delta l$ まで微小変化させたとしよう。この場合に，コンデンサーに蓄えられたエネルギーの変化量は　ト　であり，また，この間に電池がする仕事は，蓄えられた電気量の変化を考慮すれば，　チ　である。したがって，この場合に加えた外力は　リ　となる。

　以上より，このコンデンサーの側板 W に働く横向きの力の方向は，(a) の場合には図 2 の { ヌ：① 左方向，② 右方向 }，また，(b) の場合には図 2 の { ル：① 左方向，② 右方向 } であることが分かる。この力の大きさをコンデンサー内の電界の強さ E を用いて表し，側板 W の単位面積あたりの力を求めると，(a), (b) のいずれの場合も，　ヲ　となる。このような横方向の力が生じるのは，　ワ　が原因である。

考え方

(1) 図 1 のコンデンサーの電気容量は

$$C = \frac{\varepsilon a l}{d}$$

であるから，電気量 Q に帯電した状態での静電エネルギーは，

$$U = \frac{Q^2}{2C} = \frac{Q^2}{2\varepsilon a l}\, d$$

となる。

　帯電量を一定に保ち，極板間隔を Δd だけ広げると，静電エネルギーは

$$U + \Delta U = \frac{Q^2}{2\varepsilon a l}(d + \Delta d)$$

に変化する。よって，

$$\Delta U = \frac{Q^2}{2\varepsilon a l}\Delta d$$

である。これは，極板間引力 f に抗して外力がした仕事に等しいので，

$$\Delta U = f\Delta d \qquad \therefore \quad f = \frac{\Delta U}{\Delta d} = \frac{Q^2}{2\varepsilon a l}$$

となる。極板の面積は al なので，単位面積あたりでは

$$T = \frac{f}{al} = \frac{Q^2}{2\varepsilon (al)^2} = \frac{1}{2}\varepsilon\left(\frac{Q}{\varepsilon al}\right)^2$$

となる。ここで，$E = \dfrac{Q}{\varepsilon al}$ であるから，

$$T = \frac{1}{2}\varepsilon E^2$$

と表される。

(2)　(a)　極板の長さ変化後の静電エネルギーは，

$$U + \Delta U = \frac{Q^2 d}{2\varepsilon a(l + \Delta l)}$$

である。Δl は微小なので，

$$\frac{1}{l + \Delta l} = \frac{1}{l}\left(1 + \frac{\Delta l}{l}\right)^{-1} \fallingdotseq \frac{1}{l}\left(1 - \frac{\Delta l}{l}\right)$$

と近似できる。よって，

$$\Delta U = -\frac{Q^2 d}{2\varepsilon a l^2}\,\Delta l$$

となる。

側板に加えた外力 F' が一定であるとすれば，

$$\Delta U = F'\Delta l \qquad \therefore \quad F' = \frac{\Delta U}{\Delta l} = -\frac{Q^2 d}{2\varepsilon a l^2}$$

となる。負号は，力の向きが変位 Δl と逆向き（図 2 の左方向）であることを意味する。つまり，側板は図 2 の右方向に大きさ

$$F = |F'| = \frac{Q^2 d}{2\varepsilon a l^2} = \frac{1}{2}\varepsilon\left(\frac{Q}{\varepsilon al}\right)^2 ad = \frac{1}{2}\varepsilon E^2 \cdot ad$$

の力を受けていることがわかる。側板の面積は ad なので，単位面積あたりでは

$$\frac{F}{ad} = \frac{1}{2}\varepsilon E^2$$

となる。

(b)　スイッチを閉じたままの場合は，極板間の電圧が V に保たれる。したがって，コンデンサー静電エネルギーは

182

$$\frac{1}{2} \cdot \frac{\varepsilon a l}{d} V^2 \quad \longrightarrow \quad \frac{1}{2} \cdot \frac{\varepsilon a(l + \Delta l)}{d} V^2$$

と変化する。すなわち，静電エネルギーの変化は

$$\Delta U = \frac{\varepsilon a V^2}{2d} \Delta l$$

となる。コンデンサーの帯電量は

$$\frac{\varepsilon a l}{d} V^2 \quad \longrightarrow \quad \frac{\varepsilon a(l + \Delta l)}{d} V$$

と，$\Delta Q = \dfrac{\varepsilon a V}{d} \Delta l$ だけ変化するので，電池の仕事は

$$W = \Delta Q V = \frac{\varepsilon a V^2}{d} \Delta l$$

である。したがって，加えた外力を F'' とすれば，エネルギー保存則より，

$$\Delta U = W + F'' \Delta l \qquad \therefore \ F'' = -\frac{\varepsilon a V^2}{2d}$$

となる。この大きさを側板単位面積あたりに換算すれば，

$$\frac{|F''|}{ad} = \frac{\varepsilon V^2}{2d^2} = \frac{1}{2} \varepsilon \left(\frac{V}{d}\right)^2 = \frac{1}{2} \varepsilon E^2$$

となる。

この場合も，(a) と同様に，側板は図 2 の右方向に単位面積あたりの大きさが

$$P = \frac{F}{ad} = \frac{|F''|}{ad} = \frac{1}{2} \varepsilon E^2$$

である力を受けていることがわかる。

[解答]

(1) イ $\dfrac{Q^2 d}{2\varepsilon a l}$　　ロ $\dfrac{Q^2}{2\varepsilon a l} \Delta d$　　ハ $\dfrac{Q^2}{2\varepsilon a l}$　　ニ $\dfrac{1}{2}\varepsilon E^2$

(2) (a) ホ $-\dfrac{Q^2 d}{2\varepsilon a l^2} \Delta l$　　ヘ $\dfrac{Q^2 d}{2\varepsilon a l^2}$

(b) ト $\dfrac{\varepsilon a V^2}{2d} \Delta l$　　チ $\dfrac{\varepsilon a V^2}{d} \Delta l$　　リ $\dfrac{\varepsilon a V^2}{2d}$　　ヌ ②

ル ②　　ヲ $\dfrac{1}{2}\varepsilon E^2$

ワ 重ねてある導体板どうしがそれぞれ同符号に帯電し，その間に反発力がはたらくこと（38字）

$$\blacksquare\blacksquare\blacksquare\quad \boxed{\text{考　察}}\quad \blacksquare\blacksquare\blacksquare$$

(1) で求めた極板間に作用する引力は，エネルギー保存則を経由しなくても機械的に求めることができる。一般に，極板が大きさ Q に帯電した平行板コンデンサーでは，極板間の電場の強さを E とすれば，極板間に作用する引力の大きさは

$$f = \frac{1}{2}QE$$

と表すことができる。極板間の電場 E は，正極板の電荷 $+Q$ がつくる電場と負極板の電荷 $-Q$ がつくる電場の重ね合わせの結果である。正極板の電荷 $+Q$ は，負極板の電荷 $-Q$ がつくる電場のみを感じる。その電場の強さは $\dfrac{E}{2}$ なので，

$$f = Q \cdot \frac{E}{2} = \frac{1}{2}QE$$

となる。

本問では $E = \dfrac{Q}{\varepsilon al}$ であるから，

$$f = \frac{1}{2}Q \cdot \frac{Q}{\varepsilon al} = \frac{Q^2}{2\varepsilon al}$$

となる。

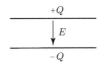

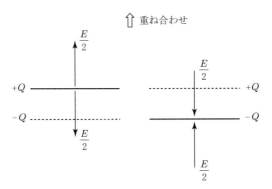

一方，(2) で求めた横方向の力は機械的な評価は困難である。そのため，その原因を問われた $\boxed{\text{ワ}}$ では何を答えればよいのか悩んだ人も多いだろう。静電気的な力であることは間違いない。しかし，極板間の電場は極板と垂直な方向であり，ここで問題

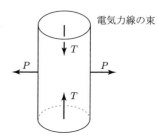

としている力は，それと垂直な方向にはたらいている。力の向きが極板の長さを大きくする方向なので，この結果から遡って，重なっている極板の間の反発力に原因を求めたのが[**解答**]に示した解答例である。

　高校物理の範囲を逸脱する内容であるが，電気力線の束には張力と圧力がある。張力は電気力線の方向にはたらき，圧力は電気力線と垂直な方向に現れる。単位面積あたりの張力の大きさ T も，圧力の大きさ P も $\frac{1}{2}\varepsilon E^2$ である。張力が極板引力の原因であり，圧力が側板にはたらく力の原因になっている。気体を封入した容器の壁が，気体から圧力による力を受けるのと同様に，電場のある領域の側面に接する側板が，電気力線の圧力による力を受ける。このことを踏まえると，　ワ　の解答としては次のような可能性もある。

　　極板間には極板と垂直に電気力線が走っていて，電気力線には電気力線と垂直な方向に圧力があること（46字）

　問題全体の流れからすると，このような解答が適切ではあるが，上の事実を発見することを期待されたのであるとすれば，　ワ　はかなりの難問である。

第27講　コンデンサーの極板間引力

基本の確認　【下巻，第IV部 電磁気学，第4章】

　電気容量が C_1, C_2 の2つのコンデンサーを並列に接続すると，全体を電気容量が $C_1 + C_2$ の1つのコンデンサーとして扱うことができる（コンデンサーの合成）。並列接続とは，電圧を共有させる接続である。
その結果，2つのコンデンサーは正極どうし，負極どうしが接続される。電圧の大きさを V とすれば，各コンデンサーの帯電量は

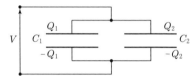

$$Q_1 = C_1 V, \quad Q_2 = C_2 V$$

である。正極どうし，負極どうしが接続された部分を，合成されたコンデンサーの正極，負極と見れば，帯電量が

$$Q = Q_1 + Q_2 = (C_1 + C_2)V$$

となる。この極板間電圧は V であるから，1つのコンデンサーと見たときの電気容量（合成容量）は，電気容量の定義より，

$$C = \frac{Q}{V} = C_1 + C_2$$

となる。また，2つのコンデンサーの静電エネルギーの和を，このコンデンサーの静電エネルギー U と見ることができ，

$$U = \frac{1}{2}C_1 V^2 + \frac{1}{2}C_2 V^2 = \frac{1}{2}(C_1 + C_2)V^2 = \frac{1}{2}CV^2$$

となる。静電エネルギーも合成容量を用いて表示できる。
　一方，直列に接続した場合は少し注意を要する。直列とは電流を共有させる接続である。初期電荷が0であれば，一方の負極と他方の正極が接続されることになり，帯電量も共通になる。この電気量 Q を合成されたコンデンサーの電気量と解釈できる。各コンデンサーの端子間電圧は

$$V_1 = \frac{Q}{C_1}, \quad V_2 = \frac{Q}{C_2}$$

であるから，合成されたコンデンサーの端子
間電圧は

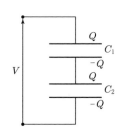

$$V = V_1 + V_2 = \frac{Q}{C_1} + \frac{Q}{C_2}$$

となる。したがって，この場合の合成容量を
C とすれば，

$$V = \frac{Q}{C}$$

なので，

$$\frac{Q}{C} = \frac{Q}{C_1} + \frac{Q}{C_2} \qquad \therefore \quad \frac{1}{C} = \frac{1}{C_1} + \frac{1}{C_2}$$

となる。静電エネルギーの和 U も，

$$U = \frac{Q^2}{2C_1} + \frac{Q^2}{2C_2} = \frac{Q^2}{2C}$$

となり，合成容量 C を用いて表示できる。

　しかし，初期電荷があり，特に2つのコンデンサーを接続した部分の総電気量が0
でない場合は，合成したコンデンサーの帯電量や静電エネルギーが仮想的な値になる。
そのような場合は，合成して扱わずに1つずつ分けて分析すべきである。

【 問 題 】

　次の文を読んで，□ に適した式か値を，それぞれの解答欄に記入せよ。問 1，問 2 については，指示にしたがって，解答をそれぞれの解答欄に記入せよ。

　なお，以下の設問では極板等はすべて真空中にあり，真空の誘電率を ε_0 とする。コンデンサーの極板は極板間距離に比べて十分大きく，極板端での電場の乱れは無視できる。導線や導体の抵抗は無視できるものとし，導線はしなやかで軽く，質量が無視できるとともに，極板の動きに影響を与えないものとする。また，重力加速度を g とする。

(1)　図 1 のように，極板 ① と極板 ② からなる平行板コンデンサーがある。極板 ① は固定されており，極板 ② は左右に滑らかに動かすことができる。コンデンサーの極板の面積を S とし，極板 ① には電荷 $-q$ が，極板 ② には電荷 $+q$ が蓄えられているものとする（$q > 0$）。

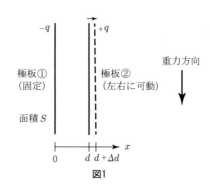

図1

　　極板 ① に垂直で極板 ② に向かう方向を x 軸とし，極板 ① の位置を $x = 0$，極板 ② の位置を $x = d$ とする（$d > 0$）。このとき，コンデンサーに蓄えられているエネルギー W は ［イ］ である。ここで，極板 ② を平行に保ったまま微小距離 Δd だけ極板 ① と反対方向に動かしたあとにコンデンサーに蓄えられているエネルギー W は ［ロ］ である。このエネルギーの変化 $\Delta W = W' - W$ は，極板 ① と極板 ② が引き合う力に逆らって動かしたために生じたものである。そこで，このエネルギーの変化から極板 ② に働く力 $F = \dfrac{\Delta W}{\Delta d}$ の大きさを求めると，［ハ］ となる。

(2)　図 2 のように，極板 ③ と極板 ④，および極板 ⑤ と極板 ⑥ からなる 2 つの平行板コンデンサーがある。極板 ③ は固定されている。極板 ④ と極板 ⑤ は質量が無視できる導体の棒で接続されて一体化しており，極板を平行に保ったまま上下に滑らかに動かすことができるものとする。また，極板 ⑥ も極板を平行に保ったまま他の極板と独立に上下に滑らかに動かすことができるものとする。図 2 のように 2 つのコンデンサーは直列に接続さ

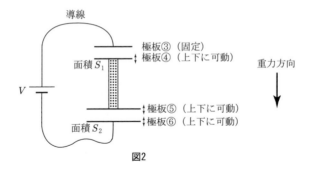

図2

れており，電圧 V がかかっている。これら2つのコンデンサーは十分離れており，互いにクーロン力を及ぼさない。極板 ③ と極板 ④ の面積はともに S_1，極板 ⑤ と極板 ⑥ の面積はともに S_2，それぞれの極板の質量は面積に比例し，その比例定数を p とする（$p > 0$）。2つのコンデンサーの極板間距離をともに d とする。このとき，極板 ③ と極板 ④ が引き合う力の大きさは ニ である。

いま，極板が引き合う力と重力が釣り合うように電圧 V を調整すると，2つのコンデンサーの極板間距離がともに d となった状態で静止した。このとき，極板の面積 S_1 は S_2 の ホ 倍であり，電圧 V は，極板の面積 S_1，S_2 を用いることなく ヘ と表すことができる。

(3) 図3のように，極板 ⑦ と極板 ⑧，および極板 ⑨ と極板 ⑩ からなる2つの平行板コンデンサーがある。極板 ⑦ と極板 ⑩ は固定されている。極板 ⑧ と極板 ⑨ は質量が無視できる絶縁体のバネで接続されており，極板を平行に保ったまま上下に滑らかに動かすことができるものとする。このバネのバネ定数は k である。2つのコンデンサーは十分離れており，互いにクーロン力を及ぼさない。すべての極板の面積は S であり，質量を pS と

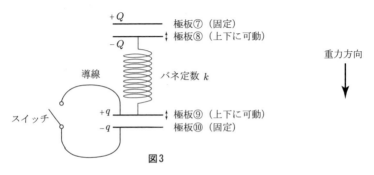

図3

する $(p > 0)$。

　いま, 極板 ⑦, 極板 ⑧ にはそれぞれ $+Q$, $-Q$ の電荷が帯電しており, 極板 ⑨, 極板 ⑩ にはそれぞれ $+q$, $-q$ の電荷が帯電しているものとする $(Q > 0,\ q > 0)$。図中のスイッチは開いており, 極板が引き合う力, 重力, バネの力が釣り合ってすべての極板は静止している。また, 2 つのコンデンサーの極板間距離をともに d とする。このときのバネの自然長からの伸びは, Q を使わずに表すと ト である。

　次に, 時刻 $t = 0$ でスイッチを閉じると同時に, 極板 ⑧ が静止したまま極板 ⑨ が単振動を始めるように q の値を選ぶとともに Q を時刻 t に応じて適切に制御した。この単振動の中心は極板 ⑨ の最初の位置から チ だけ上方にあり, その振幅は リ である。また, 振動の周期 T は ヌ である。

問1　極板 ⑦ と極板 ⑧ の間には引力しか働かないため, 極板 ⑨ の振幅が大きい場合は極板 ⑧ を静止させておくことができなくなる。極板 ⑨ が単振動している間, Q を制御することで極板 ⑧ を静止させておくことができる q の範囲を求めよ。導出の過程もあわせて示せ。

問2　極板 ⑨ が単振動している間, 極板 ⑧ を静止させておくための Q を時刻 t の関数 $Q(t)$ として求めよ。導出の過程もあわせて示せ。

考え方

(1)　$x = d$ のときの極板 ① と極板 ② の間の電気容量は $C = \dfrac{\varepsilon_0 S}{d}$ なので, 極板 ① の帯電量が q ならば静電エネルギーは

$$W = \frac{q^2}{2C} = \frac{q^2 d}{2\varepsilon_0 S}$$

である。$x = d + \Delta d$ とすれば,

$$W' = \frac{q^2 (d + \Delta d)}{2\varepsilon_0 S}$$

となるので,

$$\Delta W = W' - W = \frac{q^2 \Delta d}{2\varepsilon_0 S} \qquad \therefore\ F = \frac{\Delta W}{\Delta d} = \frac{q^2}{2\varepsilon_0 S}$$

となる。

(2)　極板 ③ と極板 ④ の間の電気容量 C_1, 極板 ⑤ と極板 ⑥ の間の電気容量 C_2 はそれぞれ,

$$C_1 = \frac{\varepsilon_0 S_1}{d}, \quad C_2 = \frac{\varepsilon_0 S_2}{d}$$

である。極板 ③ と極板 ⑤ の帯電量を q とすれば，

$$\frac{q}{C_1} + \frac{q}{C_2} = V \qquad \therefore \quad q = \frac{C_1 C_2}{C_1 + C_2} V = \frac{\varepsilon_0 S_1 S_2}{S_1 + S_2} V$$

である。よって，極板 ③ と極板 ④ の間の引力の大きさは

$$F_1 = \frac{q^2}{2\varepsilon_0 S_1} = \frac{\varepsilon_0 S_1 S_2{}^2 V^2}{2(S_1 + S_2)^2 d^2}$$

となる。一方，極板 ⑤ と極板 ⑥ の間の引力の大きさは

$$F_2 = \frac{q^2}{2\varepsilon_0 S_2} = \frac{\varepsilon_0 S_1{}^2 S_2 V^2}{2(S_1 + S_2)^2 d^2} \quad \cdots\cdots \text{ⓐ}$$

となる。これを比べると

$$F_1 : F_2 = S_2 : S_1 \quad \cdots\cdots \text{ⓑ}$$

である。

　力のつり合いは，連結された極板 ④ と極板 ⑤ については，全質量が $p(S_1 + S_2)g$ なので，

$$F_1 = F_2 + p(S_1 + S_2)g \quad \cdots\cdots \text{ⓒ}$$

となる。また，極板 ⑥ については，

$$F_2 = pS_2 g \quad \cdots\cdots \text{ⓓ}$$

となる。ⓒ 式と ⓓ 式より，

$$\frac{F_1 - F_2}{F_2} = \frac{S_1 + S_2}{S_2}$$

となるので，ⓑ 式の関係を用いれば，

$$\frac{S_2 - S_1}{S_1} = \frac{S_1 + S_2}{S_2} \qquad \therefore \quad \frac{S_1}{S_2} = \sqrt{2} - 1$$

であることがわかる。これと ⓐ 式を用いて ⓓ 式を整理すれば，

$$\frac{\varepsilon_0 (\sqrt{2} - 1)^2 V^2}{2(\sqrt{2})^2 d^2} = pg \qquad \therefore \quad V = \frac{2d}{\sqrt{2} - 1} \sqrt{\frac{pg}{\varepsilon_0}} = 2(1 + \sqrt{2})d\sqrt{\frac{pg}{\varepsilon_0}}$$

が導かれる。

(3)　極板 ⑨ と極板 ⑩ が帯電しているときの静止状態におけるバネの伸びを x_1 とすれば，極板 ⑨ についての力のつり合いより，

$$kx_1 = \frac{q^2}{2\varepsilon_0 S} + pSg \qquad \therefore \quad x_1 = \frac{1}{k}\left(\frac{q^2}{2\varepsilon_0 S} + pSg\right)$$

である。

　スイッチを閉じると極板 ⑨ と極板 ⑩ の帯電量が 0 となる。その後の極板 ⑨ の運動方程式は，バネの伸びを x として，

$$pS\ddot{x} = -kx + pSg \qquad \therefore \ \ddot{x} = -\frac{k}{pS}\left(x - \frac{pSg}{k}\right)$$

となる。したがって，極板 ⑨ の運動は

$$中心 \quad x = \frac{pSg}{k}, \quad 角振動数 \quad \omega = \sqrt{\frac{k}{pS}}$$

の単振動になる。中心の位置は最初に静止していた位置よりも

$$A = x_1 - \frac{pSg}{k} = \frac{q^2}{2\varepsilon_0 kS}$$

だけ上方にある。初速は 0 なので，A は振動の振幅でもある。また，周期は，

$$T = \frac{2\pi}{\omega} = 2\pi\sqrt{\frac{pS}{k}}$$

である。

[解答]

(1)　[イ] $\dfrac{q^2 d}{2\varepsilon_0 S}$　　[ロ] $\dfrac{q^2(d + \Delta d)}{2\varepsilon_0 S}$　　[ハ] $\dfrac{q^2}{2\varepsilon_0 S}$

(2)　[ニ] $\dfrac{\varepsilon_0 S_1 S_2{}^2 V^2}{2(S_1 + S_2)^2 d^2}$　　[ホ] $\sqrt{2} - 1$　　[ヘ] $2(1 + \sqrt{2})d\sqrt{\dfrac{pg}{\varepsilon_0}}$

(3)　[ト] $\dfrac{1}{k}\left(\dfrac{q^2}{2\varepsilon_0 S} + pSg\right)$　　[チ] $\dfrac{q^2}{2\varepsilon_0 kS}$　　[リ] $\dfrac{q^2}{2\varepsilon_0 kS}$

[ヌ] $2\pi\sqrt{\dfrac{pS}{k}}$

問 1　極板 ⑧ に作用するバネの弾性力と重力の合力が下向きにはたらくことが条件である。バネの伸びの最小値は，[ト] の解答を x_1，極板 ⑨ の単振動の振幅を A として $x_1 - 2A$ なので，

$$k(x_1 - 2A) + pSg \geqq 0$$

が条件となる。[ト] と ⑦ の結論を用いれば，

$$k\left(\frac{pSg}{k} - \frac{q^2}{2\varepsilon_0 kS}\right) + pSg \geqq 0 \qquad \therefore \ q \leqq \sqrt{4\varepsilon_0 pS^2 g}$$

問2 バネの伸びを x とすると，極板 ⑧ が静止しているとき，

$$\frac{Q^2}{2\varepsilon_0 S} = pSg + kx$$

が成り立つ。ここで，

$$x = \frac{pSg}{k} + \frac{q^2}{2\varepsilon_0 kS} \cos\frac{2\pi}{T}t$$

である。2式より，

$$Q = \sqrt{4\varepsilon_0 pS^2 g + q^2 \cos\frac{2\pi}{T}t}$$

図で求めた T の値を代入すれば

$$Q = \sqrt{4\varepsilon_0 pS^2 g + q^2 \cos\sqrt{\frac{k}{pS}}\,t}$$

考　察

(2) にも (3) にも，「2つのコンデンサーは十分に離れており，互いにクーロン力を及ぼさない」という注意書きがある。これは，(2) では，連結された極板 ④ と極板 ⑤ が受ける静電気力（クーロン力）は，2つのコンデンサーの極板引力の和を考慮すればよく，(3) では，極板 ⑧ や極板 ⑨ が受ける静電気力は，各コンデンサーの極板引力のみを考慮すればよいという趣旨である。そこで，考え方 や [解答] でも，そのように議論した。これは距離の問題ではなく，電場（電気力線）がコンデンサーの極板間に閉じ込められているという近似が有効であることが本質である。

この問題に限らず，平行板コンデンサーを扱うときには，極板間にのみ極板と垂直で一様な電場が現れているものと近似する。大学入試では，特に指示がなくてもこのように扱うことになる。しかし，現実には極板の外部への電場の漏れが生じている。

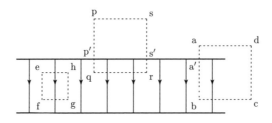

　コンデンサーの極板間の電場は静電場であり，閉曲線に沿って電荷を移動させた場合の仕事は 0 となるべきである。ところが，通常のように近似した場合，図の点線で示したような経路 abcd に沿って電荷を移動させた場合の仕事は 0 にならない。この経路では a′b の部分でのみ仕事がなされる。経路 efgh や経路 pqrs のように極板の側面からはみ出した部分を考えなければ，このような矛盾は生じない。経路 efgh については，ef の部分の仕事と gh の部分の仕事が相殺する。経路 pqrs についても，p′q の部分の仕事と rs′ の部分の仕事が相殺する。その結果，それぞれ，経路全体での仕事は 0 になる。

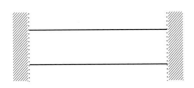

　つまり，極板の外部（上図に斜線で示した部分）を考えなければ，理論的な矛盾は生じない。

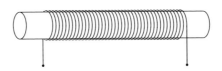

　鉄心に巻いたコイルについても，これと同様の事情がある。通常は鉄心からの磁束の漏れを無視するが，現実には磁束の漏れはある。しかし，鉄心の側面からの磁束の漏れについては，鉄という物質の性質についての近似の問題であり，電磁気の理論との不整合は生じない。棒状の鉄心を用いる場合の端の部分の効果をどのように扱うのかは深刻な問題になる。この場合も，鉄心の端から外部を考えなければ，理論的に整合的な議論ができるし，大学入試では，そのように考えればよい。

第28講　ダイオードを含む回路

基本の確認　【下巻，第 IV 部 電磁気学，第 5 章】

　電気回路に関する問題は，回路方程式（キルヒホッフの第 2 法則）と電荷保存則を適用することにより解決できる。

　回路方程式とは，回路に沿って電位が連続的に分布していることの要請であり，具体的な 1 つずつの回路ごとに

$$\sum (\text{電圧降下}) = \sum (\text{起電力})$$

が成り立つ。電圧降下も起電力も，回路の正の向きを決めて，符号を付けて読み取る必要がある。電気抵抗 R の抵抗の場合は，回路の正の向きに流れる電流 I に対して，電圧降下は RI となる。

　まずは，回路の電流や電荷（コンデンサーを含む場合）の分布を想定して，回路を構成する細胞の個数分だけ回路方程式を書く。導入した未知数の個数と比較して，方程式の不足を電荷保存則で補うとよい。

　コンデンサーを含まない回路の場合の電荷保存則は，キルヒホッフの第 1 法則のみである。回路の交差点ごとに

$$\sum (\text{流入する電流}) = \sum (\text{流出する電流})$$

が成り立つ。適当な交差点に注目して独立な方程式を書いていけば，方程式の不足を補うことができる。

━━━━　問　題　━━━━

次の文を読んで，□□□に適した式または数値をそれぞれの解答欄（省略）に記入せよ。なお□□□はすでに□□□で与えられたものと同じものとする。

(1)　図1に示すように，起電力 E_0〔V〕の電池と抵抗値 R_0〔Ω〕の抵抗を直列に接続した回路がある。この回路の端子 a と b の間に抵抗値 R〔Ω〕の抵抗を接続したとき，端子 b に対する端子 a の電圧 V_0〔V〕と，端子 a を通って抵抗に流れ込む電流 I_0〔A〕は，

$$V_0 = \frac{E_0 R}{R + R_0} \quad \cdots\cdots (1)$$

$$I_0 = \frac{E_0}{R + R_0} \quad \cdots\cdots (2)$$

と表せる。

次に，図2の回路を考える。図に示すように，電池の起電力は E_1〔V〕と E_2〔V〕，抵抗値は R_1〔Ω〕と R_2〔Ω〕である。この回路の端子 c と d の間に抵抗値 R〔Ω〕の抵抗を接続したとき，端子 d に対する端子 c の電圧 V〔V〕と，端子 c を通って抵抗に流れ込む電流 I〔A〕を求めると，

$$V = \frac{\boxed{\text{ア}}\, R}{R + \boxed{\text{イ}}} \quad \cdots\cdots (3) \qquad I = \frac{\boxed{\text{ア}}}{R + \boxed{\text{イ}}} \quad \cdots\cdots (4)$$

と表せる。式 (1) と式 (3)，式 (2) と式 (4) を見比べると，式 (3) と式 (4) では，式 (1) と式 (2) の E_0 を $\boxed{\text{ア}}$ で，R_0 を $\boxed{\text{イ}}$ で置き換えた形になっていることがわかる。すなわち，端子 c と d の間の電圧とそれらを流れる電流を求める場合，図2の回路は，電池の起電力を $\boxed{\text{ア}}$〔V〕，抵抗値を $\boxed{\text{イ}}$〔Ω〕とした図1の回路に置き換えて考えてもよいことがわかる。この置き換えは，端子 c と d の間に抵抗に限らず任意の回路を接続した場合でも可能である。

(2)　回路中の電圧や電流を求める際に，上記の置き換えを用いることにより簡単に計算できる場合がある。図3に示す回路を考えよう。電池の起電力は V_1〔V〕と V_2〔V〕である。この回路の端子 e と f の間に何らかの回路を接続し，端子 e と f の間の電圧とそれらを流れる電流を求める場合を考える。図2の回路から図1の回路への置き換えは，電池の起電力 E_1 や E_2 が 0〔V〕の場合にも可能であることに注意すると，図3の回路は，起電力 $\boxed{\text{ウ}}$〔V〕の電池と抵抗値 $\boxed{\text{エ}}$〔Ω〕の抵抗を直列に接続した回路に置き換えて考えてもよいことがわかる。

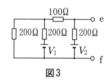

図3

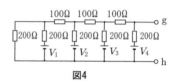

図4

(3) 図4に示す回路を考える。電池の起電力は V_1〔V〕, V_2〔V〕, V_3〔V〕, V_4〔V〕である。この回路の端子 h に対する端子 g の電圧を求めると, ［ オ ］〔V〕となる。

(4) 図5はダイオードである。このダイオードの電流－電圧特性すなわち端子 q に対する端子 p の電圧 V〔V〕とダイオードを流れる電流 I〔A〕の関係は,

$V < 0.6$〔V〕では $I = 0$〔A〕

$V \geqq 0.6$〔V〕では $I = \dfrac{1}{\alpha}(V - 0.6)$〔A〕

で近似できるものとする。この特性を図6に示す。図6のグラフを用いると, この近似式の係数 α は, ［ カ ］〔Ω〕であることがわかる。

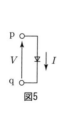

図5

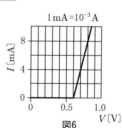

$1\,\mathrm{mA} = 10^{-3}\,\mathrm{A}$

図6

(5) さて, 図4の回路において, $V_1 = 16$〔V〕, $V_2 = V_3 = V_4 = 0$〔V〕とする。この回路に図5のダイオードを接続した。すなわち, 端子 g と p, 端子 h と q をつないだ。このとき, 端子 h に対する端子 g の電圧は ［ キ ］〔V〕となる。さらに, ダイオードと並列に 100〔Ω〕の抵抗を接続すると, 端子 h に対する端子 g の電圧は ［ ク ］〔V〕となる。

考え方

(1) 図2の端子 c と d の間に抵抗値 R の抵抗を接続した回路について, 次ページの図のように電流を設定すれば, 回路方程式

$$R_1 I_1 + R I = E_1, \quad R_2 I_2 + R I = E_2$$

が成り立つ。また，電荷保存則より，

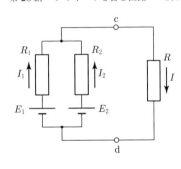

$$I_1 + I_2 = I$$

である。以上の 3 式より，

$$I = \frac{R_2 E_1 + R_1 E_2}{(R_1 + R_2)R + R_1 R_2}$$

$$= \frac{\dfrac{R_2 E_1 + R_1 E_2}{R_1 + R_2}}{R + \dfrac{R_1 R_2}{R_1 + R_2}}$$

を得る。また，端子 d に対する端子 c の電圧 V は，

$$V = RI = \frac{\dfrac{R_2 E_1 + R_1 E_2}{R_1 + R_2}R}{R + \dfrac{R_1 R_2}{R_1 + R_2}}$$

となる。これは，図 2 の回路が

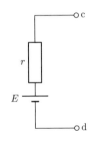

$$起電力：E = \frac{R_2 E_1 + R_1 E_2}{R_1 + R_2}$$

$$内部抵抗：r = \frac{R_1 R_2}{R_1 + R_2}$$

の電池と等価であることを示している。

　(2)　まず，下図（左）の点線で囲んだ部分は

$$起電力：E_1 = \frac{200 \cdot 0 + 200 V_1}{200 + 200} = \frac{1}{2}V_1,$$

$$内部抵抗：r_1 = \frac{200 \cdot 200}{200 + 200} = 100 \ \Omega$$

の電池に置き換えることができる。

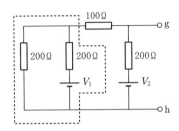

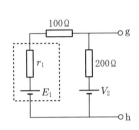

　つまり，端子 e, f から見れば，上図（右）の点線で囲んだ部分と等価である。さらに，同様の置き換えを行うと，

$$\text{起電力}: E = \frac{200E_1 + 200V_2}{200 + 200} = \frac{1}{4}V_1 + \frac{1}{2}V_2,$$

$$\text{内部抵抗}: r = \frac{200 \cdot 200}{200 + 200} = 100 \ \Omega$$

の電池と等価である。

(3) (2)と同様に左側から順番に置き換えを行えば，図 4 の回路を端子 g, h から見れば，

$$\text{起電力}: E = \frac{1}{16}V_1 + \frac{1}{8}V_2 + \frac{1}{4}V_3 + \frac{1}{2}V_4,$$

$$\text{内部抵抗}: r = 100 \ \Omega$$

の電池と等価である。端子が開いているときの h に対する g の電圧は E に等しい。

(4) $\dfrac{1}{a}$ が図 6 の $V \geqq 0.6$ V の部分の傾きなので，

$$a = \frac{0.2 \ \text{V}}{8 \ \text{mA}} = 25 \ \Omega$$

である。

(5) $V_1 = 16$ V, $V_2 = V_3 = V_4 = 0$ V のとき，図 4 の回路は

$$\text{起電力}: E = \frac{1}{16}V_1 + \frac{1}{8}V_2 + \frac{1}{4}V_3 + \frac{1}{2}V_4 = 1 \ \text{V},$$

$$\text{内部抵抗}: r = 100 \ \Omega$$

の電池と等価である。

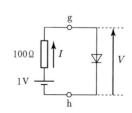

したがって，図 5 のダイオードを接続したときに，ダイオードに電流が流れるとすれば回路方程式 $100I + V = 1$ に $I = \dfrac{1}{25}(V - 0.6)$ を代入して，

$$100 \cdot \frac{1}{25}(V - 0.6) + V = 1$$

$$\therefore \ V = \frac{3.4}{5} = 0.68 \ \text{V} \ (> 0.6 \ \text{V})$$

となる。また，ダイオードと並列に 100 Ω の抵抗を接続したときに，ダイオードに電流が流れないとすれば，回路には $\dfrac{1}{200}$ A の電流が流れ，端子 h に対する端子 g の電圧は

$$V = 1 - 100 \times \frac{1}{200} = 0.5 \ \text{V} \ (< 0.6 \ \text{V})$$

となる。

（以上，混乱がなければ計算式の途中では単位を省略した。）

[解答]

(1) ア $\dfrac{R_2E_1 + R_1E_2}{R_1 + R_2}$　　イ $\dfrac{R_1R_2}{R_1 + R_2}$

(2) ウ $\dfrac{1}{4}V_1 + \dfrac{1}{2}V_2$　　エ 100　　(3) オ $\dfrac{1}{16}V_1 + \dfrac{1}{8}V_2 + \dfrac{1}{4}V_3 + \dfrac{1}{2}V_4$

(4) カ 25　　(5) キ 0.68　　ク 0.5

■■■■　　考　察　　■■■■

　図5のような特性をもつダイオードを考えるとき，場合分け（本問では $V < 0.6\,\mathrm{V}$ であるか，$V \geqq 0.6\,\mathrm{V}$ であるか）をしないと具体的な議論ができない。しかし，いずれかの場合について検討して，場合分けの基準と矛盾しない結論が得られれば，それが実現する状況を表す。物理の問題の結論は一意的に定まる。

考え方 でも，一方の場合について検討して，矛盾のない結論が得られたので，他方の場合についての吟味は行わなかった。念のため，検討しなかった場合について調べてみても，矛盾する結論が得られることが容易にわかる。

　ダイオードのみを接続した場合に，$V < 0.6\,\mathrm{V}$ でありダイオードに電流が流れないとすれば，端子 h に対する端子 g の電圧は $V = 1\,\mathrm{V} > 0.6\,\mathrm{V}$ となり，矛盾を生じる。

　$100\,\Omega$ の抵抗を接続した場合に，$V > 0.6\,\mathrm{V}$ でありダイオードに電流が流れるとすると，並列に接続した抵抗に $\dfrac{0.6}{100}\,\mathrm{A}$ を超える電流が流れるので，図5の等価回路における内部抵抗に流れる電流も $\dfrac{0.6}{100}\,\mathrm{A}$ を超える。その場合，端子 h に対する端子 g の電圧は $V < 1 - 100 \cdot \dfrac{0.6}{100} = 0.4\,\mathrm{V} < 0.6\,\mathrm{V}$ となり，矛盾を生じる。

第29講　さまざまな加速器

基本の確認　【下巻，第IV部 電磁気学，第6章・第8章】

　一様かつ一定な磁場中での荷電粒子の運動は，一般に等速螺旋運動になる。これは，磁場の方向の等速度運動と，磁場と垂直な平面に正射影して現れる等速円運動に分解して調べることができる。

　特に，初速度が磁場と垂直な場合には，一定の平面内での等速円運動が実現する。粒子が磁場から受けるローレンツ力が向心力となる。質量 m，電気量 q (> 0) の粒子を，磁束密度の大きさが一定値 T である一様な磁場に速さ v で入射したときの，円運動の半径 r は，円運動の方程式

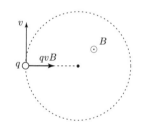

$$m\frac{v^2}{r} = qvB$$

により与えられる。ローレンツ力の向きと，上の方程式で求めた半径の値から，軌道円の中心を求めることができる。

　一般にローレンツ力は速度と直交するので，仕事率は0である。したがって，ローレンツ力のみを受けての運動は等速運動となる。ベータトロンの場合は，磁場の時間変化の効果として粒子が加速するが，この場合も，粒子を加速させるのは磁場によるローレンツ力ではなく，磁場の時間変化により誘導される電場である。

─── 問　題 ───

　次の文を読んで，□□□には適した式を，{ }からは適切なものを選び
その番号を，それぞれの解答欄に記入せよ。また，問1〜問3では指示にした
がって，解答をそれぞれの解答欄に記入せよ。

　荷電粒子にエネルギーを与え加速する装置を加速器と呼ぶ。ある種の加速
器では，運動する荷電粒子が磁場中を通るとローレンツ力を受けて曲げられ
ることを利用し，磁場を用いて荷電粒子に円形軌道を描かせながら加速する。
このような加速器の原理に関して，以下の問に答えよ。

(1)　図1に示すものは，その一つでサイクロトロンと呼ばれる装置の概略
図 (a) と原理図 (b) である。以下，原理図 (b) にもとづき考察する。真空
中に，半径 R_0〔m〕の半円形で薄い中空の2つの加速電極を，直線部で距
離 d〔m〕だけ離して対向させて置く。ただし，d は R_0 に比べて十分小さ
いとする。この両電極間のすき間をギャップと呼ぶことにする。この電極
面に垂直に紙面奥から手前に磁束密度 B_0〔T〕の一様磁場を与える。簡単
のために，重力は無視でき，ギャップ部の磁場はないと仮定する。

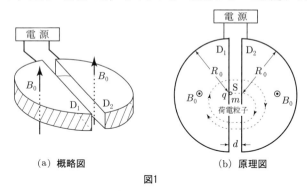

(a) 概略図　　　　(b) 原理図

図1

　左側半円電極（D_1）が正極，右側半円電極（D_2）が負極となるよう直
流電圧 V〔V〕がかけられているとき，D_1 の半円の中心部に置いたイオン
源 S から電荷 q〔C〕（$q > 0$），質量 m〔kg〕の荷電粒子が初速ゼロで供給さ
れた。直流電圧 V による電極間の電場は一様かつ均一であると仮定する。
荷電粒子は電極 D_2 に向かって距離 d にわたって加速され，速さ□イ□〔m/s〕
で D_2 の空洞内に入り，磁場によってローレンツ力を受ける。これと遠心
力がつりあって，荷電粒子は等速で半径□ロ□〔m〕の円軌道を半周描いた
後，電極の直線部に到達し D_2 を出る。荷電粒子が電極空洞内にいる時間
は，□ハ□〔s〕である。

　この間に電極間電圧を反転させ，D_1 が負極，D_2 が正極となるよう直流電圧 V をかけると，再び荷電粒子はギャップを通過するときに加速され，D_1 の空洞内に入り等速円運動を始める。円運動の周期は，荷電粒子と一様印加磁場が決まれば変化しないので，継続して荷電粒子を加速するためには電極間の直流電圧の向きを変える時間間隔は一定でよい。ただし，両電極間を通過する時間は ［ ハ ］ に比べて十分短いとする。

　これを繰り返すことによって荷電粒子は加速され，描く円軌道の半径はしだいに大きくなる。以下では，この円軌道が半円電極内にある場合を考える。描く軌道半径が R〔m〕$(R < R_0)$ になったとき，荷電粒子の速さは ［ ニ ］〔m/s〕となり，このとき荷電粒子が持つエネルギーは，［ ホ ］〔J〕である。また，これまでに電極間で加速された回数 n は ［ ヘ ］ である。

問1　この後，$(n+i)$ 回目 $(i = 1, 2, 3, \cdots)$ の加速後の軌道半径を R に維持するためには，一様磁場の磁束密度 B〔T〕と電極間の直流電圧の向きを変える時間間隔 T〔s〕をそれぞれどのような値にすればよいか。n 回目までの磁束密度 B_0 と時間間隔 T_0〔s〕を用いて求めよ。ただし，直流電圧の大きさ V は一定とする。

(2)　円運動する荷電粒子を，軌道半径を変えないで加速する方法として，与える磁場の変化による誘導電場を用いるベータトロンと呼ばれる装置がある。この原理について考えてみよう。

　まず図2のように，真空中において，半径 R_a〔m〕の円柱形の鉄心を持つ電磁石の磁極のすき間に一様磁場を上向きに与えた場合を考える。重力の影響は無視できるとする。初期の磁場の磁束密度は B_0〔T〕で，その中を図2のように (1) と同じ荷電粒子が半径 r〔m〕で等速円運動しているとき，荷電粒子の軌道断面を単位時間当たりに通過する電荷量，すなわち電流は，［ ト ］〔A〕と書ける。

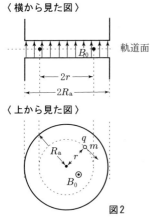

〈横から見た図〉

軌道面

〈上から見た図〉

図2

　この荷電粒子を加速するために磁場を変化させたとき，荷電粒子に働く力を次のように考えてみよう。磁場変化によって軌道半径が変わらないと仮定すると，この荷電粒子の運動は，その軌道上に置いた半径 r で変形しない抵抗のない円環に流れる電流とみなせる。この電流の大きさは ［ ト ］

である。このように仮定した円環に磁場変化を与えた。磁極間の磁束密度を一様に保ちながら，時間 Δt〔s〕の間に ΔB〔T〕だけ均一に増加させると，円環に誘起される起電力は円環を貫く磁束の単位時間当たりの変化で与えられ，その大きさは　チ　〔V〕である。そのとき，円環上の電場の大きさは　リ　〔V/m〕となり，これによって円環には電流が誘導される。

　　円環に電流が誘導されるということは，荷電粒子が誘導電場　リ　による力を受けて加速されることと等価である。このとき，荷電粒子が受けた力積は荷電粒子の運動量の変化に等しいので，初期の磁束密度 B_0 での速さを考慮すると Δt 後の速さは，　ヌ　〔m/s〕となる。荷電粒子に働く中心方向の合力は　ル　〔N〕となり，このように磁極間に一様で，均一な磁場変化を与えて荷電粒子を加速した場合には，軌道半径が｛ヲ：① 大きくなる　② 変わらない　③ 小さくなる｝ことがわかる。

実際のベータトロンでは，荷電粒子の軌道半径を変えないで加速するために，磁極間の磁場分布は一様でなく，与える磁場変化も均一にならない工夫をしている。これについて考えてみよう。

問2　前述と同じ初期の状態から時間 Δt の間に，軌道上の磁束密度を ΔB，軌道で囲まれる面を貫く全磁束を $\Delta\Phi$〔Wb〕だけそれぞれ増加させたところ，軌道半径は変わらずに荷電粒子の速さの変化が Δv〔m/s〕となった。このとき，　ル　を導いた場合と同様に，軌道上の荷電粒子の運動量の変化と中心方向の力のつりあいを考えて $\Delta\Phi$ と ΔB の関係式を求めよ。

問3　上の問2の結果をもとに，実際のベータトロンの磁極の断面形状として図3の (a), (b) のどちらが適当であるか選べ。図中の磁極間の矢印は磁力線の概略である。磁力線の密度は磁束密度の大きさに対応している。

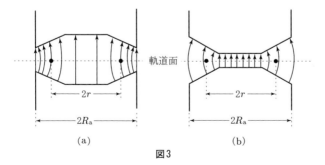

(a)　　　　　　　　　　(b)

図3

考え方

(1) 1回目の加速後の速さを v_1 とすれば，力学的エネルギー保存則より

$$\frac{1}{2}mv_1{}^2 = qV \qquad \therefore \quad v_1 = \sqrt{\frac{2qV}{m}}$$

である。その後の円軌道の半径を r とすれば，力のつり合い（円運動の方程式）より，

$$m\frac{v_1{}^2}{r} = qv_1 B_0 \qquad \therefore \quad r = \frac{mv_1}{qB_0} = \frac{1}{B_0}\sqrt{\frac{2mV}{q}}$$

となる。よって，半周する時間 T_0 は

$$T_0 = \frac{\pi r}{mv_1} = \frac{\pi m}{qB_0}$$

である。

半径が R になったときの速さを v とすれば，

$$m\frac{v^2}{R} = qvB_0$$

が成り立つので，

$$v = \frac{qB_0 R}{m}$$

であり，運動エネルギー K は，

$$K = \frac{1}{2}mv^2 = \frac{(qB_0 R)^2}{2m}$$

となる。毎回の加速で qV ずつエネルギーを与えられるので，加速された回数 n は

$$n = \frac{K}{qV} = \frac{q(B_0 R)^2}{2mV}$$

である。

(2) 半径 r の等速円運動をするとき，粒子の速さ v は

$$m\frac{v^2}{r} = qvB_0 \qquad \therefore \quad v = \frac{qrB_0}{m}$$

で与えられる。よって，単位時間あたりの回転数は

$$f = \frac{v}{2\pi r} = \frac{qB_0}{2\pi m}$$

となる。したがって，単位時間に軌道断面を通過する電気量は

$$I = qf = \frac{q^2 B_0}{2\pi m}$$

となる。

磁束密度が ΔB だけ変化するときの，半径 r の円環を貫く磁束の変化は

$$\Delta\Phi = \Delta B \times \pi r^2$$

であるから，円環に誘起される起電力の大きさは

$$V = \frac{\Delta\Phi}{\Delta t} = \frac{\pi r^2 \Delta B}{\Delta t}$$

である。したがって，円環上には大きさ E が

$$V = E \times 2\pi r \qquad \therefore\ E = \frac{r\Delta B}{2\Delta t}$$

である電場が誘導される。この電場により粒子は加速され，時間 Δt の間に

$$\Delta p = qE\Delta t = \frac{1}{2}qr\Delta B$$

だけ運動量が増加する。加速後の粒子の速さは

$$v' = v + \frac{\Delta p}{m} = \frac{qr}{m}\left(B_0 + \frac{\Delta B}{2}\right)$$

である。よって，粒子が加速前と等しい半径 r の円周に沿って運動していると仮定すると，粒子の静止系から観測した場合に円の中心向きに働く合力は

$$F = qv'(B_0 + \Delta B) - m\frac{v'^2}{r} = \frac{q^2 r}{2m}\left(B_0 + \frac{\Delta B}{2}\right)\Delta B > 0$$

となる。したがって，半径方向の力のつり合いが破れ，軌道半径は小さくなる。

[解答]

(1) イ $\sqrt{\dfrac{2qV}{m}}$ 　ロ $\dfrac{1}{B_0}\sqrt{\dfrac{2mV}{q}}$ 　ハ $\dfrac{\pi m}{qB_0}$ 　ニ $\dfrac{qB_0R}{m}$

ホ $\dfrac{(qB_0R)^2}{2m}$ 　ヘ $\dfrac{q(B_0R)^2}{2mV}$

問1　ロ の結果式

$$n = \frac{q(B_0R)^2}{2mV}$$

より，$n+i$ 回目の加速後にも半径 R の円軌道を維持するためには，磁束密度の大きさ B を

$$n+i = \frac{q(BR)^2}{2mV}$$

となるように調節する。2式より，

$$\frac{n}{n+i} = \left(\frac{B}{B_0}\right)^2 \qquad \therefore\ B = B_0\sqrt{\frac{n+i}{n}}$$

また，$\boxed{\text{ハ}}$ の結論より，イオンが半周する時間は，磁束密度の大きさに反比例するので，

$$T = \frac{B_0}{B} T_0 = T_0 \sqrt{\frac{n}{n+i}}$$

(2) $\boxed{\text{ト}}$ $\dfrac{q^2 B_0}{2\pi m}$ $\boxed{\text{チ}}$ $\dfrac{\pi r^2 \Delta B}{\Delta t}$ $\boxed{\text{リ}}$ $\dfrac{r\Delta B}{2\Delta t}$

$\boxed{\text{ヌ}}$ $\dfrac{qr}{m}\left(B_0 + \dfrac{\Delta B}{2}\right)$ $\boxed{\text{ル}}$ $\dfrac{q^2 r}{2m}\left(B_0 + \dfrac{\Delta B}{2}\right)\Delta B$ $\boxed{\text{ヲ}}$ ③

問2 $\Delta\Phi$ を用いると，加速後の荷電粒子の速さは

$$v = \frac{qrB_0}{m} + \frac{q\Delta\Phi}{2\pi mr}$$

と表される。中心方向の力のつり合いが維持される条件は，

$$qv(B_0 + \Delta B) - m\frac{v^2}{r} = 0 \qquad \therefore \ B_0 + \Delta B = \frac{mv}{qr}$$

である。上の v を代入して式を整理すれば，

$$\Delta B = \frac{\Delta\Phi}{2\pi r^2}$$

の関係式を得る。

問3 問2の結論は，軌道上の磁束密度の増加が，軌道が囲む面の平均磁束密度の増加の $\dfrac{1}{2}$ であることを表す。よって，中心部ほど磁束密度が大きい必要があるので，図3の (b) が適当である。

考 察

サイクロトロンは，一様かつ一定の磁場中での荷電粒子の円運動の周期が，荷電粒子の速さによらないことが作動原理となる。ギャップを通過するごとに加速しても半周する時間は一定なので，一定の時間間隔で電極間の電圧の向きを変えることにより，毎回加速することができる。一定の円軌道を維持するように調整すると，半周する時間が変化するので，電圧の向きを変える時間間隔も調整する必要がある。これが，問1のテーマである。

ベータトロンは，電磁誘導により誘導される電場を利用して荷電粒子を加速する装

置である。その際，粒子が一定の円軌道を保つように，磁束密度の増加率に勾配をつ
ける必要がある。問2と問3を通して，その原理を導くことになる。

本問では，荷電粒子を加速できることが前提
になっていたので，誘導される電場の向きにつ
いて議論しなかったが，磁束を増加させれば確
かに加速することができる（減少させると減速
する）。図において，磁場の向きが紙面の裏か
ら表の向きの場合，電荷が正である粒子は図の
矢印の向きに運動している。磁束を増加させ
ると，起電力は図の円軌道に付した矢印の向き

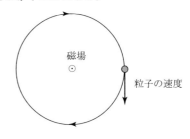

に誘導されるので，電場も同じ向きに誘導され，粒子に対して速度と同じ向きの力を
及ぼす。

(2) の　ル　について，荷電粒子の運動を観測する座標系が明示されていないが，粒
子が静止して見える回転系からの観測を想定し，磁場から受けるローレンツ力と遠心
力の合力を求めた。慣性系から観測する場合には，ローレンツ力のみとなり，「合力」
という指示と齟齬もあるが，(1) では明示的にローレンツ力と遠心力のつり合いを論じ
ている（この部分も，回転系から観測することは明示されていない）ので，そのよう
に論じることが出題者の意図であろう。

なお，ベータトロンはもともと電子（ベータ粒子）の加速に利用される。これが「ベー
タトロン」の名称の由来である。

第30講 ベータトロン

基本の確認　【下巻，第 IV 部 電磁気学，第 8 章】

　ファラデーの法則は，回路 C に注目したときに

$$V = -\frac{d\Phi}{dt} \quad \cdots\cdots \quad ①$$

と表すことができる。ここで，V は，定義した回路 C の正の向きに誘導される起電力であり，Φ は，回路 C の正の向きと右ネジの関係を満たす向きを正の向きとする，回路 C を境界とする面を貫く磁束である。

　ファラデーの法則は，磁束の変化が磁場の時間変化に基づく場合にも，回路の運動に基づく場合にも有効である。回路の運動に基づく場合は，電気回路（導線）の存在が前提となるが，磁場の時間変化に基づく場合は，磁場の時間変化と電場の間の関係を説明する法則である。

　起電力は，回路に沿って単位電荷が一周する間にされる仕事である。よって，① 式は，閉回路 C に沿って電場 $\vec{E}$ を線積分した値が

$$\int_C \vec{E} \cdot d\vec{r} = -\frac{d\Phi}{dt}$$

となることを意味する。ここで，$\vec{r}$ は C に沿った変位ベクトルであり，線積分とは，このような変位との内積の積分（仕事を求める積分と同じ）である。つまり，左辺は，C に沿って単位電荷が一周する間に電場からされる仕事を表す。静電場は周経路に沿った移動に対しては仕事をしないので，磁場の時間変化は非静電場（誘導電場と呼ぶことがある）の存在を伴うことを表す。

　電場が C に沿って誘導されていて，その強さ E が一様である場合は，C の全長を l として，

$$El = -\frac{d\Phi}{dt}$$

が成り立つことになる。

問 題

　次の文章を読んで，□□□に適した式を，それぞれの解答欄に記入せよ。なお，□□□はすでに□□□で与えられたものと同じものを表す。また，問 1，問 2 では，指示にしたがって，解答をそれぞれの解答欄に記入せよ。

　図 1〜図 3 に示すように，z 軸の正方向を向き，z 軸に関して軸対称な磁場（磁束密度が同一円周上では一定の磁場）がある。図中の z 軸方向の太線矢印は，$z=0$ の面内の点での磁束密度 $\vec{B}$ を表している。この面内で，磁束密度の大きさ B は，z 軸上で最大値 B_0 をとり，z 軸からの距離が大きくなるとともに距離の 1 次関数として減少し，距離 R において $B=0$ となり，距離が R を超えると $B=0$ である。この磁場中で質量 m，電荷 $-e\,(e>0)$ の電子の運動を考える。電子の運動により発生する磁場は無視してよい。ただし，円周率を π とする。

(1)　まず磁場は時間変化しないとする。このとき，$z=0$ の面内で，z 軸から距離 $r\,(\leqq R)$ における磁束密度の大きさ $B(r)$ は，B_0, R, r を用いて表すと　イ　となる。

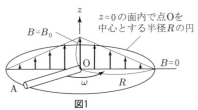

図1

　図 1 のように，長さ R のまっすぐで太さを無視できる孤立した導体棒 OA が，$z=0$ の面内で，z 軸上の点 O を回転中心として一定の角速度 ω で回転している。ここで，回転をはじめて十分時間が経過し，導体棒中の電子の分布が時間的に変化しなくなった状態を考える。回転は十分に遅く，電子にはたらく遠心力は無視できるとする。このとき，点 O から距離 $r\,(\leqq R)$ の位置の導体棒内の電子にはたらくローレンツ力の大きさは，e, B_0, R, r, ω を用いて表すと　ロ　である。導体棒中にはローレンツ力とつりあう力を電子に与える電場が発生している。その電場の大きさ E は，r の位置において　ハ　である。

　導体棒の両端間に発生する電位差は，電場の大きさ E を r の関数として図示したとき，$E(r)$ と r 軸で囲まれた図形の面積として計算できる。これを用いると導体棒の両端間の電位差は　ニ　となる。ここで，必要であれば，関数 $f(x)=(x-p)(q-x)$ のグラフと x 軸で囲まれた図形の面積が $\dfrac{1}{6}(q-p)^3$ であることを用いてよい。ただし，$p,\ q$ は任意の実数 $(q>p)$ である。

(2) $z=0$ の面内で，点 O を中心とする半径 R の円を貫く磁束 Φ_R を求め
よう。図 2 において，$z=0$ の面
内で点 O から距離 $r\,(\leqq R)$ の
位置にあり，z 軸に垂直な微小面
（面積 ΔS）を貫く磁束 $\Delta\Phi$ は，
B_0，R，r，ΔS を用いて表すと
$\boxed{\text{ホ}}$ となる。また，Φ_R は円内

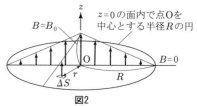

図2

の $\Delta\Phi$ の総和であり，$\Phi_R = \dfrac{1}{3}\pi R^2 B_0$ となる。必要であればこのことを
利用して問 1 に答えよ。

問 1 $z=0$ の面内で点 O を中心とする半径 $a\,(\leqq R)$ の円を貫く磁束 Φ_a は

$$\Phi_a = \pi B_0\, a^2 \left(1 - \frac{2a}{3R}\right)$$

であることを示せ。

(3) つぎに，磁束密度の大きさ B を時間変化させたときの真空中におかれた
1 個の電子の運動を考える。
$\boxed{\text{イ}}$ の磁束密度の大きさ
の式において，B_0 を時刻 t
とともに $B_0 = bt$（b は正の
定数）と変化させる。時刻 t
$= 0$ において，磁束密度は
いたるところで 0 であり，電
子は $z=0$ の面内で中心 O

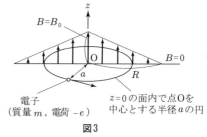

電子
（質量 m，電荷 $-e$）

$z=0$ の面内で点 O を
中心とする半径 a の円

図3

から距離 $a\,(\leqq R)$ の位置に静止していた。$t>0$ で，この電子は図 3 のよ
うに $z=0$ の面内を運動し，半径 a を一定に保ったまま円運動をした。こ
のときの a と R の関係を求めてみよう。なお，この設問では電子の円運動
により生じる遠心力は無視できないとする。また，解答は m，e，b，a，R，
t のうち必要なものを用いて表せ。

この電子は，磁束の時間変化により，その円軌道に沿って発生した電場
により加速される。時刻 $t\,(>0)$ におけるこの電場の大きさは $\boxed{\text{ヘ}}$ であ
り，電子の速さは $\boxed{\text{ト}}$ である。

問 2 加速されても半径 a を一定に保ったまま電子が回転することができ
る a/R の値を，導出過程も示して答えよ。

考え方

(1)　$B(r)$ をグラフで表せば右図のようになる。
関数式で示せば，

$$B(r) = B_0\left(1 - \frac{r}{R}\right)$$

となる。
　点 O から距離 r の位置の，導体棒の回転による
電子の速度は

$$v = r\omega$$

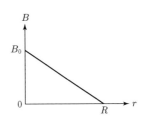

であるから，磁場から受けるローレンツ力の大きさは

$$f_{\mathrm{L}} = evB(r) = er\omega B_0\left(1 - \frac{r}{R}\right)$$

となる。力の向きは点 A から点 O の向きとなる。電子が，このローレンツ力とつり合
う力を電場から受けるとき，力の向きは点 O から点 A の向きなので，電場の向きは点
A から点 O の向きである。電場の大きさ E は，

$$eE = er\omega B_0\left(1 - \frac{r}{R}\right)$$

$$\therefore\ E = r\omega B_0\left(1 - \frac{r}{R}\right) = \frac{\omega B_0}{R}\cdot r(R-r)$$

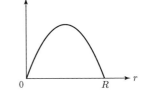

となる。これをグラフに示すと右図のようになる。
　導体棒の両端の電位差は

$$V = \int_0^R E(r)\,\mathrm{d}r = \frac{\omega B_0}{R}\int_0^r r(R - r)\,\mathrm{d}r = \frac{\omega B_0}{R}\times\frac{1}{6}R^3 = \frac{1}{6}\omega B_0 R^2$$

となる。ここで，与えられた積分公式を用いた。
　(2)　注目する微小面内では磁束密度を $B(r)$ で一様と扱えるので，

$$\Delta\Phi = B(r)\Delta S = B_0\left(1 - \frac{r}{R}\right)\Delta S$$

となる。
　(3)　$B_0 = bt$ のとき，

$$\Phi_a = \pi bta^2\left(1 - \frac{2a}{3R}\right)$$

となる。円軌道に沿って誘導される電場の大きさ E は，

$$e\times 2\pi a = \frac{\mathrm{d}\Phi}{\mathrm{d}t} = \pi ba^2\left(1 - \frac{2a}{3R}\right)\qquad\therefore\ E = \frac{1}{2}ab\left(1 - \frac{2a}{3R}\right)$$

となる。この電場により電子が円軌道に沿って加速されるので，電子の速さ v は，

$$m\frac{\mathrm{d}v}{\mathrm{d}t} = e \cdot \frac{1}{2}ab\left(1 - \frac{2a}{3R}\right) \qquad \therefore \quad \frac{\mathrm{d}v}{\mathrm{d}t} = \frac{eab}{2m}\left(1 - \frac{2a}{3R}\right) \ (一定)$$

に従って時間変化する。$t = 0$ において $v = 0$ なので，時刻 t には，

$$v = \frac{eab}{2m}\left(1 - \frac{2a}{3R}\right)t$$

となる。

[解答]

(1) イ $B_0\left(1 - \dfrac{r}{R}\right)$ ロ $er\omega B_0\left(1 - \dfrac{r}{R}\right)$ ハ $r\omega B_0\left(1 - \dfrac{r}{R}\right)$

ニ $\dfrac{1}{6}\omega B_0 R^2$ (2) ホ $B_0\left(1 - \dfrac{r}{R}\right)\Delta S$

問1 $\Phi_R = \dfrac{1}{3}\pi R^2 B_0$ であることは，

$$\sum_{r=0}^{r=R} B_0\left(1 - \frac{r}{R}\right)\Delta S = \frac{1}{3}\pi R^2 B_0$$

であること，すなわち，

$$\sum_{r=0}^{r=R}(R - r)\Delta S = \frac{1}{3}\pi R^3$$

であることを意味する。求めるべきは

$$\Phi_a = \sum_{r=0}^{r=a} B_0\left(1 - \frac{r}{R}\right)\Delta S = \frac{B_0}{R}\sum_{r=0}^{r=a}\{(a - r) + (R - a)\}\Delta S$$

であり，さらに，

$$\sum_{r=0}^{r=a}\{(a - r) + (R - a)\}\Delta S = \sum_{r=0}^{r=a}(a - r)\Delta S + (R - a)\sum_{r=0}^{r=a}\Delta S$$

$$\sum_{r=0}^{r=a}(a - r)\Delta S = \frac{1}{3}\pi a^3, \qquad \sum_{r=0}^{r=a}\Delta S = \pi a^2$$

であるから，

$$\Phi_a = \frac{B_0}{R}\left\{\frac{1}{3}\pi a^3 + (R - a)\pi a^2\right\} = \pi B_0 a^2\left(1 - \frac{2a}{3R}\right)$$

となる。

(3)　$\boxed{\text{ヘ}}$　$\dfrac{1}{2}ab\left(1 - \dfrac{2a}{3R}\right)$　　$\boxed{\text{ト}}$　$\dfrac{eab}{2m}\left(1 - \dfrac{2a}{3R}\right)t$

問2　電子が半径 a の円軌道に沿った円運動を維持する条件は，

$$m\dfrac{v^2}{a} = ev \cdot bt\left(1 - \dfrac{a}{R}\right) \qquad \therefore \ v = \dfrac{eab}{m}\left(1 - \dfrac{a}{R}\right)t$$

である。$\boxed{\text{ト}}$ の結論と比較して，

$$\dfrac{1}{2}\left(1 - \dfrac{2a}{3R}\right) = 1 - \dfrac{a}{R} \qquad \therefore \ \dfrac{a}{R} = \dfrac{3}{4}$$

を得る。

考　察

　第 29 講の題材でもあったベータトロンについて，定量的な分析を行う問題である。

　(1) では，磁場中で運動する導体棒に現れる電位差を求める。導体棒が一様な速度で平行移動する場合については，教科書でも取り上げているが，回転運動なので，やや手間がかかる。しかし，考え方はまったく同様であり，誘導にもあるように，ローレンツ力と静電気力のつり合いから結論を得ることができる。

　平行移動の場合は，導体内部の電場が一様なので導体の端の部分のみに帯電するが，回転運動の場合には電場が一様ではなく，導体内部も帯電することになる。その電荷分布は，ガウスの法則から求めることができる。

　導体棒 OA の断面積を S とする。O からの距離が r から $r + \Delta r$ の部分 D にガウスの法則を適用する。D の表面を貫く電気力線の総数は

$$N = \{-E(r + \Delta r)\}S + E(r)S$$

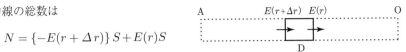

である。ガウスの法則より，

$$N = \dfrac{\text{D の内部の全電気量 } \Delta Q}{\varepsilon_0}$$

である。Δr を微小として，D 内部の電荷密度を $\rho(r)$ とすれば，

$$\Delta Q = \rho(r)S\Delta r$$

となるので，

$$\{-E(r + \Delta r)\}S + E(r)S = \dfrac{\rho(r)S\Delta r}{\varepsilon_0} \qquad \therefore \ \rho(r) = -\varepsilon_0\dfrac{E(r + \Delta r) - E(r)}{\Delta r}$$

214

となる。$\Delta r \to 0$ として，

$$\rho(r) = -\varepsilon_0 \frac{\mathrm{d}E}{\mathrm{d}r} = \frac{\varepsilon_0 \omega B_0}{R}(2r - R)$$

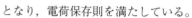

が得られる。このとき，導体棒 OA の全電気量は

$$\int_{r=0}^{r=R} \rho(r)S \, \mathrm{d}r$$

$$= \frac{\varepsilon_0 \omega B_0 S}{R} \int_0^R (2r - R) \, \mathrm{d}r = 0$$

となり，電荷保存則を満たしている。

　問 1 は，「$\Phi_R = \dfrac{1}{3}\pi R^2 B_0$ となることを利用して答えよ」という指示に従って，解答を構成した。ΔS は $B(r)$ が一様と扱える程度に小さければよいので，半径 r と $r + \Delta r$ の円で囲まれた部分を考えて，

$$\Phi_a = \sum_{r=0}^{r=a} B_0\left(1 - \frac{r}{R}\right) \cdot 2\pi r \Delta r$$

を直接計算してもよい。$\Delta r \to 0$ とすれば，

$$\Phi_a = \frac{2\pi B_0}{R} \int_0^a (R - r)r \, \mathrm{d}r$$

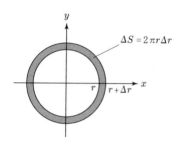

であり，単純な積分計算により容易に結論が得られる。

　問題文の 1 行目にある「z 軸に関して軸対称な磁場」という設定が，(3) において，xy 平面上の点 O を中心とする円周に沿って誘導される電場が一様であることを保証している。電場を求めるための具体的な誘導はないが，第 29 講での議論と同様に，磁場の時間変化により半径 a の回路（円周）に沿って誘導される起電力を想定すればよい。

　ベータトロンが作動する条件が，円軌道上の磁束密度の増加が，円軌道が囲む面の平均磁束密度の増加の $\dfrac{1}{2}$ であることを既知とすれば，

$$bt\left(1 - \frac{a}{R}\right) = \frac{\Phi_a}{\pi a^2} \times \frac{1}{2} = bt\left(1 - \frac{2a}{3R}\right) \times \frac{1}{2} \qquad \therefore \quad \frac{a}{R} = \frac{3}{4}$$

として，問 2 の結論が得られる。

第31講　斜面を滑り降りる導体棒

〔1997年度後期第2問〕

基本の確認　【下巻, 第 IV 部 電磁気学, 第8章】

　磁束の変化が回路の運動に基因する場合の電磁誘導は, キャリア（担体）が磁場から受けるローレンツ力の効果としても誘導起電力を説明できる。起電力 V は, 単位キャリア（単位電荷をもつ仮想的なキャリア）が回路に沿って一周する間にされる仕事なので,

$$V = \int_{回路} \left(\vec{v} \times \vec{B} \right) \cdot \mathrm{d}\vec{r} \quad \cdots\cdots \quad ①$$

と与えられる。ここで, $\vec{v}$ は回路の各点の速度であり, $\vec{B}$ は, その点の磁束密度である。$\vec{v} \times \vec{B}$ は, $\vec{v}$ と $\vec{B}$ の外積であり, 回路の運動に基づいて単位キャリアが受けるローレンツ力を表す。

　例えば, 磁束密度の大きさが B である一様磁場中を, 回路の一部となっている長さ l の直線部分が磁場と垂直な平面内を一様な速さ v で平行移動する場合には, この部分には大きさが vBl の起電力が誘導される。起電力の向きは, この部分内の単位キャリア（正電荷）が受けるローレンツ力の向きである。

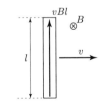

　ところで, 一般にローレンツ力の仕事率は常に 0 である。ローレンツ力の効果として起電力を求めるのは矛盾であるように見える。現実には単位キャリアの速度は回路の速度 $\vec{v}$ とは一致しない。キャリアとして回路に沿って移動する速度もある。つまり, ① 式ではローレンツ力の一部のみを見て, 形式的に仕事を計算している。実際には, それを相殺する仕事もある。この仕事は, 回路の運動に伴う力学的なエネルギーと関連する。したがって, エネルギーの保存は, 磁場の効果は勘案することなく, 電気回路と力学現象（回路の運動）をあわせて議論することになる。

問　題

次の文を読んで，□□□に適した式をそれぞれ記せ。

電気容量 C 〔F〕のコンデンサー，自己インダクタンス L 〔H〕のコイルとスイッチ S からなる回路が，図 1 のように，十分に長い 2 本の平行な導体のレールに接続されている。2 本のレールは，間隔が D 〔m〕で，水平面に対して角度 θ 〔rad〕だけ傾いていて，その上に質量 M 〔kg〕の導体棒が水平に置かれている。レール

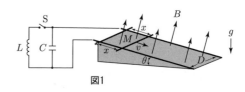

図1

と導体棒に垂直に磁束密度 B 〔Wb/m^2〕の一様磁界がかけられている。導体棒はレール上を水平なまま，摩擦なく動くとし，レールに沿った下向きを正の向きとする。また，導体棒，レール，コイルの電気抵抗は全て無視できるとする。重力加速度の大きさを g 〔m/s^2〕とする。

(1)　スイッチを切り，帯電していないコンデンサーだけを接続し，導体棒を静かに離す。導体棒がレールを滑り落ち，レールに沿った速度が v 〔m/s〕になった時，コンデンサーに蓄えられた電気量 Q 〔C〕は，$Q =$ □ア□ で与えられる。この時，導体棒を流れる電流を I 〔A〕，レールに沿った加速度を a 〔m/s^2〕とすると，導体棒の運動方程式は，$Ma =$ □イ□ と表される。さらに短い時間 Δt 〔s〕の間に導体棒の速度が Δv 〔m/s〕，コンデンサーの電気量が ΔQ 〔C〕だけ増えたとすると，I と a の関係は，C, B, D を用いて $I =$ □ウ□ $\times a$ となる。これらの式から，導体棒が滑り落ちている時の電流 I は，$I =$ □エ□ で与えられることがわかる。

(2)　スイッチを入れ，コンデンサーとコイルを接続する。はじめ，コイルを流れる電流は 0 で，コンデンサーは帯電していなかったとする。この状態で，静かに導体棒を離す。導体棒が x 〔m〕だけ滑り落ちた時，導体棒の速度を v 〔m/s〕，コイルに流れている電流を I 〔A〕，コンデンサーに蓄えられた電気量を Q 〔C〕とする。さらに導体棒は短い時間 Δt 〔s〕の間に $\Delta x = v \Delta t$ 〔m〕だけ移動した。電流の増加量を ΔI 〔A〕とすると，$\Delta I =$ □オ□ $\times \Delta x$ という関係式が得られる。この関係式より，導体棒が x 〔m〕だけ滑り落ちた時の電流は $I =$ □カ□ と与えられることがわかる。したがって，この時の，コンデンサーとコイルに蓄えられるエネルギーを含めた全エネルギー E 〔J〕は，はじめの全エネルギーの値を 0 とすると，$E =$ □キ□ $\times v^2 +$ □ク□ $\times x^2 - Mgx \sin\theta$ と表される。

　この導体棒の運動を調べるために，図2の力学的な系を考える。ここで，質量 m〔kg〕と M〔kg〕の物体は台上を摩擦なく動き，質量の無視できるひもで摩擦なく動く滑車 K を通して結ばれている。質量 m の物体につながれているばねの伸びを x〔m〕，その時の物体の速度を v〔m/s〕としたときに，全エネルギーの式が上の全エネルギー E の式と一致するには，m は，B, C, D を用いて $m =$ ケ ，ばね定数 k〔N/m〕は B, D, L を用いて $k =$ コ となっていなければならない。この考察により，図1の系の導体棒が単振動をし，その周期は L, C, M, B, D を用いて サ 〔s〕と表されることがわかる。

　また，この周期が図3の共振回路の共振の周期と同じであるとすると，図3の中の右側のコンデンサーの電気容量 C'〔F〕は $C' =$ シ と表される。この意味で，導体棒はコンデンサーと同等の役割をしていることがわかる。

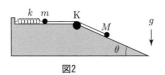

図2

図3

考え方

　(1)　導体棒の速度が v になると大きさ vBD の起電力が誘導される。スイッチが切ってある状態の電気回路は右図のような回路と等価である。よって，回路方程式は，

$$\frac{Q}{C} = vBD \quad \cdots\cdots ②$$

であり，電荷保存則より，

$$I = \frac{dQ}{dt} \quad \cdots\cdots ③$$

となる。このとき，導体棒には右図のような力がはたらく。よって，斜面方向の運動方程式は，

$$M\frac{dv}{dt} = Mg\sin\theta + (-IBD) \quad \cdots\cdots ④$$

となる。

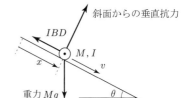

斜面からの垂直抗力

重力 Mg

②式，③式より，

$$I = \frac{\mathrm{d}}{\mathrm{d}t}(CvBD) = CBD\frac{\mathrm{d}v}{\mathrm{d}t}$$

であるので，④式は，

$$M\frac{\mathrm{d}v}{\mathrm{d}t} = Mg\sin\theta - C(BD)^2\frac{\mathrm{d}v}{\mathrm{d}t} \qquad \therefore \quad \frac{\mathrm{d}v}{\mathrm{d}t} = \frac{Mg\sin\theta}{M + C(BD)^2}$$

となる。よって，

$$I = CBD\frac{\mathrm{d}v}{\mathrm{d}t} = \frac{CBDMg\sin\theta}{M + C(BD)^2}$$

である。

(2)　スイッチを入れた場合も②式は有効なので，

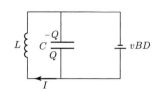

$$Q = CvBD \quad \cdots\cdots ⑤$$

である。一方，コイルを含む回路についての回路方程式より，

$$0 = vBD + \left(-L\frac{\mathrm{d}I}{\mathrm{d}t}\right) \qquad \therefore \quad \frac{\mathrm{d}I}{\mathrm{d}t} = \frac{BD}{L}v$$

となる。ここで，

$$v = \frac{\mathrm{d}x}{\mathrm{d}t}$$

なので，

$$\frac{\mathrm{d}I}{\mathrm{d}t} = \frac{BD}{L}\cdot\frac{\mathrm{d}x}{\mathrm{d}t}$$

となる。はじめ $x = 0$, $I = 0$ なので，

$$I = \frac{BD}{L}x \quad \cdots\cdots ⑥$$

である。

系全体についてのエネルギー保存は，

$$\frac{1}{2}Mv^2 + Mg\sin\theta\cdot(-x\sin\theta) + \frac{1}{2}LI^2 + \frac{Q^2}{2C} = 一定$$

となる。ここに，⑤式と⑥式を代入すれば，

$$\frac{1}{2}\{M + C(BD)^2\}v^2 + \frac{(BD)^2}{2L}x^2 - Mgx\sin\theta = 一定$$

となる。これは，

$$m = \frac{(BD)^2}{2L}, \quad k = C(BD)^2$$

の場合の図 2 の力学系についての力学的エネルギー保存則と一致する。よって，振動の周期は

$$T = 2\pi\sqrt{\frac{M+m}{k}} = 2\pi\sqrt{L\left\{C + \frac{M}{(BD)^2}\right\}}$$

である。また，

$$C' = \frac{M}{(BD)^2}$$

とおけば，

$$T = 2\pi\sqrt{L(C+C')}$$

となるので，この周期は図 3 の振動回路の周期と一致する。

[解答]

(1) ア $CvBD$ 　　イ $Mg\sin\theta + (-IBD)$ 　　ウ CBD

　エ $\dfrac{CBDMg\sin\theta}{M + C(BD)^2}$

(2) オ $\dfrac{BD}{L}$ 　　カ $\dfrac{BD}{L}x$ 　　キ $\dfrac{1}{2}\left\{M + C(BD)^2\right\}$ 　　ク $\dfrac{(BD)^2}{2L}$

　ケ $C(BD)^2$ 　　コ $\dfrac{(BD)^2}{L}$ 　　サ $2\pi\sqrt{L\left\{C + \dfrac{M}{(BD)^2}\right\}}$

　シ $\dfrac{M}{(BD)^2}$

■■■■　考　察　■■■■

　本問のように，回路の運動に基因する電磁誘導の問題では，電気回路の現象と力学現象が同時進行している。それぞれについての方程式を書き，連立すれば解決できる。その際，方程式には電気回路の現象を代表する関数（電流や電荷）と，力学現象を代表する関数（位置や速度，加速度）が混在して現れる。そのままでは解きにくいので，いずれかの関数に統一するとよい。本問の (1) では，力学現象を代表する関数に統一することにより解決した。

　(2) でも，機械的に方程式を解くことは可能であるが，エネルギーの議論を行った。その場合も，現象を記述する方程式（回路方程式や運動方程式）に基づいて，エネルギーの保存を読み取っていくことが重要である。その際，磁場は仕事をしないことに

注意する。磁場の効果を表す項は，エネルギーの保存には関与しない。

電気回路については，

$$L\frac{\mathrm{d}I}{\mathrm{d}t} = vBD \quad \cdots\cdots \; \text{⑦} \qquad \frac{Q}{C} = vBD \quad \cdots\cdots \; \text{⑧}$$

の2つの方程式により記述される。一方，導体棒の運動方程式は，

$$M\frac{\mathrm{d}v}{\mathrm{d}t} = Mg\sin\theta + (-I'BD) \quad \cdots\cdots \; \text{⑨}$$

となる。ここで，I' は導体棒に流れる電流であり，

$i = \dfrac{\mathrm{d}Q}{\mathrm{d}t}$ とおけば，電荷保存則より，

$$I' = I + i$$

である。

磁束密度が現れている ⑦ 式と ⑧ 式の vBD，お
よび，⑨ 式の $(-I'BD)$ は，エネルギーの保存に

は関与しない。⑦ 式の $L\dfrac{\mathrm{d}I}{\mathrm{d}t}$ に対応してコイルの磁気エネルギー $\dfrac{1}{2}LI^2$ が連想され，

⑧ 式の $\dfrac{Q}{C}$ に対応してコンデンサーの静電エネルギー $\dfrac{Q^2}{2C}$ が連想される。また，⑨

式の $M\dfrac{\mathrm{d}v}{\mathrm{d}t}$ に対応して運動エネルギー $\dfrac{1}{2}Mv^2$ が連想され，$(-Mg\sin\theta)$ に対応して
重力による位置エネルギー $Mg\cdot(-x\sin\theta)$ が連想される。これらを合理的に結びつけ
れば，エネルギー保存の方程式として，

$$\frac{1}{2}Mv^2 + Mg\cdot(-x\sin\theta) + \frac{1}{2}LI^2 + \frac{Q^2}{2C} = \text{一定} \quad \cdots\cdots \; \text{⑩}$$

が導かれる。さらに，$\boxed{\text{考え方}}$ で示したような議論により，図2の力学現象と等価で
あることが判断できる。

⑩ 式は，回路方程式や運動方程式をエネルギー保存の方程式に読み替える手続きを
経て導くこともできる（上の議論が理解できれば，試験場では不要である）。

$$\text{⑦} \times I : \quad \frac{\mathrm{d}}{\mathrm{d}t}\left(\frac{1}{2}LI^2\right) = IvBD$$

$$\text{⑧} \times i : \quad \frac{\mathrm{d}}{\mathrm{d}t}\left(\frac{Q^2}{2C}\right) = ivBD$$

$$\text{⑨} \times v : \quad \frac{\mathrm{d}}{\mathrm{d}t}\left(\frac{1}{2}Mv^2 - Mgx\sin\theta\right) = -vI'BD$$

であるから，3式を辺々加えれば，

$$\frac{\mathrm{d}}{\mathrm{d}t}\left(\frac{1}{2}Mv^2 - Mgx\sin\theta + \frac{1}{2}LI^2 + \frac{Q^2}{2C}\right) = 0$$

が得られる。これは ⑩ 式の成立を示す。

第32講　振動回路

〔2020年度第2問〕

基本の確認　【下巻，第 IV 部 電磁気学，第 9 章】

　抵抗の無視できる LC 回路（コイルとコンデンサーを接続した回路）では，電気的な振動が実現し，自律的に交流電流が流れる。

　この振動の角周波数は，コイルの自己インダクタンス L とコンデンサーの電気容量 C により，

$$\omega = \frac{1}{\sqrt{LC}} \quad \cdots\cdots ①$$

と与えられる。これは，回路方程式を書けば容易に導かれる。

　右の回路の回路方程式は，

$$\frac{Q}{C} = -L\frac{dI}{dt}$$

となる。電荷保存則より，

$$I = \frac{dQ}{dt}$$

であるから，Q は，

$$\frac{Q}{C} = -L\frac{d^2Q}{dt^2} \qquad \therefore \quad \frac{d^2Q}{dt^2} = -\frac{1}{LC}Q$$

に従うことがわかる。数学的に，この方程式は，角周波数（角振動数）が ① で与えられる単振動の方程式である。つまり，Q の時間変化は，角周波数 ω の正弦振動となる。このとき，Q の速度に対応する電流 I の時間変化も同じ角周波数の正弦振動となる。

　また，上の回路におけるエネルギー保存は，単振動の力学的エネルギー保存則と対応して，

$$\frac{1}{2}LI^2 + \frac{Q^2}{2C} = 一定$$

となる。電気抵抗を無視しているので，回路からの熱の放出はなく，コイルの磁気エネルギーとコンデンサーの静電エネルギーの和が一定に保たれる。

—————— 問　題 ——————

次の文章を読んで，□□□に適した式または数値を，それぞれ記入せよ。なお，□□□はすでに□□で与えられたものと同じものを表す。また，問1〜問3では，指示にしたがって，解答をそれぞれ記入せよ。ただし，円周率をπとする。

(1)　図1のように，自己インダクタンス L のコイル，スイッチ，電気容量 C のコンデンサーからなる回路がある。コンデンサーに蓄えられる電気量 Q とコンデンサーの両端に現れる電圧 V の間には $Q = CV$ の関係が成り立つ。コンデンサーに初期の電気量 $Q = Q_0$（$Q_0 > 0$）を与え，スイッチを閉じたところ，周期 $2\pi\sqrt{LC}$ の電気振動が発生した。このとき，図1のコイルを流れる矢印の方向を正とした電流 I について，微小時間 Δt の間の微小変化を ΔI とすると，コイルの議導起電力とコンデンサーの電圧 V の間には

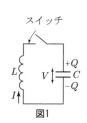

図1

$$L\frac{\Delta I}{\Delta t} = \boxed{\text{イ}} \qquad (\text{i})$$

の関係がある。スイッチを閉じた後，電流 I は初期値0から負方向に流れ始める。

　また，コンデンサーに蓄えられた電気量 Q と電圧 V の微小変化 ΔQ，ΔV の間に，$\Delta Q = C\Delta V$ の関係がある。電気量 Q は電流 I が負の場合は減少し，$\Delta Q = I\Delta t$ が成り立つので，微小時間 Δt の間の電圧 V の微小変化 ΔV と電流 I の間には

$$C\frac{\Delta V}{\Delta t} = \boxed{\text{ロ}} \qquad (\text{ii})$$

の関係がある。スイッチを閉じた後，電流 I が負方向に流れ始めるので，電圧 V は初期値 $\dfrac{Q_0}{C}$ から減少し始める。この振動において，V は I に対して $\boxed{\text{ハ}}$ だけ位相が遅れる。また，I の最大値は $\boxed{\text{ニ}}$ である。

(2)　図2のように，電圧 E の直流電源，自己インダクタンス L のコイル，スイッチ，抵抗値 r の抵抗，ダイオード，電気容量 C のコンデンサーからなる回路がある。ダイオードは理想的な整流作用をもつとし，矢印で示した順方

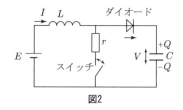

図2

向の抵抗は 0, 逆方向の抵抗は無限大とする。

　十分長い間スイッチを閉じると, コイルの誘導起電力は消滅し, ダイオードには電流が流れなくなる。このときコイルに流れる電流 I は ホ である。次に, 時刻 $t = 0$ にスイッチを開けた。その直後のコイルに流れる電流 I_0 は ホ である。コンデンサーが, 時刻 $t = 0$ にスイッチを開ける前に電源と等しい電圧 E で充電されていた場合を考える。コンデンサーの両端に現れる電圧 V の E からの変化分を $V' = V - E$ とおくと, スイッチを開けた直後の V' の値は 0 である。スイッチを開けた後, ダイオードに電流が流れ, コンデンサーが充電されるとともに, V' は正となり, I は減少し始める。微小時間 Δt の間の I の微小変化 ΔI, V' の微小変化 $\Delta V'$ と I, V' の間には

$$\begin{cases} L\dfrac{\Delta I}{\Delta t} = \boxed{\text{ヘ}} \\[2mm] C\dfrac{\Delta V'}{\Delta t} = \boxed{\text{ト}} \end{cases} \quad \text{(iii)}$$

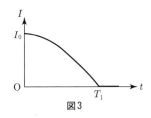

図3

の関係がある。式 (iii) は式 (i), (ii) と同じ形をしているため, 初期値 $I = I_0$, $V' = 0$ の電気振動が始まるが, ダイオードが存在するために I は負にならず, 図3のように時刻 $T_1 = \boxed{\text{チ}}$ に振動は停止する。

問1　コイルに蓄えられていた初期のエネルギー, 電源から供給されるエネルギー, コンデンサーに蓄積されるエネルギーの関係から時刻 T_1 におけるコンデンサーの両端に現れる電圧を求め, V の時間変化を図3と同様に描け。

(3)　図2の回路から抵抗値 r の抵抗を取り去り, 抵抗値 R の抵抗を加えた図4の回路を, 電源と抵抗を直接接続した図5の回路と比較してみよう。ただし, 図4の回路ではスイッチを微小時間 Δt_1 だけ閉じ, その後微小時間 Δt_2 だけ開ける操作を微小時間 $T = \Delta t_1 + \Delta t_2$ で周期的にくりかえすものとする。また, 微小時間 Δt_1 の間のコイルを流れる電流 I, コンデンサー

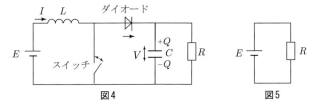

図4　　　　　　　　　　図5

の両端に現れる電圧 V の微小変化をそれぞれ ΔI_1, ΔV_1, 微小時間 Δt_2 の間の I, V の微小変化をそれぞれ ΔI_2, ΔV_2 とする。

スイッチが閉じた状態では，電圧 V を正とするとダイオードに電流は流れず，電源の電圧 E により電流 I は増加，コンデンサーは抵抗 R を通して放電し

$$\begin{cases} L\dfrac{\Delta I_1}{\Delta t_1} = \boxed{\text{リ}} \\[2mm] C\dfrac{\Delta V_1}{\Delta t_1} = \boxed{\text{ヌ}} \end{cases} \tag{iv}$$

の関係が成立する。スイッチが開いた状態では，電流 I を正とするとダイオードに電流が流れ

$$\begin{cases} L\dfrac{\Delta I_2}{\Delta t_2} = \boxed{\text{ル}} \\[2mm] C\dfrac{\Delta V_2}{\Delta t_2} = \boxed{\text{ヲ}} \end{cases} \tag{v}$$

の関係が成立する。

十分時間がたち，I, V が微小時間 T で周期的に変化する定常状態になったときの1周期 $0 \le t \le T$ の間の電流 I の変化は図6のようになった。ただし，スイッチを閉じた瞬間を $t = 0$ とし，そのときの電流 I と電圧 V をそれぞれ $I = I_0$, $V = V_0$ とおく。また，定常状態の ΔI_1, ΔI_2, ΔV_1, ΔV_2 は，式 (iv), (v)

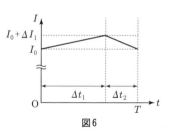

図6

において $I = I_0$, $V = V_0$ を代入することにより，I_0, V_0 を用いて表現できるものとする。

問2　定常状態になったときの1周期では $\Delta I_1 + \Delta I_2 = 0$, $\Delta V_1 + \Delta V_2 = 0$ が成り立つ。$\Delta t_1 = \alpha \Delta t_2$ のとき，電圧 V_0，電流 I_0 を α, E, R のうち必要なものを用いて表せ。また，$\alpha = 1$ の場合の電圧 V の変化を，図6を参考に E, C, R, T のうち必要なものを用いて描け。

問3　問2で得られたように，図4の回路は電源の電圧 E よりも大きな電圧 V を作り出すことができる。ここで図4と図5の抵抗で消費される電力を考える。コンデンサーの両端に現れる電圧 V は，ΔV_1, ΔV_2 が V_0 より十分小さいとき，$V = V_0$ の一定値とみなせる。この場合，$\Delta t_1 =$

$\alpha \Delta t_2$ のとき，図 4 の抵抗で消費される電力は図 5 の抵抗で消費される電力の何倍になるか，α を用いて答えよ。

考え方

(1)　$Q = CV$ の関係が要請されているので，$V = \dfrac{Q}{C}$ はコンデンサーの初期状態における負極に対する正極の電位を表す。したがって，図 1 の回路についての回路方程式より，

$$V = -L\frac{dI}{dt} \qquad \therefore \quad L\frac{dI}{dt} = -V$$

の関係が成り立つ。

コンデンサーの正極板についての電荷保存則より，

$$I = \frac{dQ}{dt} = C\frac{dV}{dt}$$

の関係がある。よって，V が余弦振動するとき，I は負の正弦振動する。つまり，V は I に対して位相が $\dfrac{\pi}{2}$ だけ遅れる。

I の最大値 I_0 は，エネルギー保存則より，

$$\frac{1}{2}LI_0{}^2 = \frac{Q_0{}^2}{2C} \qquad \therefore \quad I_0 = \frac{Q_0}{\sqrt{LC}}$$

である。

(2)　$I = $ 一定 となり，ダイオードに電流が流れない状態において，コイル，抵抗，直流電源を含む回路についての回路方程式より，

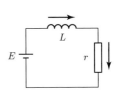

$$rI = E \qquad \therefore \quad I = \frac{E}{r}$$

である。$I = $ 一定 なので，コイルの電圧は 0 である。

スイッチを開いた後に，ダイオードに電流が流れている間の回路は右図と等価であり，回路方程式は

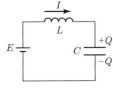

$$\frac{Q}{C} = E + \left(-L\frac{dI}{dt}\right)$$

となる。よって，

$$L\frac{dI}{dt} = E - V = E - (E + V') = -V' \quad (\because \ V = E + V')$$

である。また，電荷保存則より，

$$I = \frac{\mathrm{d}Q}{\mathrm{d}t} = C\frac{\mathrm{d}V}{\mathrm{d}t} = C\frac{\mathrm{d}V'}{\mathrm{d}t} \quad (\because \ V = E + V', \ E = 一定)$$

となる。

上の2つの関係式より，

$$CL\frac{\mathrm{d}^2 I}{\mathrm{d}t^2} = -I \qquad \therefore \ \frac{\mathrm{d}^2 I}{\mathrm{d}t^2} = -\frac{1}{CL}I$$

となるので，I は各周波数 $\omega = \dfrac{1}{\sqrt{LC}}$ の交流電流となる。電流が流れる時間は，位相が $\dfrac{\pi}{2}$ だけ変化する時間に等しく，

$$T_1 = \frac{\dfrac{\pi}{2}}{\omega} = \frac{\pi}{2}\sqrt{LC}$$

となる。

(3) 図4の回路においてスイッチを閉じて，$V > 0$ のときには，図に示した2つの部分にそれぞれ一様な電流が流れる。それぞれの回路方程式は，

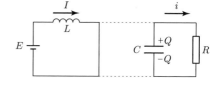

$$0 = E + \left(-L\frac{\mathrm{d}I}{\mathrm{d}t}\right), \quad Ri = V$$

であるから，

$$L\frac{\mathrm{d}I}{\mathrm{d}t} = E, \quad i = \frac{V}{R}$$

となる。一方，コンデンサーの正極板についての電荷保存則より，

$$i = -\frac{\mathrm{d}Q}{\mathrm{d}t} = -C\frac{\mathrm{d}V}{\mathrm{d}t} \quad (\because \ Q = CV)$$

であるから，

$$C\frac{\mathrm{d}V}{\mathrm{d}t} = -i = -\frac{V}{R}$$

となる。以上より，

$$L\frac{\Delta I_1}{\Delta t_1} = E, \quad C\frac{\Delta V_1}{\Delta t_1} = -\frac{V}{R} \tag{iv}$$

の関係が成立する。

スイッチを開き，ダイオードにも電流 I が流れるとき，(2) の場合と同様に回路方程式

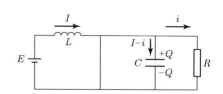

$$V = E + \left(-L\frac{\mathrm{d}I}{\mathrm{d}t}\right)$$

が成り立つ。よって，

$$L\frac{\mathrm{d}I}{\mathrm{d}t} = E - V$$

である。一方，電荷保存則より，

$$\frac{\mathrm{d}Q}{\mathrm{d}t} = I - i = I - \frac{V}{R}$$

となる。以上より，

$$L\frac{\Delta I_2}{\Delta t_2} = E - V, \quad C\frac{\Delta V_2}{\Delta t_2} = I - \frac{V}{R} \tag{v}$$

の関係が成立する。

[解答]

(1)　$\boxed{イ}$　$-V$　　$\boxed{ロ}$　I　　$\boxed{ハ}$　$\dfrac{\pi}{2}$　　$\boxed{ニ}$　$\dfrac{Q_0}{\sqrt{LC}}$

(2)　$\boxed{ホ}$　$\dfrac{E}{r}$　　$\boxed{ヘ}$　$-V'$　　$\boxed{ト}$　I　　$\boxed{チ}$　$\dfrac{\pi}{2}\sqrt{LC}$

問1　電流が流れている間に直流電源を電気量は，起電力の向きに $CV - CE$ である。エネルギー保存則より，

$$\frac{1}{2}CV^2 = \frac{1}{2}CE^2 + \frac{1}{2}LI_0{}^2 + (CV - CE)E$$

が成り立つ。$CV > CE$，すなわち，$V > E$ に注意して解けば，

$$V = E + I_0\sqrt{\frac{L}{C}}$$

となる。V の時間変化の様子は右図のようになる。

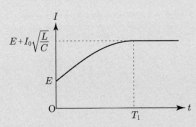

(3)　$\boxed{リ}$　E　　$\boxed{ヌ}$　$-\dfrac{V}{R}$　　$\boxed{ル}$　$E - V$　　$\boxed{ヲ}$　$I - \dfrac{V}{R}$

問2　$V = V_0$，$I = I_0$，$\Delta t_1 = \alpha \Delta t_2$ とすれば，(iv) より，

$$\Delta I_1 = \frac{E}{L}\Delta t_1 = \frac{\alpha E}{L}\Delta t_2, \quad \Delta V_1 = -\frac{V_0}{CR}\Delta t_1 = -\frac{\alpha V_0}{CR}\Delta t_2$$

となる。一方，(v) より，

$$\Delta I_2 = \frac{E - V_0}{L}\Delta t_2, \quad \Delta V_2 = \frac{RI_0 - V_0}{CR}\Delta t_2$$

となる。

$\Delta I_1 + \Delta I_2 = 0$ なので,

$$\left(\frac{\alpha E}{L} + \frac{E - V_0}{L}\right)\Delta t_2 = 0 \qquad \therefore\ V_0 = (1+\alpha)E$$

である。また,$\Delta V_1 + \Delta V_2 = 0$ なので,

$$\left(-\frac{\alpha V_0}{CR} + \frac{RI_0 - V_0}{CR}\right)\Delta t_2 = 0$$

$$\therefore\ I_0 = (1+\alpha)\frac{V_0}{R} = (1+\alpha)^2 \frac{E}{R}$$

である。

$\alpha = 1$ のとき,

$$V_0 = 2E, \quad I_0 = \frac{4E}{R}, \quad \Delta t_1 = \Delta t_2 = \frac{T}{2}$$

であり,

$$\Delta V_1 = -\frac{ET}{CR},$$

$$\Delta V_2 = \frac{ET}{CR}$$

となる。これより,V の時間変化は右図のようになる。

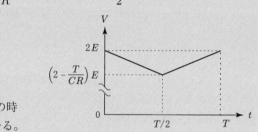

問3 $V = V_0$(一定)とすれば,図4の抵抗の消費電力は

$$\frac{V_0{}^2}{R} = (1+\alpha)^2 \frac{E^2}{R}$$

であるから,図5の抵抗の消費電力の $(1+\alpha)^2$ 倍となる。

考 察

基本的には電気回路の問題である。回路方程式と電荷保存則を連立すれば解決できる。特別な知識や難しい計算は必要なく,オーソドックスな議論を展開すればよい。

問1では,I を t の関数として具体的に表示すれば容易に結論を得ることができる。

$$I = I_0 \cos \omega t$$

なので,

$$V' = -L\frac{dI}{dt} = \omega L I_0 \sin \omega t = I_0 \sqrt{\frac{L}{C}} \sin \omega t$$

である。よって，

$$V = E + V' = E + I_0 \sqrt{\frac{L}{C}} \sin \omega t$$

となる。これにより，設問に解答できる。

　問 1 のエネルギー保存則では，直流電源の仕事 $(CV - CE)E$ も考慮する必要がある。最終的に $I = 0$ となると，コイルのエネルギーは 0 である。

　直流電源により運転される回路の定常状態では，変化が止まり電流や電圧，電荷は一定値に収束する。本問の (3) でも電源としては直流電源を用いているが，スイッチの開閉を継続するので，変化は止まらない。定常状態においても，$\dfrac{dI}{dt}$ や $\dfrac{dV}{dt}$ は 0 とならない。問 2 において，値としては $V = V_0$, $I = I_0$ と，それぞれ一定値に近似しているが，それに対応して，$\dfrac{dI}{dt}$ や $\dfrac{dV}{dt}$ が 0 ではない特定の値をとり，十分に小さい時間の間の ΔI や ΔV を評価できる。問 3 で要求されているのは，このような議論である。

第33講　交流発電・交流回路

〔1998年度後期第2問〕

基本の確認　【下巻，第Ⅳ部 電磁気学，第10章】

　交流電源で運転される回路では，定常状態において回路のすべての部分に，角周波数が電源と共通な交流電流が流れる。この状態では，コイルやコンデンサーも抵抗に準じた扱いができる。つまり，素子により決まる一定値 Z に対して，その素子に流れる電流の実効値 I と端子間電圧の実効値 V の間に

$$V = ZI, \quad I = \frac{V}{Z}$$

の関係が成立する。コイルやコンデンサーについては，一定値 Z をリアクタンスと呼ぶ。リアクタンスと抵抗を総称してインピーダンスと呼ぶ。インピーダンスは，直流回路における抵抗の概念を交流回路に拡張したものと言える。

　角周波数 ω の交流電源により運転される回路において，自己インダクタンス L のコイルのリアクタンスは

$$Z_{\mathrm{L}} = \omega L$$

となる。一方，電気容量 C のコンデンサーのリアクタンスは

$$Z_{\mathrm{C}} = \frac{1}{\omega C}$$

となる。

　交流回路では，電流や電圧の瞬時値については位相も考慮する必要がある。これは，角周波数 ω の現れ方と対応する。例えば，コイルの端子間電圧が，電流の向きの電位の下がり（電圧降下，電流の下流側を基準とする上流側の電位）として，

$$v = V_0 \sin(\omega t)$$

で与えられるとき，コイルに流れる電流は

$$i = \frac{V_0}{\omega L} \sin\left(\omega t - \frac{\pi}{2}\right) = -\frac{V_0}{\omega L} \cos(\omega t)$$

となる。このように角周波数 ω が**割り算**として現れると，位相は $\frac{\pi}{2}$ だけ**遅れる**。逆に，**かけ算**として現れる場合は，$\frac{\pi}{2}$ だけ**進む**。

─── 問　題 ───

次の文を読んで，□ に適した式をそれぞれ記せ。

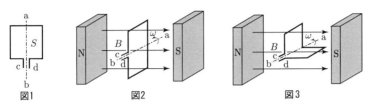

図1　　　　　　図2　　　　　　図3

(1)　図1，図2に示すように，面積 S の1回巻き長方形コイルを，一様な磁束密度 B の磁界中におき，磁界に直交するコイルの中心線 ab を軸として，b から見て反時計回りに一定の角速度 ω で回転させた。時刻 t にコイルを貫く磁束は ［ ア ］，コイルの両端 c, d に生じる誘導起電力は ［ イ ］ である。ただし，コイルの面が磁界と垂直になる時刻を $t = 0$ とし，その直後に生じる起電力の符号を正とせよ。

　　次に，コイルを中心線 ab で直角に折り曲げて同様の実験を行う。2つのコイル面が磁界と平行および垂直になっている図3の状態を $t = 0$ とし，その直後に生じる起電力の符号を正と定めると，コイルの両端 c, d に生じる誘導起電力は，$X \sin Y$ で表される交流になる。ここで，$X =$ ［ ウ ］，$Y =$ ［ エ ］ である。必要であれば公式 $\sin(\alpha + \beta) = \sin \alpha \cos \beta + \cos \alpha \sin \beta$ を用いよ。

(2)　起電力 V の電池，電気抵抗がそれぞれ R_1，R_2, R_5 の抵抗器，インダクタンスが L_3 のコイル，電気容量が C_4 のコンデンサーとスイッチ S_0 の各素子で構成された図4の回路がある。S_0 を開いた最初の状態では C_4 に電荷の蓄積はなく，回路に電流は流れていない。S_0 を閉じると，

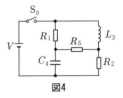

図4

その瞬間に S_0 に流れる電流は ［ オ ］ であり，それからじゅうぶん時間が経過した後に C_4 に蓄えられる電荷は ［ カ ］ である。次に S_0 を開いた。この瞬間から再び回路に電流が流れなくなるまでの間に，回路全体で消費されるエネルギーの合計は ［ キ ］ である。

(3)　一般に，インダクタンスが L のコイル，あるいは電気容量が C のコンデンサーにかかる交流電圧が時刻 t の関数

$$v(t) = V_0 \sin(\omega t + \theta) \qquad V_0,\ \omega,\ \theta \text{ は定数}$$

で表されるとき，それぞれに流れる交流電流 $i(t)$ は関数 $v(t)$ を用いて

$$i(t) = kv(t')$$

の形で表される。ここで，コイルの場合には $k = \dfrac{1}{\omega L}$, $t' = \boxed{\text{ク}}$，コンデン

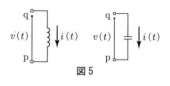

図5

サーの場合には，$k = \omega C$, $t' = \boxed{\text{ケ}}$

である。なお，図5のように電流が q から p に向かう場合に $i(t)$ の符号を正とするとき，$v(t)$ の符号は p より q の電位が高い場合を正とする。

(4) 図4の回路から電池とスイッチを取り除き，代わりに図2の発電装置を接続した。図6に示したこの回路では，各素子に起電力と同じ周期の交流電流が流れるが，電流の振幅と位相は素子により異なる。

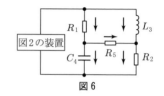

図6

ここで，R_5 に流れる電流が常に 0 となる条件を求めよう。各素子 R_1, R_2, L_3, C_4, R_5 に矢印の方向に流れる電流を $i_1(t)$, $\cdots$, $i_5(t)$，各素子の両端にかかる電圧を $v_1(t)$, $\cdots$, $v_5(t)$ とすると，$v_5(t) = 0$ から $v_1(t) = v_3(t)$，$i_5(t) = 0$ から $i_1(t) = i_4(t)$ などの関係が成立する。これらの関係と設問 (3) の考察から，求める条件は $R_1 R_2 = \boxed{\text{コ}}$ となる。

考え方

(1) 図2おいて，図のようにコイルを貫く磁束を Φ とし，回路の正の向きを図の矢印の向きとする。時刻 t の関数として

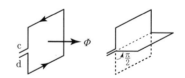

$$\Phi = BS \cos \omega t$$

であるから，コイルに誘導される起電力は

$$V = -\frac{d\Phi}{dt} = \omega BS \sin \omega t$$

となる。これは，$t = 0$ の直後に $V > 0$ である。

図3の場合には，図2と比べて半分の面積が $\dfrac{\pi}{2}$ だけ先行して回転しているので，

$$\Phi = \frac{BS}{2}\cos\omega t + \frac{BS}{2}\cos\left(\omega t + \frac{\pi}{2}\right) = \frac{BS}{2}\cos\omega t - \frac{BS}{2}\sin\omega t$$

$$V = -\frac{\mathrm{d}\Phi}{\mathrm{d}t} = \frac{\omega BS}{2}\sin\omega t + \frac{\omega BS}{2}\cos\omega t = \frac{\omega BS}{\sqrt{2}}\sin\left(\omega t + \frac{\pi}{4}\right)$$

となる。これも，$t = 0$ の直後に $V > 0$ である。

(2)　図 4 の各素子の電流と電圧を図のように設定する。また，コンデンサーの帯電量を q とする。

すべての電流と q がゼロの状態から，S_0 を閉じた直後には

$$q = 0, \quad i_3 = 0$$

であり，

$$i_5 = i_2 = 0 , \quad i_0 = i_1 = i_4$$

となる。よって，

$$i_0 R_1 = V \qquad \therefore \quad i_0 = \frac{V}{R_1}$$

である。十分に経過すると，

$$i_3 = 一定 \qquad \therefore \quad v_3 = 0$$

であり，また，

$$q = 一定 \qquad \therefore \quad i_4 = 0$$

である。よって，

$$i_1 = i_5 = 0, \quad i_0 = i_3 = i_2$$

となる。このとき，

$$\frac{q}{C_4} = V \qquad \therefore \quad q = C_4 V$$

$$R_2 i_3 = V \qquad \therefore \quad i_3 = \frac{V}{R_2}$$

である。

S_0 を開いた後に回路全体で消費されるエネルギーは，コンデンサーとコイルに蓄えられたエネルギーの和

$$\frac{q^2}{2C_4} + \frac{1}{2}L_3 i_3{}^2 = \frac{V^2}{2}\left(C_4 + \frac{L_3}{R_2{}^2}\right)$$

に等しい。

234

(3) コイルの場合には，電流の位相は電圧と比べて $\delta = \dfrac{\pi}{2}$ だけ遅れる。これは時間に換算すれば，

$$\frac{\delta}{\omega} = \frac{\pi}{2\omega}$$

の遅れを意味する。コンデンサーの場合には同じだけ進む。

(4) (2) と同様に各素子の電流と電圧を設定する。

$i_5 = 0$ のとき $v_5 = 0$ であり，

$$i_1 = i_4, \quad i_3 = i_2, \quad v_1 = v_4, \quad v_3 = v_2$$

となる。

$$i_1 = I \sin \omega t$$

と仮定すれば，

$$i_4 = i_1 = I \sin \omega t, \quad v_3 = v_1 = R_1 i_1 = R_1 I \sin \omega t$$

となる。よって，

$$v_4 = \frac{I}{\omega C_4} \sin\left(\omega t - \frac{\pi}{2}\right), \quad i_3 = \frac{R_1 I}{\omega L_3} \sin\left(\omega t - \frac{\pi}{2}\right)$$

である。このとき，

$$i_2 = i_3 = \frac{I}{\omega L_3} \sin\left(\omega t - \frac{\pi}{2}\right) \qquad \therefore \; v_2 = R_2 i_2 = \frac{R_1 R_2 I}{\omega L_3} \sin\left(\omega t - \frac{\pi}{2}\right)$$

となるので，$v_4 = v_2$ より，

$$\frac{I}{\omega C_4} = \frac{R_1 R_2 I}{\omega L_3} \qquad \therefore \; R_1 R_2 = \frac{L_3}{C_4}$$

が導かれる。

[解答]

(1) ［ア］ $BS \cos \omega t$ ［イ］ $\omega BS \sin \omega t$ ［ウ］ $\dfrac{\omega BS}{\sqrt{2}}$ ［エ］ $\omega t + \dfrac{\pi}{4}$

(2) ［オ］ $\dfrac{V}{R_1}$ ［カ］ $C_4 V$ ［キ］ $\dfrac{V^2}{2}\left(C_4 + \dfrac{L_3}{R_2{}^2}\right)$

(3) ［ク］ $t - \dfrac{\pi}{2\omega}$ ［ケ］ $t + \dfrac{\pi}{2\omega}$ (4) ［コ］ $\dfrac{L_3}{C_4}$

考　察

(2) において，S_0 を閉じた直後に，閉じる前の状態

$$q = 0, \quad i_3 = 0$$

が維持されるのは，コンデンサーが帯電することや，コイルに電流が流れることが，エネルギーを蓄えていることを意味するためである。エネルギーは絶対的な保存量であり，力学の非弾性衝突などを除けば，瞬間的にエネルギーの変化が生じることはない。

(4) については，抵抗のみを同じ形に接続した直流回路を扱ったことがあると思う。

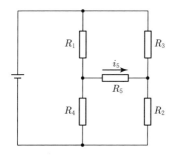

この回路はホイートストンブリッジ回路と呼ぶ。この回路において $i_5 = 0$ となる条件は

$$R_1 R_2 = R_3 R_4$$

である。交流回路ではインピーダンスが抵抗の機能を果たすので，これのアナロジーで

$$R_1 R_2 = \omega L_3 \cdot \frac{1}{\omega C_4}$$

としてみると，正しい結論が得られる。理論的な根拠は，第 34 講の**基本の確認**において言及する。

第34講　電気容量と電気抵抗の複合素子

〔2014年度第2問〕

基本の確認　【下巻，第 IV 部 電磁気学，第 5 章・第 10 章】

2つの抵抗 R_1, R_2 を直列に接続すると，全体を

$$R = R_1 + R_2$$

の1つの抵抗として扱うことができる。並列に接続すると抵抗の逆数が加算され，抵抗 R が

$$\frac{1}{R} = \frac{1}{R_1} + \frac{1}{R_2}$$

で与えられる1つの抵抗として扱うことができる。

交流回路では，コイルやコンデンサーも含めてインピーダンスとして合成できる。電流と電圧の位相のずれ方も併せて表現するには，インピーダンスを複素数で表現するとよい。これを複素インピーダンスと呼ぶ。

インピーダンスを表す式において，交流の角周波数 ω を $i\omega$（i は虚数単位）に読み換えたものが複素インピーダンスになる。自己インダクタンス L のコイルのインピーダンス（リアクタンス）は ωL なので，複素インピーダンスは，

$$\widehat{Z}_{\mathrm{L}} = i\omega L$$

となる。一方，電気容量 C のコンデンサーのインピーダンス（リアクタンス）は $\frac{1}{\omega C}$ なので，複素インピーダンスは，

$$\widehat{Z}_{\mathrm{C}} = \frac{1}{i\omega C} = -i\frac{1}{\omega C}$$

となる。抵抗 R のインピーダンスは R であり，角周波数 ω を含まないので，複素インピーダンスも $\widehat{Z}_{\mathrm{R}} = R$ である。

複素インピーダンスは，抵抗のみの場合と同様の合成公式に従う。抵抗，コイル，コンデンサーを直列に接続したときの合成複素インピーダンスは，

$$\widehat{Z} = \widehat{Z}_{\mathrm{R}} + \widehat{Z}_{\mathrm{L}} + \widehat{Z}_{\mathrm{C}} = R + i\left(\omega L - \frac{1}{\omega C}\right)$$

となる。

　合成複素インピーダンスの大きさ $\left|\widehat{Z}\right|$ が合成インピーダンス Z を表す。また，合成複素インピーダンスの偏角 $\arg Z$ は，電圧に対する電流の位相の遅れ δ $(-\pi/2 \leqq \delta \leqq \pi/2)$ を表す。上の例では，

$$Z = \sqrt{R^2 + \left(\omega L - \frac{1}{\omega C}\right)^2}, \quad \tan\delta = \frac{\omega L - \dfrac{1}{\omega C}}{L}$$

となる。

　並列接続の場合も抵抗と同様に複素インピーダンスの逆数で加算される。例えば，コイルとコンデンサーを並列に接続したときの合成複素インピーダンス $\widehat{Z}$ は，

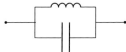

$$\frac{1}{\widehat{Z}} = \frac{1}{\widehat{Z}_{\mathrm{L}}} + \frac{1}{\widehat{Z}_{\mathrm{C}}} = i\left(\omega C - \frac{1}{\omega L}\right)$$

により与えられる。しかし，並列の場合は，共通の電圧に対してそれぞれに流れる電流を求め，キルヒホッフの第 1 法則に従って電流を合成すれば解決する。

　ところで，第 33 講の問題 (4) において，R_1, R_2, L_3. C_4 の複素インピーダンスは，それぞれ，

$$\widehat{Z}_1 = R_1, \quad \widehat{Z}_2 = R_2, \quad \widehat{Z}_3 = i\omega L_3, \quad \widehat{Z}_4 = \frac{1}{i\omega C_4}$$

である。直流のホイートストンブリッジ回路の平衡条件と同様の関係式を適用すると，

$$\widehat{Z}_1\widehat{Z}_2 = \widehat{Z}_3\widehat{Z}_4 \qquad \text{すなわち，} \quad R_1 R_2 = \frac{i\omega L_3}{i\omega C_4} = \frac{L_3}{C_4}$$

と，虚数単位が消えて，意味のある正しい結論が得られる。

問　題

　次の文章を読んで，<u>　　　</u>に適した式か値を，それぞれの解答欄に記入せよ。なお，　　は，すでに<u>　　</u>で与えられたものと同じ式を表す。また，問1，問2では指示にしたがって，解答をそれぞれの解答欄に記入せよ。ここで，円周率は π，真空中の誘電率は ε_0 とする。

(1)　電気容量の機能および抵抗の機能を備えているコンデンサーについて考える。

　図1に，ある物質を2枚の平らな金属板の電極ではさんだコンデンサーと，直流電源からなる回路を示す。この物質は，底面積 S で高さ h の円筒形をしていて，内部は均一である。まず，両端の端子に直流電源を用いて直流電圧 V_0 を加えると，一定に落ち着いた状態において直流電流 I_0 が流れた。ここで，電界としては電極に垂直なもののみが存在していると仮定してよい。このとき，抵抗は <u>　イ　</u> と表される。また，この物質の抵抗率は <u>　ロ　</u> と求められる。

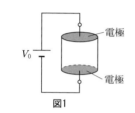

図1

　次に，図2に示すように，交流電源を用いて，同じコンデンサーに角周波数 ω が ω_0 である交流電圧 $V_0 \sin \omega_0 t$ を加

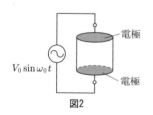

図2

え，一定に落ち着いた状態となった。もしこれが，コンデンサーではなく抵抗値が <u>　イ　</u> の純粋な抵抗ならば，交流電流として <u>　ハ　</u> が流れる。しかし，実際には図3に示すような電流が流れたので，このコンデンサーは抵抗の機能と電気容量の機能をともに備えていることが確認できた。以下では，このコンデンサーを図4の等価回路で考える。電気容量の機能のみのコンデンサーの場合，流れる電流は電圧より位相が <u>　ニ　</u> だけ進む。しかし，ここでは図3の位相関係にあるので，図4に示された電気容量は <u>　ホ　</u> であり，電極ではさまれた物質の比誘電率は，<u>　ヘ　</u> と求められる。また，交流電流の振幅値は，I_0 を用いて <u>　ト　</u> である。

問1　(1) とは異なる抵抗率の物質を用いて，角周波数が $2\omega_0$ のときに，交流電圧に対する交流電流の位相のずれが (1) と同じく $\dfrac{\pi}{4}$ となるコンデンサーを設計する。(1) の場合と比誘電率および形状が全く同じ物質を用

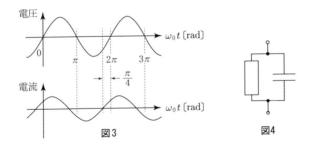

図3　　　　　図4

いる場合，物質の抵抗率は (1) の場合と比較して何倍にすればよいかを説明せよ。導出過程も合わせて示せ。

(2)　図1と図2に示したコンデンサーの特性が，(1) の検討から，図4のように表せることがわかったので，ここでは直流電圧を加えた直後のこのコンデンサーの動作について考察しよう。図5に示すような，ある一定の内部抵抗 r をもち電源電圧が V_0 である直流電源を用いた場合，このコンデンサーに加わる電圧や流れる電流は，スイッチを閉じた直後は変化し，しばらくして一定に落ち着いた。この現象は，以下のように理解できる。

一般に，電気容量 C のコンデンサーに電荷 Q が蓄積されているとき，コンデンサーの両端に現れる電圧は 　チ　 である。図5の場合には，スイッチを閉じた直後には電気容量の部分に電荷は存在しないので，コンデンサーの両端の電

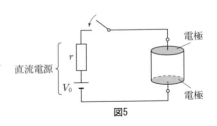

直流電源

電極

電極

図5

圧は 　リ　 となり，電流は 　ヌ　 となった。一方，十分に時間が経過した後，電圧が一定となる状態においては，電気容量の部分には電荷が一定に蓄積されていて電荷の出入りはなく，電流は 　ル　 となった。このような電流の時間変化の様子は，図6のようになった。

問2　電流が図6に示すように流れたことをふまえて，コンデンサーの両端の端子間に現れる電圧の変化を，縦軸を電圧，横軸を時間とするグラフで示せ。ここで，スイッチを閉じた瞬間の電圧値と，電圧の値が一定に落ち着いた後の電圧値をグラフ内に明記すること。導出過程も合わせて示せ。

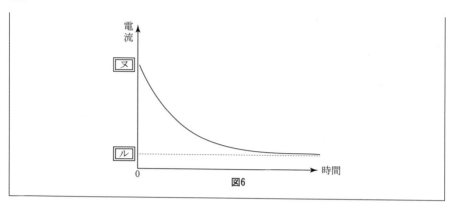

図6

考え方

(1) 端子間電場圧が V_0 の状態で電流 I_0 が流れれば，抵抗 R は定義より，

$$R = \frac{V_0}{I_0}$$

である。この抵抗は，面積 S，長さ h なので，抵抗率 ρ は定義より，

$$R = \rho\frac{h}{S} \qquad \therefore\ \rho = \frac{RS}{h} = \frac{V_0 S}{I_0 h}$$

である。

抵抗 R に電圧 $V = V_0 \sin \omega_0 t$ がかかるときに流れる電流は

$$I_{\mathrm{R}} = \frac{V_0}{R} = I_0 \sin \omega_0 t$$

である。電気容量 C に同じ電圧がかかるとき，リアクタンスは $\dfrac{1}{\omega_0 C}$ となるので，流れる電流は，

$$I_{\mathrm{C}} = \omega_0 C V_0 \sin\left(\omega_0 t + \frac{\pi}{2}\right) = \omega_0 C V_0 \cos \omega_0 t$$

となる。したがって，このコンデンサーに流れる電流は

$$I = I_{\mathrm{R}} + I_{\mathrm{C}} = I_0 \sin \omega_0 t + \omega_0 C V_0 \cos \omega_0 t$$

である。図 3 より，この電流が電圧 $V_0 \sin \omega_0 t$ と比べて位相が $\dfrac{\pi}{4}$ だけ進んでいるので，

$$I_0 = \omega_0 C V_0 \qquad \therefore\ C = \frac{I_0}{\omega_0 V_0}$$

であり，

$$I = I_0(\sin \omega_0 t + \cos \omega_0 t) = \sqrt{2}\,I_0 \sin\left(\omega_0 t + \frac{\pi}{4}\right)$$

となる。

電極間の物質の比誘電率を ε_r とすれば，

$$C = \frac{\varepsilon_r \varepsilon_0 S}{h} \qquad \therefore \ \varepsilon_r = \frac{Ch}{\varepsilon_0 S} = \frac{I_0 h}{\varepsilon_0 \omega_0 V_0 S}$$

である。

(2)　電気容量 C のコンデンサーが電荷 Q に帯電したときの端子間電圧 V は，電気容量の定義より，

$$V = \frac{Q}{C}$$

である。

図 5 の回路の回路方程式は，電流を I として，一般に

$$rI + V = V_0$$

である。$Q = 0$ のとき $V = 0$ なので，

$$rI = V_0 \qquad \therefore \ I = \frac{V_0}{r}$$

となる。

極板間を流れる電流を I_R とすれば，電荷保存則より

$$I = I_R + \frac{dQ}{dt}$$

が成り立つ。十分に時間が経過して $Q = $ 一定となると，$\dfrac{dQ}{dt} = 0$ であるから，$I_R = I$ となる。このとき，$V = RI_R = RI$ であるから，

$$rI + RI = V_0 \qquad \therefore \ I = \frac{V_0}{r + R} = \frac{V_0}{r + \dfrac{V_0}{I_0}}$$

となる。

[解答]

(1)　イ $\dfrac{V_0}{I_0}$　　ロ $\dfrac{V_0 S}{I_0 h}$　　ハ $I_0 \sin \omega_0 t$　　ニ $\dfrac{\pi}{2}$　　ホ $\dfrac{I_0}{\omega_0 V_0}$

　　ヘ $\dfrac{I_0 h}{\varepsilon_0 \omega_0 V_0 S}$　　ト $\sqrt{2}\,I_0$

問 1　比誘電率と形状が全く同じ物質であれば電気容量 C は変化しない。交流の角周波数が 2 倍になるとリアクタンスは $\dfrac{1}{2}$ 倍となる。したがって，電

圧に対する交流電流の位相のずれが共通であるためには，抵抗も $\dfrac{1}{2}$ 倍に するので，抵抗率は (1) の場合の $\dfrac{1}{2}$ 倍にする。

(2) 　チ $\dfrac{Q}{C}$ 　　リ 0 　　ヌ $\dfrac{V_0}{r}$ 　　ル $\dfrac{I_0 V_0}{r I_0 + V_0}$

問2 図6に与えられた電流を I，コンデンサーの端子間電圧を V とすれば，

$$rI + V = V_0 \qquad \therefore \quad V = V_0 - rI$$

なので，V の時間変化は下図のようになる。

終端値 V_∞ は

$$V_\infty = V_0 - r \cdot \dfrac{I_0 V_0}{r I_0 + V_0} = \dfrac{V_0{}^2}{r I_0 + V_0}$$

である。

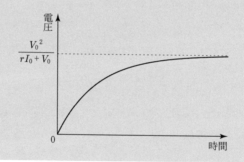

$$\blacksquare \quad \boxed{\text{考 察}} \quad \blacksquare$$

極板間に通電性のある物質が挿入されたコンデンサーを，図4に示されたような誘導に従って，抵抗と電気容量が並列に接続された素子として扱う。これは，抵抗と電気容量が電圧を共有するためである。電圧を共有する状態が並列，電流を共有する状態が直列である。

次ページの図のように各部の電流および帯電量を設定すると，電荷保存則より，

$$I = I_{\mathrm{R}} + I_{\mathrm{C}}, \quad I_{\mathrm{C}} = \dfrac{\mathrm{d}Q}{\mathrm{d}t}$$

が成り立つ。端子間の電圧を V とすれば，(2) における回路方程式は

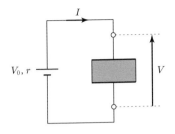

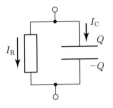

$$rI + V = V_0$$

となる。また、抵抗および電気容量の定義より，

$$RI = V, \quad \frac{Q}{C} = V$$

である。

　実体的には，電極に電荷が蓄えられ，かつ，極板
間に電流が流れている。極板間の電場の強さを E
とする。この電場は，電極に帯電した電荷がつくる
静電場なので，

$$E = \frac{Q}{\varepsilon_r \varepsilon_0 S}$$

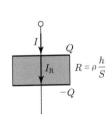

である。$V = Eh$ であるから，

$$V = Eh = \frac{Qh}{\varepsilon_r \varepsilon_0 S} = \frac{Q}{C}$$

となる。

　一方，極板間の物質に流れる電流の電流密度（単
位面積当たりの電流）を j とすれば，

$$E = \rho j$$

となる。これがオームの法則である。$j = \dfrac{I}{S}$ なの
で，

$$V = Eh = \rho \cdot \frac{I}{S} \cdot h = RI$$

が成り立つ。

　正の電極に流れ込む電流が I，流れ出る電流が I_R なので，電荷保存則より

$$\frac{\mathrm{d}Q}{\mathrm{d}t} = I - I_R$$

である。$Q = $ 一定の定常状態では $I = I_R$ となり，外部に対しては通常の抵抗として
機能する。

第 V 部
微視的世界の現象

第35講　金属の内部電位

〔2000年度後期第2問〕

基本の確認　【下巻，第Ⅵ部 ミクロな世界の物理，第2章】

　プランクの量子仮説が量子論の端緒となり，アインシュタインは光量子仮説に基づいて光電効果に関する観測結果を説明することに成功した。

　振動数 ν の光の光量子（エネルギーの不可分な単位）は

$$\varepsilon = h\nu$$

である。ここで，h はプランク定数である。

　金属結晶内の自由電子は，1つの光量子を吸収することにより光電子として結晶の外に飛び出してくる。自由電子のエネルギーには幅があるが，最もエネルギーの高い電子を金属結晶の外に取り出すのに必要なエネルギー（仕事関数）を W とすれば，

$$K = (-W) + \varepsilon = h\nu - W$$

が，光電子の運動エネルギーの最大値を表す。

　電子を取り出すのに要する仕事が W であるということは，負電荷 $-e$ の電子のエネルギーが，金属表面と比べて，内部において W だけ低いことを意味する。よって，金属結晶内部は，外部と比べて

$$(-e) \cdot V = -W \qquad \therefore \quad V = \frac{W}{e}$$

だけ電位が高いことがわかる。

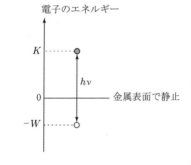

─── 問　題 ───

　次の文を読んで，□□□□には適した式または数値を，それぞれ記せ。また，
{　}には選択図（グラフ）あるいは選択肢から適したものを選び，その番号を記せ。ただし，真空の誘電率を ε_0，真空中の光の速度を c，プランク定数を h とする。

(1)　金属の内部には自由に運動している自由電子が存在しており，金属中を流れる電流はこの自由電子の運動によるものである。金属の内部では，自由電子の負電荷は金属原子の正電荷と打ち消しあって，正味の電荷はゼロになっている。しかし，質量の小さな電子は動きまわりやすく，図1(a)に示すように，一部の自由電子は金属表面からはみ出して存在している。このため，図1(b)のように表面付近では自由電子による負電荷分布と金属原子による正電荷分布との均衡が崩れており，表面のすぐ外側には電子による負電荷層が形成され，逆に表面のすぐ内側では電子密度の減少により正電荷層が形成される。

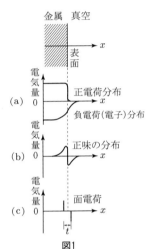

図1

　いま，表面付近に形成される正および負の電荷層を，図1(c)のように，それぞれ面電荷で近似する。これは真空中に置かれた帯電した平行板コンデンサー（電極間隔 t）の電荷分布と見なすことができる。また，金属の内部の電位を 0 とする。このとき，表面付近の電位 V は，金属の内から外に向かった x 軸の正方向に対して，{ あ：選択図1より選択 }のように変化する。また，コンデンサーの電極表面の単位面積当たりの電荷を $+\sigma$ および $-\sigma$ で，電子の電荷を $-e\,(e>0)$ とするとき，平行板コンデンサーの電極間の電位差は，□い□となる。したがって，

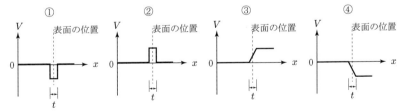

選択図1

金属内部の自由電子を金属の外に取り出すために必要なエネルギー W は， う となる。このエネルギー W は仕事関数と呼ばれており，金属の種類によって異なる値をとる。

(2) 金属に光を照射すると，光電効果によって金属の表面から電子が放出されることが知られている。この場合，光子のエネルギーが金属の仕事関数よりも小さい場合には電子は放出されない。たとえば，銀の仕事関数は 6.8×10^{-19} J であり，このエネルギーに対応する光の波長 え m より｛お：① 短い ② 長い｝波長の光を照射しないと，銀からの光電子放出が起こらないことになる。ただし，真空中の光の速度を $c = 3.0 \times 10^{8}$ m/s，プランク定数を $h = 6.6 \times 10^{-34}$ J·s とし，波長は有効数字 2 けたまで求めるものとする。

(3) 図 2(a) のように，真空中で金属 A の電極を $x = 0$ に，また A と異なる金属 B の電極を $x = d$ に置いて，平行板コンデンサーを構成する場合を考えてみよう。間隔 d は図 1(c) の電極間隔 t よりも十分に大きく，t は実質上ゼロとみなすことができる。また，光照射による電子の放出はないものとする。

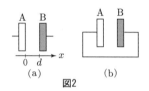

図2

いま，金属 A, B の仕事関数をそれぞれ W_A, W_B とし，また $W_A > W_B$ とする。さらに，電極 A の内部での電位を 0 とし，これを基準にして電位 V を測ることにする。このとき，電極に垂直な x 軸に沿った V の変化は，｛か：選択図 2 より選択｝のように表される。

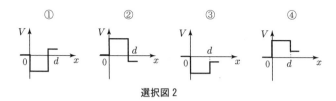

選択図 2

次に電極 A, B を図 2(b) のように導線でつなぐと，

$$
\left\{
\begin{array}{l}
\text{①　導線を通って電極 A から電極 B に電子が移動して，} \\
\text{き：　②　導線を通って電極 B から電極 A に電子が移動して，} \\
\text{③　電極 A, B 間を電子が行き来する振動が持続して，}
\end{array}
\right\}
$$

電子が再配分される。導線でつなぐことにより，仕事関数 W_A, W_B は変化

しないものとする。この結果，電極表面には電荷が現れて，平行板コンデンサーは帯電する。このとき，x 軸に沿った電位は｛く：選択図3より選択｝のように変化する。電極表面の面積を S とすると，電極Bの表面に現れる全電荷は けである。

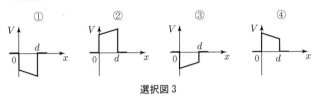

選択図3

考え方

(1)　想定しているコンデンサーの極板間には単位面積あたり $\dfrac{\sigma}{\varepsilon_0}$ 本の電気力線が走る。これが電場の強さ E を表すので，極板間の電位差 V は，

$$V = Et = \frac{\sigma t}{\varepsilon_0}$$

である。電位は，電場の向きに下がる。つまり，表面の内側の正電荷が分布する部分から，外側の正電荷が分布する部分に向けて電位が下がっていく。自由電子を金属の外に取り出すには，

$$W = (-e)\cdot(-V) = eV = \frac{e\sigma t}{\varepsilon_0}$$

の仕事を要する。

以上の考察より，仕事関数 W の金属では，外部と比べて内部の電位が

$$V = \frac{\sigma t}{\varepsilon_0} = \frac{W}{e}$$

だけ高い（内部と比べて外部の電位が低い）ことがわかる。

(2)　仕事関数の W の金属に波長 λ の光を照射して光電効果を生じる条件は

$$\frac{ch}{\lambda} > W \qquad \therefore \ \lambda < \frac{ch}{W}$$

である。$W = 6.8 \times 10^{-19}$ J の場合の限界波長 $\lambda_0 = \dfrac{ch}{W}$ は，

$$\lambda_0 = \frac{3.0 \times 10^8 \times 6.6 \times 10^{-34}}{6.8 \times 10^{-19}} \fallingdotseq 2.9 \times 10^{-7} \ \text{m}$$

となる。

(3) 金属 A, B は, それぞれ, 内部の電位が外部 (表面のすぐ外側) と比べて

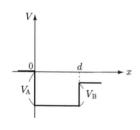

$$V_A = \frac{W_A}{e}, \quad V_B = \frac{W_B}{e}$$

だけ高い。$W_A > W_B$ なので, $V_A > V_B$ である。電子の移動後も, この電位差は変化しない。

はじめ, A, B は帯電していないので, A, B 間の電場はゼロであり, 電位のグラフは傾き 0 となる。

その結果, A の内部は B の内部よりも電位が高くなっているので, 導線でつなぐと高電位である A から低電位である B の向きに電流が流れる。電子の移動は電流と逆向きなので, B から A の向きとなる。

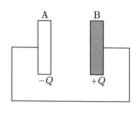

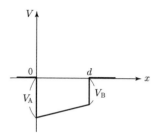

終状態 (静電状態) では, A と B は等電位となり, A が負, B が正に帯電する。その結果, 電極間には B から A の向きに静電場が現れ, A から B の向きに電位が上がっていく。この分の電位差は $V_A - V_B$ であるから, B の帯電量 Q は,

$$\frac{Q}{\varepsilon_0 S} \times d = V_A - V_B = \frac{W_A - W_B}{e} \qquad \therefore \quad Q = \frac{\varepsilon_0 S(W_A - W_B)}{de}$$

である。

[解答]

(1) あ ④ い $\dfrac{\sigma t}{\varepsilon_0}$ う $\dfrac{e\sigma t}{\varepsilon_0}$

(2) え 2.9×10^{-7} お ①

(3) か ③ き ② く ③ け $\dfrac{\varepsilon_0 S(W_A - W_B)}{de}$

■■■■ 考 察 ■■■■

　通常の光電効果の問題では，光を入射する陰極金属の仕事関数のみを考慮し，陽極金属の仕事関数については考慮しない。しかし，本問で調べたように，陰極と陽極の金属の仕事関数の差に対応して電位差が生じる。

　振動数 ν の光を仕事関数 W_A の金属 A に照射したときの光電子の運動エネルギーの最大値は，

$$K = h\nu - W_A$$

である。金属 A を陰極とする光電管の実験において，印加電圧が V のときに陽極に達したときの電子の運動エネルギーは，

$$K' = K + eV = h\nu - W_A + eV$$

となる。したがって，陽極の金属 B の仕事関数を考慮しなければ，阻止電圧 V_0 は，

$$h\nu - W_A + e(-V_0) = 0 \qquad \therefore\ eV_0 = h\nu - W_A$$

で与えられる。

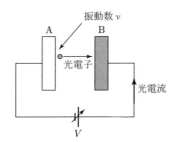

　しかし，現実には金属 B の仕事関数についても考慮しなければならない。この場合，陽極に達した電子の運動エネルギーは，

$$K'' = K + (-e)V + (-e)(V_B - V_A) = h\nu - W_B + eV$$

となるので，阻止電圧は

$$h\nu - W_B + e(-V_0) = 0 \qquad \therefore\ eV_0 = h\nu - W_B$$

で与えられる。なお，この場合も限界波長 λ_0 は，光を照射する側の金属の仕事関数 W_A により，

$$\lambda_0 = \frac{ch}{W_A}$$

で与えられる。

第36講　光の圧力

基本の確認　【下巻，第VI部 ミクロな世界の物理，第2章】

　アインシュタインの光量子仮説は，今日では光の粒子性という理論として確立している。粒子性とは，物理量（エネルギー，運動量）の不可分な単位があるということを意味する。光の粒子を光子と呼び，光子のエネルギー ε，運動量の大きさ p は，光波（光の粒子性の発見は，光の波動性を否定するものではない）としての振動数 ν，波長 λ とは，

$$\begin{cases} \varepsilon = h\nu \\ p = \dfrac{h}{\lambda} \end{cases}$$

の関係にある。ここで，h はプランク定数である。

　光の速さ c に対して，

$$c = \lambda\nu$$

の関係が成立するので，

$$p = \frac{h\nu}{c}, \quad \varepsilon = \frac{ch}{\lambda} = cp$$

などの関係式も有効である。

　光子に運動量があるということは，他の粒子との衝突により力積を与えうることを意味する。コンプトン効果も，光子と電子の衝突として，エネルギー保存則と運動量保存則を組み合わせることにより，観測結果を説明することができる。

━━━━━━━━━━━━ 問　題 ━━━━━━━━━━━━

次の文章を読んで，□には適した式を，▭には有効数字2桁で適した数値を，また{　}に対しては正しいものの番号を記せ。

(1)　yz 平面に平行な鏡が x 軸方向に速度 v〔m/s〕で運動している。x 軸に平行に進む光がこの鏡に左（x 座標の小さい側）から入射すると，光の波長は反射により λ〔m〕から λ'〔m〕に変化する。鏡の速度が反射により変化しないとすると，λ' と λ の関係は次のようにして求められる。まず，光速を c〔m/s〕とすると，ある時刻 t に鏡の面から λ〔m〕離れた点を通過した光は時間 イ 〔s〕で鏡の面に達する。このとき，時刻 t に鏡で反射した光は鏡からちょうど λ' だけ離れた点に達している。したがって，λ' は λ, v, c を用いて ①$\lambda' = $ ロ と表される。ただし，実際には鏡が有限な質量 M〔kg〕を持つとすると，鏡の速度は光の反射により変化する。この速度の変化は M が大きくなるとゼロに近づくので，M が十分大きいとき，鏡の運動エネルギーの変化 ΔE〔J〕は運動量の変化 Δp〔N·s〕と v を用いて ②$\Delta E = $ ハ と表される。今，光を光子の集まりと見なすと，各光子は光の振動数を f〔Hz〕，プランク定数を h〔J·s〕として $\varepsilon = hf$〔J〕のエネルギーを持つので，① 式，② 式及びエネルギーと運動量の保存則より，光子の運動量は ε を用いて ε/c〔N·s〕と表されることがわかる。

(2)　この結果を用いて，単位時間あたりに L〔J/s〕のエネルギーを放出する点光源から r〔m〕の距離に置かれた鏡が，光の反射により受ける力（光圧）を求めてみよう。ただし，鏡の面は点光源と鏡を結ぶ直線に垂直であるとする。まず，光が一定の振動数 f〔Hz〕の光子の集まりとすると，鏡に衝突する光子の数は単位時間単位面積あたり ニ 〔1/(s·m²)〕となる。各光子は反射により鏡に ホ 〔N·s〕の運動量を与えるので，鏡の受ける光圧は単位面積あたり ヘ 〔N/m²〕となり，振動数にはよらなくなる。たとえば，光源として太陽を考えると，太陽から十分大きな距離 r〔m〕離れた点に太陽光線に垂直に置かれた鏡の受ける単位面積あたりの光圧は， ヘ で L〔J/s〕を太陽光度 L_0〔J/s〕で置き換えることにより得られる。これより，鏡の面積を S〔m²〕，太陽質量を M_0〔kg〕，重力定数を G〔m³/(kg·s²)〕とすると，鏡の質量が ト 〔kg〕のとき，鏡に働く太陽の重力と光圧はつり合うことになる。$S = 1.0 \times 10^3$ m² とすると，$L_0 = 3.9 \times 10^{26}$ J/s, $M_0 = 2.0 \times 10^{30}$ kg, $c = 3.0 \times 10^8$ m/s, $G = 6.7 \times 10^{-11}$ m³/(kg·s²) より，この質量の値は チ kg となる。

(3) 宇宙空間は約 2.7 K の温度に相当するエネルギースペクトルを持つ電磁波（宇宙背景放射）で満たされている。この電磁波中を運動する板に働く光圧を求めてみよう。簡単のために電磁波は，一定の数密度 n 〔1/m³〕を持ち，その半分は x の正の方向に，残り半分は負の方向に運動する振動数 f〔Hz〕の光子の集まりと見なせるものとし，その中で x 軸方向に速度 v〔m/s〕で運動する yz 平面に平行な面積 S〔m²〕の板を考える。板の両面が鏡であるとすると，板に左から入射する光子数は単位時間あたり $\boxed{\text{リ}}$ 〔1/s〕，各光子が反射の際に板に与える運動量は (1) の考察より，$\boxed{\text{ヌ}}$ 〔N·s〕となるので，右から入射する光子の影響も考えに入れて，板の受ける力は $\boxed{\text{ル}}$〔N〕となる。たとえば，電磁波のエネルギー密度を 2.7 K 放射に相当する値 4.0×10^{-14} J/m³，板の速度を 30 km/s，面積を 1.0×10^3 m²，質量を 1.0 kg とすると，光圧による板の加速度の大きさは $\boxed{\text{ヲ}}$ m/s² となる。次に，板の左側（x 座標の小さい側）が鏡で，右側の面は光を完全に吸収するとすると，板は $v = 0$〔m/s〕でも力を受ける。この力の向きは，x 軸の｛ワ ① 正の向き ② 負の向き｝となる。

考え方

(1) 鏡の左からの光は相対速度 $c - v$ で鏡に近づく。よって，ある時刻に鏡から距離 λ 離れた点を通過した光が鏡に達するまでの時間は

$$\Delta t = \frac{\lambda}{c - v}$$

である。したがって，右図が示すように

$$\lambda' = c\Delta t + v\Delta t = \frac{c + v}{c - v}\lambda \quad \cdots\cdots \; ①$$

である。

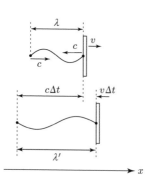

鏡の速度変化が無視できるとすれば，鏡が光から受ける力を f とすれば，

$$\Delta E = \int_{\text{変化中}} (fv)\, \mathrm{d}t = v \int_{\text{変化中}} f\, \mathrm{d}t$$

となる。外部から受けた力積は運動量変化に等しいので，

$$\int_{\text{変化中}} f\, \mathrm{d}t = \Delta p$$

である。よって，

$$\Delta E = v\Delta p \quad \cdots\cdots \text{②}$$

となる。

① 式より，鏡との衝突による光子のエネルギーの変化は

$$\Delta \varepsilon = \frac{ch}{\lambda} - \frac{ch}{\lambda'} = -\frac{2v}{c+v} \cdot \frac{ch}{\lambda}$$

である。よって，② 式，および，エネルギー保存則 $\Delta E + \Delta \varepsilon = 0$ より，

$$v\Delta p = \frac{2v}{c+v} \cdot \frac{ch}{\lambda} \qquad \therefore \quad \Delta p = \frac{2hf}{c+v} \quad \cdots\cdots \text{③}$$

を得る。

(2) 点光源から距離 r の位置の単位面積に単位時間に届くエネルギーは，

$$S = \frac{L}{4\pi r^2}$$

である。1つの光子のエネルギーが $\varepsilon = hf$ なので，単位時間に鏡の単位面積に衝突する光子の数 ν は

$$\nu = \frac{S}{\varepsilon} = \frac{L}{4\pi r^2 hf}$$

となる。③ 式より，$v = 0$ のとき $\Delta p = \dfrac{2hf}{c}$ であるから，鏡が受ける光圧（単位時間に単位面積が光から受ける力積）K は，

$$K = \nu\Delta p = \frac{L}{2\pi r^2 c}$$

となる。

太陽からの重力と光圧による力がつり合うとき，

$$G\frac{M_0 M}{r^2} = \frac{L_0}{2\pi r^2 c} \cdot S \qquad \therefore \quad M = \frac{L_0 S}{2\pi c G M_0}$$

である。与えられた数値を代入すれば，

$$M = \frac{3.9 \times 10^{26} \times 1.0 \times 10^3}{2\pi \times 3.0 \times 10^8 \times 6.7 \times 10^{-11} \times 2.0 \times 10^{30}} \fallingdotseq 1.5 \text{ kg}$$

となる。

(3) 単位時間に板の左から衝突する光子は，鏡からの距離が $c - v$ 以内にあり，正の向きに運動する光子なので，その個数 N_1 は

$$N_1 = nS(c-v) \times \frac{1}{2}$$

であり，1つの光子が衝突により板に与える力積は $\Delta p_1 = \dfrac{2hf}{c+v}$ （③ 式）である。

板の右から衝突する光子については，$v \to (-v)$ と読み替えて，

$$\text{単位時間に衝突する個数}：N_2 = \frac{1}{2}nS(c+v)$$

$$1\text{つの光子が与える力積}：\Delta p_2 = \frac{2hf}{c-v}$$

となる。よって，板が受ける力（単位時間あたりの力積の総和）F は，

$$F = N_1 \cdot \Delta p_1 + N_2 \cdot (-\Delta p_2) = nShf\left(\frac{c-v}{c+v} - \frac{c+v}{c-v}\right) = -\frac{4nhfcvS}{c^2-v^2}$$

となる。

与えられた数値に基づいて数値計算するとき（有効数字2桁の計算なので $c^2-v^2 \fallingdotseq c^2$），

$$F \fallingdotseq -\frac{4nhfvS}{c}$$

と近似できる。よって，質量 $m = 1.0\,\text{kg}$ の板の光圧による加速度の大きさは，

$$\frac{|F|}{m} = \frac{4nhfvS}{mc} = \frac{4 \times 4.0 \times 10^{-14} \times 30 \times 10^3 \times 1.0 \times 10^3}{1.0 \times 3.0 \times 10^8}$$

$$= 1.6 \times 10^{-14}\,\text{m/s}^2$$

となる。

$v = 0$ のとき，左右から板に衝突する単位時間あたりの光子の個数は等しくなる。光を完全に吸収する場合に1つの光子から受ける力積の大きさは $\frac{hf}{c}$ であり，光子を反射する場合に受ける力積の大きさ $\frac{2hf}{c}$ よりも小さい。よって，左からの光の光圧の方が，右側からの光の光圧よりも大きくなる。したがって，板の受ける合力は右向き（x 軸の正の向き）となる。

[解答]

(1) ［イ］ $\dfrac{\lambda}{c-v}$　　［ロ］ $\dfrac{c+v}{c-v}\lambda$　　［ハ］ $v\Delta p$

(2) ［ニ］ $\dfrac{L}{4\pi r^2 hf}$　　［ホ］ $\dfrac{2hf}{c}$　　［ヘ］ $\dfrac{L}{2\pi r^2 c}$　　［ト］ $\dfrac{L_0 S}{2\pi cGM_0}$

　　　［チ］ 1.5

(3) ［リ］ $\dfrac{1}{2}nS(c-v)$　　［ヌ］ $\dfrac{2hf}{c+v}$　　［ル］ $-\dfrac{4nhfcvS}{c^2-v^2}$

　　　［ヲ］ 1.6×10^{-14}　　［ワ］ ①

━━━━ 考 察 ━━━━

(1) では，

$$\Delta E = \int_{変化中} (fv)\,\mathrm{d}t = v\int_{変化中} f\,\mathrm{d}t = v\Delta p$$

として，② 式を導いた。$v =$ 一定 と近似しているので，積分計算の外に出すことができる。鏡のエネルギーの変化は，鏡が光子からされた仕事に等しいこと，仕事は仕事率 fv の時間積分であること，外力の時間積分，すなわち，受けた力積が運動量変化に等しいことに基づいて評価した。

鏡が受けた力積が Δp であれば，鏡の速度は

$$v \;\rightarrow\; v + \frac{\Delta p}{M}$$

と変化するので，

$$\Delta E = \frac{1}{2}M\left(v + \frac{\Delta p}{M}\right)^2 - \frac{1}{2}Mv^2 = \frac{\Delta p}{M}\left(Mv + \frac{1}{2}\Delta p\right)$$

となる。鏡の速度変化が微小であることが仮定されているので，Δp が Mv と比べて十分に小さいとして

$$Mv + \frac{1}{2}\Delta p \fallingdotseq Mv$$

と近似しても，$\Delta E = v\Delta p$ を得ることができる。

(1) の最後で導いた ③ 式

$$\Delta p = \frac{2hf}{c+v}$$

は，鏡の運動量変化であるが，鏡が光子から受けた力積に等しく，さらに，光子の運動量変化と大きさは等しく逆符号である。

$$-\frac{2hf}{c+v} = -\frac{h}{\lambda}\cdot\frac{2c}{c+v} = \frac{h}{\lambda}\left(-\frac{c-v}{c+v}-1\right) = \left(-\frac{h}{\lambda'}\right) - \frac{h}{\lambda}$$

と変形できる。これは，$\dfrac{h}{\lambda}\left(=\dfrac{hf}{c}=\dfrac{\varepsilon}{c}\right)$，$-\dfrac{h}{\lambda'}$ が，それぞれ，衝突前後の光子の運動量を表すことを示している。

特に近似の指示はないので，$\boxed{\text{ル}}$ の結論は $-\dfrac{4nhfcvS}{c^2-v^2}$ とするべきであるが（この時点では v の大きさも明確ではない），与えられた数値による数値計算では $\boxed{\text{考え方}}$ に示したように

$$\frac{4nhfcvS}{c^2-v^2} \fallingdotseq \frac{4nhfcvS}{c^2} = \frac{4nhfvS}{c}$$

と近似してから数値を代入するとよい。v は c と比べて 4 桁小さいので，有効数字 2 桁の計算であれば，c^2-v^2 の v^2 は無視できる。また，上の式の中の nhf は，光（電磁波）のエネルギー密度を表すので，この部分に 4.0×10^{-14} J を代入する。

第37講　電子波のプリズム干渉

〔1991年度後期第2問〕

基本の確認　【下巻，第 VI 部 ミクロな世界の物理，第2章】

　ド・ブロイにより，光に粒子性があったのと対照的に電子など物質粒子にも波動性があることが発見された。

　粒子としてのエネルギー ε および運動量の大きさ p と，波としての振動数 ν および波長 λ との関係（アインシュタイン–ド・ブロイの関係）

$$\left\{ \begin{array}{l} \varepsilon = h\nu \\ p = \dfrac{h}{\lambda} \end{array} \right.$$

は，光にも物質粒子にも普遍的に有効な関係式である。したがって，運動量の大きさが p である物質粒子の波動性を特徴づける波長 λ は，

$$\lambda = \frac{h}{p}$$

で与えられる。これをド・ブロイ波長と呼ぶ。この場合の波動性は，重ね合わせの原理に従って干渉するということを意味する。ド・ブロイ波長に基づいて干渉条件を評価することになる。

　物理的実在はすべて，粒子性が現象に現れることもあり，波動性が現象に現れることもある。これを粒子性と波動性の二重性と言うが，光や電子が粒子でもあり波動でもあるということではなく，粒子であるか波動であるかということを問うこと自体が無意味であることを示している。

──────── 問　題 ────────

　次の文を読んで，□□□には適した式を，□□□には適した整数を，また
{　}の中の正しいものの番号を，それぞれ記せ。

　電子は物質を構成する基本的な粒子の1つであり，粒子性と波動性を合わ
せ持つことが知られている。ド・ブロイによれば，質量 m〔kg〕，速度 v〔m/s〕
の電子は波長 λ〔m〕の波動とみなすことができ，これらの物理量の間には，
h〔J·s〕をプランク定数とすると，$\lambda = \boxed{\text{イ}}$ の関係が存在する。

　図は電子が波動性を持つことを検証するために考案された装置の1つを示
す。この装置は，速度のそろった電子の流れを作り出す電子源，非常に狭い幅
で電子を通過させるスリット S，電子をある一定の角度で曲げるプリズム部，
そして電子の到来を観測する検出板から成り立っている。スリットとプリズ
ム部，およびスリットと検出板の間隔はそれぞれ b〔m〕および c〔m〕である。

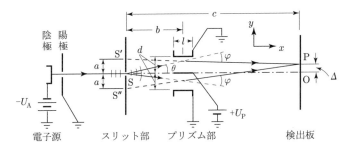

　電子源では電子は陰極から陽極に向かって加速される。電子の電荷を $-e$
〔C〕$(e > 0)$ とし，電子が陰極から飛び出すときの初速度は無視できると仮
定する。いま，陰極の電位を $-U_A$〔V〕とし，陽極を接地すると，陽極を通
過した後の電子の速度 v〔m/s〕は $v = \boxed{\text{ロ}}$ で与えられる。

　プリズム部は2個のコンデンサーの構造をしている。図の上下にあるプレー
トは接地され，真ん中の非常に薄いプレートは電位 U_P〔V〕$(U_P > 0)$ に保
たれている。図に示すように各プレート間の距離を d〔m〕，プレートの幅を l
〔m〕とし，プレート間の電界は近似的に幅 l にわたって一様で，その強さは
U_P/d〔V/m〕であるとする。ただし，d と l は b に比べて非常に小さいとし，
また，U_P は U_A に比べて非常に小さいとする。電子は，プリズム部の上半分
を通過すると下方に曲げられ，逆に下半分を通過すると上方に曲げられる。

　図において中心線 SO に対して小さな角度 θ〔rad〕をもって電子がプリズム
部の上半分に入射したとする。SO 方向に x 軸，プリズム部のコンデンサーの
プレートに垂直方向に y 軸をとる。角度 θ は十分に小さいので電子の速度の

x 成分は電子の速度 v に等しいとみなすと，電子がプリズム部を通過するのに要する時間は l/v〔s〕となる。この間に電子は y 方向に絶対値 $\boxed{\text{ハ}}$〔N〕の力を受けるから，プリズム部を通過する間に電子の速度の y 成分が変化する量の絶対値は，v を用いて，$\boxed{\text{ニ}}$〔m/s〕と書ける。したがって，プリズム部で電子が曲げられる角度 φ〔rad〕の絶対値は，l, d, U_A および U_P を用いて，近似的に

$$\varphi = \boxed{\text{ホ}} \quad \cdots\cdots\cdots (\text{i})$$

で与えられる。プリズム部の上半分を通過した電子が到達した検出板上での位置から電子の軌跡を逆に延長し，スリット面と交わる点を S′ とすると，SS′ 間の距離 a〔m〕は，近似的に

$$a = \left\{ \text{ヘ.} \quad ① \, b\varphi \quad ② \, \frac{1}{2}b\varphi^2 \quad ③ \, d\varphi \quad ④ \, \frac{1}{2}d\varphi^2 \right\} \quad \cdots\cdots\cdots (\text{ii})$$

で与えられる。ただし，φ や θ は 1 に比べて非常に小さいので，(i)式および(ii)式の導出において，例えば，$\sin\theta \fallingdotseq \tan\theta \fallingdotseq \theta$ などの近似を使用した。

a が θ によらないことから，S′ は定点となる。すなわち，プリズム部の上半分を通過するすべての電子はあたかも S′ が電子源であるかのように振る舞い，S′ を仮想の電子源とみなすことができる。同様なことがプリズム部の下半分を通過する電子に対しても成立し，図に示すように，S から a 離れた点 S″ が仮想の電子源となる。

さて，電子が波動的な性格を持つならば，1 つの電子がプリズム部を通過するときプリズム部の上半分を通過する波と下半分を通過する波が検出板上で干渉するはずである。この 2 つの波の検出板上での位相差は，詳しい計算によれば，プリズム部が存在しないとして，点 S′ と S″ を同位相で出た波長 λ の 2 つの波の道のりの差から求めた位相差と同じになる。いま，検出板上の点 P を考え，OP 間の距離を Δ〔m〕とすると，S′P と S″P の距離の差は，c が a および Δ に比べて十分に大きいとして，S″P $-$ S′P $= \boxed{\text{ト}}$〔m〕となる。ただし，ある数 z が 1 に比べて十分に小さいとき，$\sqrt{1+z} \fallingdotseq 1 + \dfrac{z}{2}$ の近似を使用することができるものとする。以上により，点 P で 2 つの波が強め合う条件は，n を整数（0，± 1，± 2，$\cdots$）としたとき，λ を用いて，$\Delta = \boxed{\text{チ}}$ と表せる。

下に示したパラメーターの値で実験したところ，検出板上で点 O 付近に干渉じまが観察された。

$$b = 4.0 \times 10^{-2} \text{ m}, \quad c = 3.0 \times 10^{-1} \text{ m}, \quad d = 5.0 \times 10^{-4} \text{ m},$$

$$l = 1.0 \times 10^{-3} \text{ m}, \qquad U_A = 1.4 \times 10^4 \text{ V}, \qquad U_P = 3.5 \text{ V}$$

この実験では，電子の波長は，$1.0 \times 10^{\boxed{\text{リ}}}$ m であり，観測される干渉じまの間隔は，$1.5 \times 10^{\boxed{\text{ヌ}}}$ m となる。ただし，$m = 9.1 \times 10^{-31}$ kg, $h = 6.6 \times 10^{-34}$ J·s, $e = 1.6 \times 10^{-19}$ C である。

考え方

　質量 m, 速さ v の電子の運動量は mv なので，ド・ブロイ波長は $\lambda = \dfrac{h}{mv}$ である。また，電圧 U_A で加速した電子の速さ v は，

$$\frac{1}{2} mv^2 = eU_A \qquad \therefore \quad v = \sqrt{\frac{2eU_A}{m}}$$

となる。
　プリズム部の電場の強さが $E = \dfrac{U_P}{d}$ なので，電子が受ける力の大きさは

$$f_y = eE = \frac{eU_P}{d}$$

である。したがって，電子の速度の y 成分の変化の大きさを $\varDelta v_y$ とすれば，運動量の保存より，

$$m\varDelta v_y = f \cdot \frac{l}{v} \qquad \therefore \quad \varDelta v_y = \frac{eU_P l}{mdv}$$

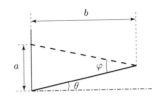

である。よって，近似的に

$$\varphi = \frac{\varDelta v_y}{v} = \frac{eU_P l}{mdv^2} = \frac{U_P l}{2U_A d}$$

となる。ここで，$mv^2 = 2eU_A$ であることを用いた。また，やはり近似的に

$$a = b\varphi$$

となる。$\cos\theta \fallingdotseq 1$, $\cos\varphi \fallingdotseq 1$ と近似できるので，右図の太い実線と破線の長さをそれぞれ b に近似できることを用いた。
　検出板上での電子波の干渉は，スリット間隔 $2a$ のヤングの実験（二重スリット実験）と同様に分析できる。仮想的な 2 つのスリット S′, S″ から観測点 P までの距離の差は近似的に

$$\text{SP}'' - \text{SP}' = \frac{2a\varDelta}{c}$$

262

となるので，強め合う条件は，整数 n を用いて

$$\frac{2a\Delta}{c} = n\lambda \qquad \therefore \quad \Delta = \frac{nc\lambda}{2a}$$

と表すことができる。干渉縞の間隔 δ は連続する整数 n に対応する Δ の差であるから，以上の計算結果を用いて，

$$\delta = \frac{c\lambda}{2a} = \frac{c\lambda}{2b\varphi} = \frac{c\lambda dU_A}{blU_P}$$

となる。

与えられたパラメータの値を用いれば，

$$\lambda = \frac{h}{mv} = \frac{h}{\sqrt{2meU_A}} \fallingdotseq 1.0 \times 10^{-11} \text{ m}$$

$$\delta = \frac{c\lambda dU_A}{blU_P} = 1.5 \times 10^{-7} \text{ m}$$

となる。

[解答]

| イ | $\dfrac{h}{mv}$ | ロ | $\sqrt{\dfrac{2eU_A}{m}}$ | ハ | $\dfrac{eU_P}{d}$ | ニ | $\dfrac{eU_P l}{mdv}$ | ホ | $\dfrac{U_P l}{2U_A d}$ |
| ヘ | ① | ト | $\dfrac{2a\Delta}{c}$ | チ | $\dfrac{nc\lambda}{2a}$ | リ | -11 | ヌ | -7 |

■■■ 考察 ■■■

φ や a の近似計算は，図示した二等辺角形を扇形に近似するとよい。結論は，

弧長 = 半径 × 中心角

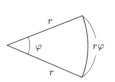

の関係より明らかである。

物質波の問題は，波動性に基づいて論じることが明らかになれば（入試問題では問題に明示されている），ド・ブロイ波長を求め，光波などの通常の波とまったく同様の議論を行えば解決できる。本問でも，誘導に従って S′，S″ の位置を求めれば，考え方 でも述べたようにヤングの実験に関する計算とまったく同じ議論になる。

教科書にも記載されている計算なので，考え方 では SP″ − SP′ の近似計算を省略し

た。三平方の定理を用いて SP″, SP′
をそれぞれ求め，与えられた近似式
$\sqrt{1+z} \fallingdotseq 1 + \dfrac{z}{2}$ を用いてもよいし，ス
リットの中央から点 P を見る角度 γ に
注目して，

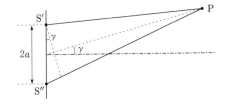

$$SP'' - SP' \fallingdotseq 2a \sin\gamma \fallingdotseq 2a \tan\gamma$$
$$= 2a \times \frac{\Delta}{c}$$

と求めることもできる。

　最後の数値計算では，オーダー部分の指数のみを求めればよいので，ファクター部分は 1 以上 10 未満になっていることのみに注意すれば具体的な計算は必要ない。与えられた数値を代入して

$$\lambda = \frac{6.6 \times 10^{-34}}{\sqrt{2 \times 9.1 \times 10^{-31} \times 1.6 \times 10^{-19} \times 1.4 \times 10^4}}$$

$$= \frac{6.6}{\sqrt{2 \times 9.1 \times 1.6 \times 1.4}} \times 10^{11} \text{ m}$$

$$\delta = \frac{3 \times 10^{-1} \times 1.0 \times 10^{-7} \times 5.0 \times 10^{-4} \times 1.4 \times 10^4}{4.0 \times 10^{-2} \times 1.0 \times 10^{-3} \times 3.5}$$

$$= \frac{3.0 \times 1.0 \times 5.0 \times 1.4}{4.0 \times 1.0 \times 3.5} \times 10^{-7} \text{ m}$$

まで計算を進めれば結論が得られる（δ についてはファクター部分の計算も容易ではある）。

第38講　水素様イオンのエネルギー準位

〔1992年度後期第2問〕

基本の確認　【下巻，第VI部　ミクロな世界の物理，第3章】

　原子に関するさまざまな観測事実を説明するためにラザフォードは，有核模型を発見した。しかし，このラザフォード模型も，原子の安定性や大きさの一様性，あるいは，原子が発する光の波長スペクトルを説明することはできなかった。これを解決したのがボーア理論である。次の2つの仮説がボーア理論の根幹である。

　　量子条件：ラザフォード模型が許容する状態のうち，次の条件を満たす状態（これを定常状態と呼ぶ）のみが自然界で実現する。

$$r \cdot mv = \frac{h}{2\pi} \times n \quad (n = 1, 2, 3, \cdots)$$

　　正整数 n を量子数，定常状態における内部エネルギー E_n をエネルギー準位という。

　　振動数条件：量子数 n の定常状態から，よりエネルギー準位の低い量子数 l の定常状態に遷移する場合には，エネルギー準位の差に等しいエネルギーの光子を放出する。すなわち，

$$h\nu = E_n - E_l$$

　　を満たす振動数 ν の光を発する。

　量子条件は，

$$2\pi r = \frac{h}{mv} \times n \quad (n = 1, 2, 3, \cdots)$$

の形で理解することも多い。これは，原子内の電子の円軌道の全長が，電子のド・ブロイ波長の整数倍になっていることを表す。

問　題

次の文を読んで，$\boxed{}$ には適した式を，$\boxed{\text{チ}}$ には文中の問いに対する解答を，それぞれ記せ。

(1)　ド・ブロイは，波であると考えられてきた光が粒子の性質をもつのならば，逆に電子や陽子のような粒子も波の性質をもつのではないかと考え，運動量 p の粒子の波長 λ は $\lambda = \dfrac{h}{p}$ …… (i) であたえられるとした。ただし h はプランク定数である。

(2)　水素原子 H $(Z=1)$，ヘリウムイオン He$^+$ $(Z=2)$，リチウムイオン Li^{2+} $(Z=3)$，ベリリウムイオン Be^{3+} $(Z=4)$ などでは，電荷 Ze をもつ原子核のまわりを電荷 $-e$ をもつ電子が 1 つまわっている。このような原子またはイオンでの電子の運動を考えよう。原子核は電子に比べじゅうぶんに重いので，中心に静止しているという近似ができる。

　　質量 m の電子が半径 r の円軌道を速さ v でまわっている場合，中心の電荷 Ze を持つ原子核から受ける静電気力は $k_0 \times \boxed{\text{イ}}$　$(k_0 = 1/4\pi\varepsilon_0 \,;\, \varepsilon_0$ は真空の誘電率) であるから，電子の運動方程式は，加速度を v と r とで表して $\boxed{\text{ロ}}$ …… (ii) となる。一方，電子を波と考えると，定常波として存在できるのはその円軌道の円周の長さがちょうど波長の整数倍のときのみである。したがって，上記のド・ブロイの関係式 (i) を用いると，電子の速さ v と半径 r は，n を整数として $2\pi r = \boxed{\text{ハ}}$，$(n = 1,\ 2,\ 3,\ \cdots)$ …… (iii) の関係を満たさなければならない。この整数 n は量子数と呼ばれる。式 (ii), (iii) より v を消去すれば，量子数 n に対応する半径 r_n は $r_n = \boxed{\text{ニ}}$ となり，電子がこの軌道のどれか 1 つの上をまわっていれば電子は定常状態にある。電子が量子数 n の定常状態にあるときのエネルギー E_n は，運動エネルギーと，静電気力による位置エネルギーの和であたえられ，$E_n = \boxed{\text{ホ}}$ …… (iv) となる。

　　電子がエネルギー E_n の定常状態から，エネルギー E_l $(l < n)$ の定常状態へ落ちる場合，光が放出される。この光の波長 λ は，光速を c とすると，$E_n,\ E_l$ を用いて，$1/\lambda = \boxed{\text{ヘ}}$ と表される。E_n に対する式 (iv) を代入すれば，この関係式は $\dfrac{1}{\lambda} = \boxed{\text{ト}} \times \left(\dfrac{1}{l^2} - \dfrac{1}{n^2} \right)$ …… (v) の形になる。

　　水素原子 $(Z=1)$ の場合，式 (v) で $l = 2$ の場合に出る光のスペクトル系列は

$$\frac{1}{\lambda} = R\left(\frac{1}{2^2} - \frac{1}{n^2} \right),\ (n = 3,\ 4,\ 5,\ \cdots) \ \cdots\cdots \text{(vi)} \ となり，バルマー系$$

列と呼ばれている。R は水素原子のリュードベリ定数と呼ばれる定数である。1897 年，天文学者ピッカリングは，ある星のスペクトルの中に，バルマー系列に非常によく似たスペクトル系列を発見した。そのスペクトル系列は

$$\frac{1}{\lambda} = R'\left(\frac{1}{2^2} - \frac{1}{k^2}\right), \ (k = 2.5, \ 3, \ 3.5, \ 4, \ 4.5, \ 5, \cdots) \cdots\cdots \text{(vii)} \ \text{と}$$

表され，R' の値は式 (vi) の R とほとんど一致した。しかし奇妙なことは，このスペクトル系列の k の値として，バルマー系列と同じ整数値 3, 4, 5，$\cdots$ 以外に半奇数 2.5, 3.5, 4.5, $\cdots$ が存在したことである。

　この系列 —— ピッカリング系列 —— のスペクトルは，どのような原子またはイオンから出てきているか，またそのときなぜ (vii) の形が出るのか，その簡単な説明を チ に記せ。

(3) 次に，真空中で，1 つの電子が磁束密度 B の一様な磁界の中を磁界に垂直な平面内で運動する場合を考えよう。質量 m，電荷 $-e$ の電子がこの平面内で大きさ v の速度をもっていると，電子は磁界から大きさ リ のローレンツ力を受ける。この力はつねに速度の方向に垂直であるから，電子は磁界から仕事をされることがなく，速度の大きさは一定で，等速円運動をする。この円運動の半径 r は，電子の運動方程式を用いれば，$r =$ ヌ のように m, e, B, v で表されることがわかる。一方，電子の波動性を考慮すると，円軌道が定常状態であるための条件が満たされなければならない。この考え方にしたがうと，可能な半径 r および速さ v が決まり，量子数が n の定常状態の軌道半径 r_n および電子のエネルギー E_n はそれぞれ $r_n =$ ル ，$E_n =$ ヲ であたえられることになる。

考え方

(2) 電荷 Ze の原子核のまわりを電子が，速さ v で半径 r の等速円運動をするとき，運動方程式

$$m\frac{v^2}{r} = k_0 \frac{Ze \cdot e}{r^2} \quad \cdots\cdots \text{(ii)}$$

を満たす。一方，量子条件より，正整数 n に対して

$$2\pi r = \frac{h}{mv} \cdot n \quad \cdots\cdots \text{(iii)}$$

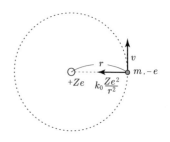

が成り立つ。(ⅱ) より,

$$mv^2 = \frac{k_0 Z e^2}{r} \quad \cdots\cdots (ⅱ)'$$

となるので, 電子のエネルギーは

$$E = \frac{1}{2}mv^2 + \left(-k_0\frac{Ze^2}{r}\right) = -\frac{k_0 Z e^2}{2r}$$

と表される。

(ⅲ) より,

$$v = \frac{hn}{2\pi mr}$$

となる。これを (ⅱ)' に代入すれば,

$$m\left(\frac{hn}{2\pi mr}\right)^2 = \frac{k_0 Z e^2}{r} \qquad \therefore \ r = \frac{h^2}{4\pi^2 m k_0 Z e^2}\cdot n^2$$

を得る。これが r_n である。

よって, 量子数 n の定常状態のエネルギーは

$$E_n = -\frac{k_0 Z e^2}{2r_n} = -\frac{2\pi^2 m(k_0 Z e^2)^2}{h^2}\cdot\frac{1}{n^2} \quad \cdots\cdots (ⅳ)$$

となる。

量子数 n の定常状態から量子数 l $(l < n)$ の定常状態に落ちるときに放出する光の波長 λ は,

$$\frac{ch}{\lambda} = E_n - E_l \qquad \therefore \ \frac{1}{\lambda} = \frac{E_n - E_l}{ch}$$

により与えられる。ここに, (ⅳ) を代入すれば,

$$\frac{1}{\lambda} = \frac{2\pi^2 m(k_0 Z e^2)^2}{ch^3}\times\left(\frac{1}{l^2} - \frac{1}{n^2}\right) \quad \cdots\cdots (ⅴ)$$

となる。

(3)　磁束密度 B の一様な磁場中で電子が等速円運動する場合の運動方程式は,

$$m\frac{v^2}{r} = evB$$

となる。これより,

$$r = \frac{mv}{eB}$$

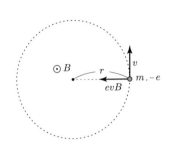

である。この場合についても量子条件を課せば,

$$2\pi\cdot\frac{mv}{eB} = \frac{h}{mv}\cdot n \qquad \therefore \ mv = \sqrt{\frac{eBhn}{2\pi}}$$

268

となる。この v を v_n とすれば，

$$r_n = \frac{mv_n}{eB} = \sqrt{\frac{hn}{2\pi eB}}$$

$$E_n = \frac{1}{2}mv_n{}^2 = \frac{(mv_n)^2}{2m} = \frac{eBhn}{4\pi m}$$

を得る。

[解答]

(2)　イ $\dfrac{Ze^2}{r^2}$　　ロ $m\dfrac{v^2}{r} = k_0\dfrac{Ze^2}{r^2}$　　ハ $\dfrac{h}{mv}\cdot n$

　ニ $\dfrac{h^2}{4\pi^2 m k_0 Ze^2}\cdot n^2$　　ホ $-\dfrac{2\pi^2 m(k_0 Ze^2)^2}{h^2}\cdot\dfrac{1}{n^2}$　　ヘ $\dfrac{E_n - E_l}{ch}$

　ト $\dfrac{2\pi^2 m(k_0 Ze^2)^2}{ch^3}$

　チ $R'\left(\dfrac{1}{2^2} - \dfrac{1}{k^2}\right) = 2^2 R'\left(\dfrac{1}{4^2} - \dfrac{1}{(2k)^2}\right)$ であるから，$Z = 2$ に対応

するヘリウムイオン He^+ から出るスペクトルと考えられる。この場合，
量子数 $n = 5$ 以上の定常状態から，量子数 $l = 4$ の定常状態へ落ちると
きに放出される光の波長は (vii) の形で与えられる。

(3)　リ evB　　ヌ $\dfrac{mv}{eB}$　　ル $\sqrt{\dfrac{hn}{2\pi eB}}$　　ヲ $\dfrac{eBhn}{4\pi m}$

■■■■■■　考　察　■■■■■■

(2) では，電子が1つ残ったイオンについて考察した。このようなイオンは，水素
原子と同様に原子核と1つの電子から構成されているので，水素様イオンと呼ぶ。水
素様イオンについて，電子の運動方程式と量子条件よりエネルギー準位を求めるには，
水素原子についてのボーア理論と同様の議論を行えばよい。

（v）式

$$\frac{1}{\lambda} = \frac{2\pi^2 m(k_0 Ze^2)^2}{ch^3}\left(\frac{1}{l^2} - \frac{1}{n^2}\right)$$

は，

$$\frac{1}{\lambda} = \frac{2\pi^2 m(k_0 e^2)^2}{ch^3}\left(\frac{Z^2}{l^2} - \frac{Z^2}{n^2}\right)$$

と変形できる。$Z = 2$, $l = 4$ の場合には，

$$\frac{1}{\lambda} = \frac{2\pi^2 m(k_0 e^2)^2}{ch^3}\left(\frac{2^2}{4^2} - \frac{2^2}{n^2}\right) = R'\left(\frac{1}{2^2} - \frac{1}{(n/2)^2}\right)$$

となる。ここで，

$$R' = \frac{2\pi^2 m(k_0 e^2)^2}{ch^3}$$

であるが，これは，水素原子（$Z = 1$）の場合の リュードベリ定数と一致する。$n = 5, 6, 7, 8, 9, 10, \cdots$ に対して，$k = \dfrac{n}{2}$ は $k = 2.5, 3, 3.5, 4, 4.5, 5, \cdots$ なる半整数値となる。

(3) では，一様な磁場中での等速円運動について，量子条件を課した場合の議論である。原子についての計算と同様に，運動方程式と量子条件を連立すれば結論が得られる。

第39講　水素原子が発する光のドップラー効果

〔2015年度第3問〕

基本の確認　【下巻, 第 VI 部 ミクロな世界の物理, 第3章】

水素原子が発する光の波長 λ が, 正整数 n', n, $(n' < n)$ を用いて

$$\frac{1}{\lambda} = R\left(\frac{1}{n'^2} - \frac{1}{n^2}\right) \quad \cdots\cdots ①$$

と整理されることが実験的に確認された。ここで, R はリュードベリ定数である。

一方, ボーア理論により, 量子数 n の定常状態から, よりエネルギー準位の低い量子数 n' $(< n)$ の定常状態に遷移する際に発せられる光の波長 λ は,

$$\frac{ch}{\lambda} = E_n - E_{n'} \quad \cdots\cdots ②$$

で与えられる。E_n が量子数 n に対応するエネルギー準位, c は光の速さ, h はプランク定数である。

① 式と ② 式の成立は,

$$E_n = -\frac{Rch}{n^2}$$

であることを示している。ボーア理論に基づいて計算すれば, クーロンの法則の比例定数 k, 電子の質量 m, 電気素量 e を用いて

$$E_n = -\frac{2\pi^2 m(ke^2)^2}{h^2} \cdot \frac{1}{n^2}$$

であることが導かれる。したがって,

$$R = \frac{2\pi^2 m(ke^2)^2}{ch^3}$$

となるが, この式の値は, 実験的に知られているリュードベリ定数の値と一致する。

問 題

　次の文章を読んで，□□□□には適した式か数を，▭▭には有効数字 2 桁で適した数値を，また { } には与えられた選択肢から適切なものを選びその記号をそれぞれ記せ。なお，⌐‾‾‾¬ は，既に □□□□ で与えられたものと同じ式を表す。

(1)　ボーアの理論によると，水素原子における電子の定常状態のエネルギー準位は正の整数 n を用いて $-\dfrac{Rch}{n^2}$ と表される。ここで R はリュードベリ定数，c は光の速さ，h はプランク定数である。この式は，電子に波としての性質があり，その波長 λ_e が電子の運動量 p を用いて $\lambda_e = \boxed{\text{ア}}$ のように表されることや，電子が陽子のまわりを円運動するときに，その軌道の半径 r と電子波の波長 λ_e を用いて表される $\boxed{\text{イ}}$ が正の整数値になるときに限って電子波が定常波をなすことなどを用いて得られる。電子が $n = n_H$ のエネルギー準位からそれよりも低い $n = n_L$ のエネルギー準位に移るとき，エネルギーが $\boxed{\text{ウ}}$ で波長が $\boxed{\text{エ}}$ の光子を放出する。これによって，水素原子の発する光の波長はとびとびの値をとることがわかる。以下では $R = 1.1 \times 10^7\,/\text{m}$ を用いよ。電子が $n = 3$ のエネルギー準位から $n = 2$ のエネルギー準位に移るときに発せられる光の波長は $\boxed{\text{オ}}$ m で与えられる。また，あるエネルギー準位にある電子が $n = 3$ のエネルギー準位に移るときに発せられる光の波長の最小値は $\boxed{\text{カ}}$ m である。

(2)　水素原子から発せられた光の波長を回折格子によって測る方法を考える。図 1 にあるようにスリットの間隔（格子定数）が d の回折格子とスクリーンを距離 L だけ離し，入射光に対して垂直になるように設置する。ただし，L は d より十分大きいものとする。波長 λ の単色光を入射すると，入射方向とのなす角 θ が $\boxed{\text{キ}} = \lambda k\ (k = 0,\ 1,\ 2,\ \cdots)$ という条件を満たすとき

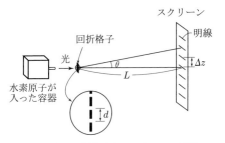

図1　光源，回折格子とスクリーンの配置

に光が強め合うため，この条件を満たすスクリーン上の位置に明線が現れる。このとき，θ が十分小さく，$\sin\theta \fallingdotseq \tan\theta$ が成り立つことを用いると，明線はスクリーン上にほぼ等間隔に現れることがわかる。この間隔が Δz のとき，入射した単色光の波長は ク である。

次に (1) で考察した水素原子から発せられる光を特殊なフィルタに通し，波長 λ が $4.5 \times 10^{-7}\,\mathrm{m} < \lambda < 7.0 \times 10^{-7}\,\mathrm{m}$ の範囲内にある光だけをこの回折格子に入射した。 エ の波長の中で，この範囲内に入る $(n_{\mathrm{H}}, n_{\mathrm{L}})$ の組み合わせは ケ 通りある。このときにスクリーンに現れる明線のパターンは図2の (あ)～(え) のうち { コ } のようになる。

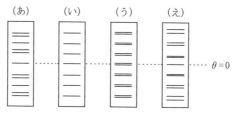

図2 スクリーンと明線のパターン。

各図の四角が図1におけるスクリーンを表し，その中の線が明線を表す。各図の線方向の中心（図中の点線）が図1における $\theta = 0$ の位置に対応する。明線の明るさや色は図には反映されていない。

(3) 上の (1) と同様に，水素原子以外の原子が発する光の波長もとびとびの値をとる。ある原子 X の発する特定の波長 λ_0 の光に注目し，この波長を精密に測定することを考える。この原子 X を集めて気体の状態にして容器に入れ，図3のように容器内から x 軸の正の方向に発せら

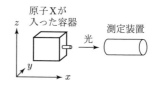

図3 光源と測定装置

れた光の波長を精密な測定装置を用いて測定する。ここで，この気体は単原子分子理想気体であるとし，容器には外部からエネルギーを供給することで，気体中のどの原子 X も常に同じ頻度で発光しているものとする。

この装置を用いて原子 X が発する光の波長を精密に測定したところ，波長が λ_0 からわずかにずれた光も観測されることがわかった。その原因として，原子 X の熱運動に伴うドップラー効果の影響が考えられる。それ以外の効果は無視できるとして，その大きさを見積もる。原子 X が容器内で速度 $\vec{v} = (v_x, v_y, v_z)$ で運動しているときに発せられた光は，波長が サ

の光として観測される。容器内の温度が T のとき，v_x の2乗の平均値 $\overline{v_x{}^2}$ は，原子 X の質量 m とボルツマン定数 k_B を用いて　シ　のように表されることから，温度が高いほどドップラー効果の影響は { ス：① 大きい，きい，② 小さい } ことが予想される。また，これらの考察から観測される光の波長 λ と λ_0 の差 $\Delta\lambda = \lambda - \lambda_0$ の2乗の平均値 $\overline{\Delta\lambda^2}$ は　セ　で与えられることがわかる。ある温度で観測される光の強さと波長 λ の関係をグラフにすると，図4の (あ)〜(え) に共通して描いた点線のような形になった。温度を高くしたときのグラフを実線で正しく描いているのは図4の (あ)〜(え) のうちの { ソ } である。

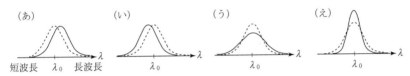

図4 光の強さと波長の関係。各図の点線がある温度における
　　グラフ，実線がそれより高い温度におけるグラフである。

【考え方】

(1)　運動量 p の電子のド・ブロイ波長 λ_e は

$$\lambda_e = \frac{h}{p}$$

である。量子条件は正整数 n を用いて

$$2\pi r = \lambda_e \times n$$

と表されるので，

$$\frac{2\pi r}{\lambda_e} = n : 正の整数値$$

である。

　量子数 n の定常状態のエネルギー準位が

$$E_n = -\frac{Rch}{n^2}$$

であるから，$n = n_H$ のエネルギー準位から $n = n_L$ のエネルギー準位に移るときに放出する光のエネルギーは，

$$E_H - E_L = Rch\left(\frac{1}{n_L{}^2} - \frac{1}{n_H{}^2}\right)$$

となる。したがって，この光子の波長 λ は

$$\frac{ch}{\lambda} = Rch\left(\frac{1}{n_\mathrm{L}{}^2} - \frac{1}{n_\mathrm{H}{}^2}\right) \qquad \therefore \quad \lambda = \frac{n_\mathrm{L}{}^2\, n_\mathrm{H}{}^2}{R(n_\mathrm{H}{}^2 - n_\mathrm{L}{}^2)}$$

である。

$R = 1.1 \times 10^7$ /m, $n_\mathrm{H} = 3$, $n_\mathrm{L} = 2$ のとき，

$$\lambda = \frac{2^2 \times 3^2}{1.1 \times 10^7 \times (3^2 - 2^2)} = 6.5 \times 10^{-7} \text{ m}$$

となる。また，$n_\mathrm{L} = 3$ に対して

$$\frac{1}{\lambda} = 1.1 \times 10^7 \times \left(\frac{1}{3^2} - \frac{1}{n_\mathrm{H}{}^2}\right) < \frac{1.1 \times 10^7}{9}$$

$$\therefore \quad \lambda > \frac{9}{1.1 \times 10^7} = 8.2 \times 10^{-7} \text{ m}$$

である。

なお，$n_\mathrm{L} = 1$ に対して

$$\frac{1}{\lambda} = 1.1 \times 10^7 \times \left(\frac{1}{1^2} - \frac{1}{n_\mathrm{H}{}^2}\right) > 1.1 \times 10^7 \times \left(\frac{1}{1^2} - \frac{1}{2^2}\right) = \frac{3.3 \times 10^7}{4}$$

$$\therefore \quad \lambda < \frac{4}{3.3 \times 10^7} = 1.2 \times 10^{-7} \text{ m}$$

である。

(2) 格子定数 d の回折格子の回折条件は，k を 0 以上の整数として

$$d\sin\theta = \lambda k \qquad \therefore \quad \sin\theta = \frac{\lambda}{d} \cdot k$$

である。$\sin\theta \fallingdotseq \tan\theta$ と近似できるとき，スクリーン上の位置（$\theta = 0$ の位置からの距離 z）は，

$$z = L\tan\theta \fallingdotseq L\sin\theta = \frac{L\lambda}{d} \cdot k$$

である。よって，入射した単色光の波長 λ と明線間隔 Δz の関係は

$$\Delta z = \frac{L\lambda}{d} \qquad \therefore \quad \lambda = \frac{d\Delta z}{L}$$

となる。

水素原子から発せられる光のうち，波長が 4.5×10^{-7} m $< \lambda < 7.0 \times 10^{-7}$ m の範囲のものは，(1) の考察より $n_\mathrm{L} = 2$ の場合の光である。このとき，

$$\frac{1}{\lambda} = 1.1 \times 10^7 \times \left(\frac{1}{2^2} - \frac{1}{n_\mathrm{H}{}^2}\right)$$

であるから，4.5×10^{-7} m $< \lambda < 7.0 \times 10^{-7}$ m を満たす n_H は，

$$\frac{1}{7.0 \times 1.1} < \frac{1}{4} - \frac{1}{n_\mathrm{H}{}^2} < \frac{1}{4.5 \times 1.1} \qquad \therefore \quad 8 < n_\mathrm{H}{}^2 < 21$$

より，$n_H = 3, 4$ の 2 通りがある。

$n_H = 3$ のときの光の波長 λ_1 は，(1) で求めたように $\lambda_1 = 6.5 \times 10^{-7}$ m である。$n_H = 4$ のときの波長 λ_2 は，

$$\lambda_2 = \frac{2^2 \times 4^2}{1.1 \times 10^7 \times (4^2 - 2^2)} = 4.8 \times 10^{-7} \text{ m}$$

である。いずれの波長の光も $k = 0$ に対応して $\theta = 0$ の方向に明線が現れ，その明線を中心にそれぞれ

$$\Delta z_1 = \frac{L\lambda_1}{d}, \quad \Delta z_2 = \frac{L\lambda_2}{d} \qquad \therefore \ \Delta z_1 : \Delta z_2 = \lambda_1 : \lambda_2 = 6.5 : 4.8$$

の間隔で明線が現れる。これに該当する明線のパターンは図 2 の (あ) である。

(3)　波長 λ_0 の光を発する原子が速度 $\vec{v} = (v_x, v_y, v_z)$ で運動していて，x 方向に光を発した場合の波長は，ドップラー効果により，

$$\lambda = \frac{c - v_x}{c} \lambda_0$$

となる。波長の変化 $\Delta \lambda$ は

$$\Delta \lambda = \lambda - \lambda_0 = -\frac{\lambda_0}{c} v_x, \quad \Delta \lambda^2 = \left(\frac{\lambda_0}{c}\right)^2 v_x{}^2$$

$$\overline{\Delta \lambda} = -\frac{\lambda_0}{c} \overline{v_x} = 0, \quad \overline{\Delta \lambda^2} = \left(\frac{\lambda_0}{c}\right)^2 \overline{v_x{}^2}$$

となる。

原子気体の温度が T のとき，

$$\frac{1}{2} m \overline{v_x{}^2} = \frac{1}{2} k_B T \qquad \therefore \ \overline{v_x{}^2} = \frac{k_B T}{m}$$

であるから，温度が高いほど x 方向の速さも平均的に大きくなり，ドップラー効果の影響は大きくなる。なお，上の計算結果が示すように，温度によらず

$$\overline{\Delta \lambda} = 0$$

である。したがって，温度を高くしての波長の分布の中心は λ_0 のままである。一方，

$$\overline{\Delta \lambda^2} = \left(\frac{\lambda_0}{c}\right)^2 \frac{k_B T}{m}$$

であるから，高温になるほど分散は大きくなる。

[解答]

(1)　$\boxed{ア}$ $\dfrac{h}{p}$　　$\boxed{イ}$ $\dfrac{2\pi r}{\lambda_e}$　　$\boxed{ウ}$ $Rch\left(\dfrac{1}{n_L{}^2} - \dfrac{1}{n_H{}^2}\right)$

276

$$\boxed{\text{エ}}\ \frac{n_L{}^2 n_H{}^2}{R(n_H{}^2 - n_L{}^2)} \qquad \boxed{\text{オ}}\ 6.5 \times 10^{-7} \qquad \boxed{\text{カ}}\ 8.2 \times 10^{-7}$$

(2) $\boxed{\text{キ}}\ d\sin\theta \qquad \boxed{\text{ク}}\ \dfrac{d\Delta z}{L} \qquad \boxed{\text{ケ}}\ 2 \qquad \boxed{\text{コ}}\ (\text{あ})$

(3) $\boxed{\text{サ}}\ \dfrac{c - v_x}{c}\lambda_0 \qquad \boxed{\text{シ}}\ \dfrac{k_B T}{m} \qquad \boxed{\text{ス}}\ ① \qquad \boxed{\text{セ}}\ \dfrac{k_B T}{mc^2}\lambda_0{}^2$

$\boxed{\text{ソ}}\ (\text{う})$

考 察

水素原子が発する光は n_L の値に応じて,

$n_L = 1$：ライマン系列（紫外線領域）

$n_L = 2$：バルマー系列（可視光線領域）

$n_L = 3$：パッシェン系列（赤外線領域）

と分類される。(2) では 4.5×10^{-7} m $< \lambda < 7.0 \times 10^{-7}$ m の範囲の光について考察している。これは可視光領域の光である。このことを知っていれば，(2) の n_L は $n_L = 2$ であることがわかる。

しかし，このような知識がなくても，(1) の考察が大きなヒントになる。$n_L \geqq 3$ および $n_L = 1$ は波長の範囲を満たさないことがわかる。また，$n_L = 2, n_H = 3$ の場合が波長の範囲を満たしていることも (1) で確認済みである。

明線のパターンは，明線間隔が異なる 2 種類の回折光が現れること

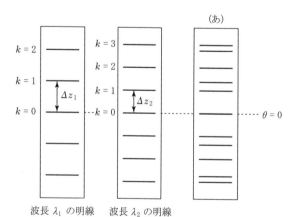

波長 λ_1 の明線　　波長 λ_2 の明線

より，(あ) または (え) に絞り込める。しかし，(え) は $k = 1$ に対応する明線の位置が近すぎる。したがって，解答として (あ) を選ぶことになる。

第40講　原子核反応

〔1997年度後期第3問〕

基本の確認　【下巻，第 VI 部 ミクロな世界の物理，第4章】

原子核の反応は，次の4つの量

① 　核子数（質量数の和）
② 　電荷（原子番号の和）
③ 　運動量
④ 　エネルギー

の保存に注目して分析する。

電荷は，電気素量を単位とする数で考える。中性子や電子にもそれぞれ形式的な原子番号 0，−1 を持たせれば，一般に原子番号の和と考えることができる。

③ と ④ は，力学現象を分析する場合と同様に考察すればよい。ただし，④ のエネルギー保存については，ニュートン力学とは異なる扱いを要する。

核反応では質量は一般に保存しない。質量はエネルギーの一形態である。アインシュタインの特殊相対性理論の結論として，質量 m は

$$E_0 = mc^2$$

のエネルギーに相当する。ここで，c は真空中の光の速さである。

核反応のエネルギーの保存においては，質量エネルギーも含めて考えなければならない。つまり，核反応においては，速さ v の物質粒子のエネルギーを

$$E = mc^2 + \frac{1}{2}mv^2$$

としてエネルギー保存の方程式を書くことになる。

---- 問 題 ----

　次の文を読んで，□□□□に適した式または数を，また $\boxed{}$ には適切な数値を有効数字1けたで，それぞれ記せ。

　原子核 A を静止している原子核 B に図1のように正面衝突させる実験について考えよう。原子核 A と B は，それぞれ原子番号 Z_A, Z_B, 質量 m_A, m_B〔kg〕であるとする。また，原子核 A, B はともに球形であり，その半径をそれぞ

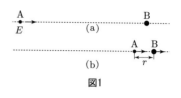

図1

れ R_A, R_B〔m〕とする。A が初めに B から十分離れているときの運動エネルギーを E〔J〕とし，そのときのクーロン力（静電気力）による位置エネルギーを 0 とする。両者の間に働くクーロン力については，それぞれの原子核の電荷が中心にあるとして取り扱ってよい。

(1)　A が B に接近し，図1(b)のように A と B の中心間の距離が r〔m〕のとき，B は A の作る強さ $ke \times$ あ 〔N/C〕の電界によるクーロン反発力を受けて，A から遠ざかる方向に加速される。ここで，k はクーロンの法則にあらわれる正の比例定数，e は陽子の電荷である。このときクーロン力による位置エネルギーは い 〔J〕と表される。A が B に最も近づいた瞬間の A の速さと B の速さとの比が う であることに着目すると，A と B の最接近距離は え $\times \dfrac{kZ_A Z_B e^2}{E}$ 〔m〕と容易に求まる。したがって，クーロン反発力に打ち勝って A と B を接触させるためには，$E >$ お $\times$ $kZ_A Z_B e^2$ とすればよいことがわかる。

(2)　原子核 A と B が接触した途端，原子核を構成する核子の間に働く強い引力の効果がクーロン反発力の効果を上回り，A と B が融合して新しい原子核 C が生成されたとしよう。原子核 C の原子番号 $Z =$ か である。その質量を m〔kg〕とすると，この原子核は速さ $v =$ き 〔m/s〕で運動する。原子核の体積は質量数に比例するから，原子核 C も球形であるとすると，その半径 R〔m〕は R_A, R_B のみを用いて，$R =$ く と表される。生成された原子核 C は不安定な高いエネルギー状態にあるため，その質量 m〔kg〕は基底状態の質量 m_0〔kg〕より大きい。両者の差 $\Delta m = m - m_0$ に対応するエネルギー Δmc^2〔J〕を励起エネルギーという。ここで c〔m/s〕は真空中の光の速さである。Δmc^2 は m_A, m_B, m, m_0, c, E のみを用いて，$\Delta mc^2 = m_A c^2 + m_B c^2 - m_0 c^2 +$ け と表される。

(3)　$E = 156\,\mathrm{MeV} = 156 \times 10^6\,\mathrm{eV}$ の硫黄の原子核 $^{32}_{16}\mathrm{S}$ を，静止したスズの原子核 $^{124}_{50}\mathrm{Sn}$ に衝突させたら，両者は融合してジスプロシウムの原子核 $^{156}_{66}\mathrm{Dy}$ が生成された。核子の質量 m_N〔kg〕に相当するエネルギー $m_\mathrm{N}c^2$ を $940\,\mathrm{MeV}$ として，$^{32}_{16}\mathrm{S}$ の初めの速さ V_A〔m/s〕と光速 c の比を概算すると，$\dfrac{V_\mathrm{A}}{c} = \boxed{}$ である。また，生成された $^{156}_{66}\mathrm{Dy}$ は速さ $v = \boxed{} \times c$〔m/s〕で運動する。基底状態にある原子核の質量から求めた核子 1 個当りの結合エネルギーが $^{32}_{16}\mathrm{S}$ と $^{124}_{50}\mathrm{Sn}$ は $8.5\,\mathrm{MeV}$，$^{156}_{66}\mathrm{Dy}$ は $8.2\,\mathrm{MeV}$ であることを用いて計算すると，生成された $^{156}_{66}\mathrm{Dy}$ は励起エネルギーがおよそ $\boxed{}$ MeV の不安定な状態にあることがわかる。

考え方

(1)　A の電気量は $Z_\mathrm{A}e$ なので，クーロンの法則より，距離 r の位置に強さ $E = k\dfrac{Z_\mathrm{A}e}{r^2}$ の電場をつくる。

　　A の初速 V_A は，

$$\frac{1}{2}m_\mathrm{A}V_\mathrm{A}{}^2 = E \qquad \therefore\ V_\mathrm{A} = \sqrt{\frac{2E}{m_\mathrm{A}}}$$

である。A と B が最接近したときには，A と B の速さは等しい。その値 v_1 は，運動量保存則より，

$$m_\mathrm{A}v_0 + m_\mathrm{B}v_0 = m_\mathrm{A}V_\mathrm{A} \qquad \therefore\ v_0 = \frac{m_\mathrm{A}}{m_\mathrm{A} + m_\mathrm{B}}V_\mathrm{A} = \frac{\sqrt{2m_\mathrm{A}E}}{m_\mathrm{A} + m_\mathrm{B}}$$

である。これを力学的エネルギーの保存

$$\frac{1}{2}m_\mathrm{A}v_0{}^2 + \frac{1}{2}m_\mathrm{B}v_0{}^2 + k\frac{Z_\mathrm{A}Z_\mathrm{B}e^2}{r_0} = E$$

に代入することにより，最接近距離 r_0 は，

$$r_0 = \frac{m_\mathrm{A} + m_\mathrm{B}}{m_\mathrm{B}} \times \frac{kZ_\mathrm{A}Z_\mathrm{B}e^2}{E}$$

と求められる。

　　A と B が接触する条件は

$$r_0 < R_\mathrm{A} + R_\mathrm{B} \qquad \therefore\ E > \frac{m_\mathrm{A} + m_\mathrm{B}}{m_\mathrm{B}(R_\mathrm{A} + R_\mathrm{B})} \times kZ_\mathrm{A}Z_\mathrm{B}e^2$$

となる。

(2)　A と B が融合して C が生成されると，その原子番号は電荷保存より，

$$Z = Z_A + Z_B$$

となる。また，半径 R は，原子核の体積が質量数に比例すると仮定すれば，核子数の保存より，

$$R^3 = R_A{}^3 + R_B{}^3 \qquad \therefore \quad R = \sqrt[3]{R_A{}^3 + R_B{}^3}$$

となる。

C の速さ v は，運動量保存則より，

$$mv = m_A V_A \qquad \therefore \quad v = \frac{m_A}{m} V_A = \frac{\sqrt{2m_A E}}{m} \quad \cdots \text{①}$$

である。エネルギー保存則は，

$$mc^2 + \frac{1}{2}mv^2 = m_A c^2 + m_B c^2 + E$$

であるから，

$$\Delta mc^2 = (m - m_0)c^2 = m_A c^2 + m_B c^2 + E - \frac{1}{2}mv^2 - m_0 c^2$$

$$= m_A c^2 + m_B c^2 - m_0 c^2 + \frac{m - m_A}{m}E \quad (\because \text{①})$$

となる。

(3) $m_A V_A{}^2 = 2E = 2 \times 156 \text{ MeV}$, $m_A c^2 = 32 m_N c^2 = 32 \times 940 \text{ MeV}$ であるから，

$$\left(\frac{V_A}{c}\right)^2 = \frac{2 \times 156}{32 \times 940} \fallingdotseq 1.0 \times 10^{-2} \qquad \therefore \quad \frac{V_A}{c} \fallingdotseq 1 \times 10^{-1}$$

である。また，運動量保存則より，

$$mv = m_A V_A \qquad \therefore \quad v = \frac{m_A}{m} V_A \fallingdotseq \frac{32}{156} c \times 1 \times 10^{-1} \fallingdotseq c \times 2 \times 10^{-2}$$

である。

核子数 1 個あたりの結合エネルギーが b である質量数 A の原子核の質量 M は，

$$Mc^2 = Am_N c^2 - Ab$$

を満たす。Ab が，この原子核の結合エネルギーである。よって，

$$m_A c^2 + m_B c^2 - m_0 c^2$$

$$\fallingdotseq \left\{(32 + 124)m_N c^2 - (32 + 124) \times 8.5 \text{ MeV}\right\} - (156 m_N c^2 - 156 \times 8.2 \text{ MeV})$$

$$= -46.8 \text{ MeV}$$

となる。一方，

$$\frac{m - m_A}{m}E \fallingdotseq \frac{156 - 32}{156} \times 156 \text{ MeV} = 124 \text{ MeV}$$

となるので,

$$\Delta mc^2 m_A c^2 + m_B c^2 - m_0 c^2 + \frac{m - m_A}{m} E \fallingdotseq 124 - 46.8 \fallingdotseq 8 \times 10^1 \text{ MeV}$$

である。

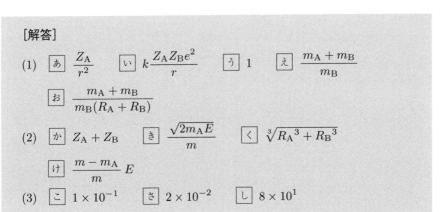

[解答]

(1) あ $\dfrac{Z_A}{r^2}$　い $k\dfrac{Z_A Z_B e^2}{r}$　う 1　え $\dfrac{m_A + m_B}{m_B}$

お $\dfrac{m_A + m_B}{m_B(R_A + R_B)}$

(2) か $Z_A + Z_B$　き $\dfrac{\sqrt{2m_A E}}{m}$　く $\sqrt[3]{R_A{}^3 + R_B{}^3}$

け $\dfrac{m - m_A}{m} E$

(3) こ 1×10^{-1}　さ 2×10^{-2}　し 8×10^1

考　察

　核反応における4つの保存量に注目することにより解決できる典型的な問題である。最後の部分で結合エネルギーの評価が必要になる。

　原子核の質量は,核子ごとの質量の総和と比べて小さくなっている。つまり,質量数 A,原子番号 Z の原子核 ${}_Z^A \text{X}$(Z 個の陽子と $A - Z$ 個の中性子から構成される)の質量を M とすれば,陽子の質量 m_p,中性子の質量 m_n に対して

$$M < Z m_p + (A - Z) m_n$$

である。このとき,

$$\Delta M = \{Z m_p + (A - Z) m_n\} - M$$

を質量欠損と呼ぶ。質量はエネルギーの一形態であり,核子ごとにバラバラの状態よりも原子核の状態が

$$B = \Delta M c^2$$

だけエネルギーが低く安定であることを意味する。この B を結合エネルギーと呼ぶ。また,

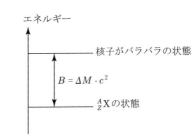

282

核子1個あたりの結合エネルギー $b = \dfrac{B}{A}$ を比結合エネルギーと呼ぶ。

本問のように比結合エネルギー b が与えられると，

$$\{Zm_\mathrm{p} + (A - Z)m_\mathrm{n} - M\} c^2 = B = Ab$$

$$\therefore \quad Mc^2 = \{Zm_\mathrm{p} + (A - Z)m_\mathrm{n}\} c^2 - Ab$$

として，質量（に相当するエネルギー）を求めることができる。厳密には，m_n は m_p よりわずかに大きいが，本問ではいずれも m_N としているので，

$$Mc^2 = Am_\mathrm{N}c^2 - Ab$$

とする。

あとがき

　高校物理の理解は深まったでしょうか。

　京都大学の入試問題は，問題文が相当の長文になっていて，また，扱う題材が応用的・発展的なものが多いため，難解に感じられます。しかし，実際に解いてみれば，高校物理で学ぶ理論と手法を用いてスムーズに解答できることが体験できたと思います。

　京都大学の物理の入試問題は，基本的に穴埋め形式になっています。問題文を読み，出題者の意図に沿った思考を積み上げていけば解答を得られるようになっています。2004年度からは「問」の形式で論述型の設問も出題されるようになりましたが，これも，問題の流れに乗れば容易に解決できます。2002年度にも，後期試験の1題のみ全体が穴埋め形式ではなく論述型の出題になっていました。1989年度～2006年度の間は入学試験が前期と後期に分割されていました。物理の問題は，試験時間，出題形式，分量，難易度などで前期と後期の試験問題に特段の差はありませんでした。

　京都大学の問題は，具体的な現象を，しかも，現実に近い形で扱います。現実の自然現象は複数の要素が絡み合って生じており，設定が複雑になります。そのため，大学入試の題材として取り上げるためには，ていねいに状況を説明する必要があり，問題文が長文になります。京都大学の入試問題を目の前にすると，受験生にとっては未知の現象と，問題文の長さに圧倒されてしまうかもしれません。しかし，物理の知識や手法としては，高校物理の範囲内で対応できるように問題は作られています。問題文をていねいに読み進めていき，物理現象として分析すべき対象を把握し，適用すべき法則を的確に判断すれば，迷うことなく結論を得ることができます。本書での問題演習をやり遂げた方は，高校物理の理解を深めることができ，また，受験生に要求される思考力の訓練にもなったでしょう。

　東京大学の入試問題は基礎的なものが多く，また，テーマも多岐にわたるため，高校物理の全範囲を網羅的に学ぶ問題集の作成が可能でした。それが前著『東大の入試問題で学ぶ高校物理』です。一方，京都大学の問題は，ほとんどが応用的・発展的なものとなっていて，また，類似のテーマが頻繁に扱われています。そのため，京都大学の問題だけで高校物理の全範囲を網羅することは難しいのですが，高校物理の理解を深めるためには最適な教材となります。問題で触れている発展的な内容に興味をも

たれた方は，是非，専門書にもチャレンジしてください。

　前著『東大の入試問題で学ぶ高校物理』に引き続き，今回も亀書房の亀井哲治郎氏が編集を担当してくださいました。本書のレイアウトを調整し，図版を作成してくださったのは亀井氏の奥様である亀井英子氏です。表紙のデザインは銀山宏子氏にお願いしました。この3名の皆様には『はじめて学ぶ物理学』以来ずっとお世話になっております。

　最後に，高校生や受験生にとって学習効果に優れた教材となり，物理への好奇心を刺激する良質の問題を作成してくださった京都大学の先生方にも敬意を表しお礼を申し上げます。

2021 年 11 月 15 日

吉田弘幸

吉田弘幸（よしだ・ひろゆき）
略歴
1963 年　東京生まれ.
神奈川県大磯町立大磯小学校，大磯中学校，県立大磯高等学校を経て，
早稲田大学理工学部物理学科へ進学.
同大学院理工学研究科修士課程物理学及び応用物理学専攻修了（理学修士）.
慶應義塾大学大学院法務研究科修了（法務博士）.
現在　SEG 物理科講師，河合塾物理科講師.
主な著書
『はじめて学ぶ物理学——学問としての高校物理』上・下，日本評論社.
『道具としての高校数学——物理学を学びはじめるための数学講義』日本評論社.
『東大の入試問題で学ぶ高校物理——『はじめて学ぶ物理学』演習篇』日本評論社.

きょうだい　にゅうし　もんだい　ふか　こうこうぶつり
京大の入試問題で深める高校物理
——『はじめて学ぶ物理学』演習篇

2022 年 1 月 25 日　第 1 版第 1 刷発行

著　者............................吉田弘幸 ©
　　　　　　　　　　　　よしだひろゆき

発行所............................株式会社 日本評論社
　　　　　　　　　　　〒170-8474 東京都豊島区南大塚 3-12-4
　　　　　　　　　　　TEL：03-3987-8621［営業部］　https://www.nippyo.co.jp/

企画・制作....................亀書房［代表：亀井哲治郎］
　　　　　　　　　　　〒264-0032 千葉市若葉区みつわ台 5-3-13-2
　　　　　　　　　　　TEL＆FAX：043-255-5676　　E-mail: kame-shobo@nifty.com

印刷所............................三美印刷株式会社
製本所............................株式会社難波製本
装　訂............................銀山宏子(スタジオ・シープ)
組版・図版....................亀書房編集室

ISBN 978-4-535-79830-4　Printed in Japan